U0302798

Python 与开源 GIS

——数据处理、空间分析与地图制图

卜 坤 著

科 学 出 版 社

北 京

内 容 简 介

本书从应用开发角度，根据作者多年的工作经验，介绍 Python 语言在开源 GIS 中的应用。希望能够借此机会，使得开源 GIS 得到应用，并进一步推广开源 GIS 的理念与技术。本书主要以空间数据的处理、分析以及地图制图为主线。在选择内容时，本书以目前最为经典、常用的类库为主，目的是给初学者系统地讲解基本的概念。书中用到一些数据，并有代码，这些资源都可以从网站上下载，并且网站上的内容也会有相应的更新。书中代码经过了测试，可以在 Linux 操作系统中运行，大部分也可以在 Windows 操作系统中运行。

本书适合地理信息等相关专业的学生、研究人员和开发人员阅读与参考。

图书在版编目(CIP)数据

Python 与开源 GIS：数据处理、空间分析与地图制图/卜坤著. —北京：科学出版社, 2019.11
ISBN 978-7-03-062927-2

Ⅰ.①P… Ⅱ.①卜… Ⅲ.①地理信息系统 Ⅳ.①P208.2

中国版本图书馆 CIP 数据核字(2019) 第 241937 号

责任编辑：陈　静　董素芹／责任校对：严　娜
责任印制：吴兆东／封面设计：迷底书装

*科学出版社*出版
北京东黄城根北街 16 号
邮政编码：100717
http://www.sciencep.com
北京中石油彩色印刷有限责任公司印刷
科学出版社发行　各地新华书店经销
*
2019 年 11 月第　一　版　开本：720×1 000　1/16
2024 年 8 月第六次印刷　印张：22 1/2　插页：1
字数：500 000
定价：108.00 元
（如有印装质量问题，我社负责调换）

序

"夫地形者，兵之助也。"这是《孙子兵法·地形篇》中的一句话。自古以来，地理信息就是一国重要的信息资源。如何处理这些信息资源，需要科学技术的支持。从早期的计里画方制图，到后来的手扶跟踪数字化处理，再到后来的地理信息系统（GIS），都是在解决地理信息的数据处理问题。大数据时代的到来，既提供了海量地理信息数据获取和使用的机会，又提出了提高技术处理能力的需求。

引进与使用开源 GIS 软件是一种可以快速实现地理信息数据处理技术突破的开放、有效方法。而且开源软件的开发没有商业公司的生存压力，在很多方面有先进的理论与实现，非常有利于学生与技术人员掌握与使用。

卜坤博士多年来致力于推广开源 GIS 应用，开展了许多实践研究和应用。在此过程中，我也与他有一些实际合作，学到许多知识。据我的一些了解，他先后参加和承担了国际科联世界数据系统（ICSU-WDS）中国中心门户和 WDS 可再资源与环境世界数据中心网络平台建设，联合国教育、科学及文化组织（UNESCO）国际工程科技知识中心防灾减灾知识服务系统网站平台建设，中国科学院大数据驱动的资源学科领域创新示范平台网站建设，一带一路国际科学家联盟平台网站建设等。这些平台建设和应用集中体现了开源 GIS 在数据管理、处理、分析、可视化等方面的技术。

除此之外，卜坤博士还积极参加许多相关的公益性工作，包括 OSGeo 中国中心网站维护、开源 GIS 文档翻译和编写等，为国内开源 GIS 社区的发展做出自己的努力和贡献。

本书正是结合他这些年的实践开发工作而著，内容涉及开源 GIS 应用、WebGIS 开发、地理信息科学数据共享等。非常值得一读！也值得操作实践！特此给大家推荐以为序。

王卷乐

中国科学院地理科学与资源研究所　研究员

世界数据系统可再生资源与环境数据中心　主任

前　　言

在知识经济与经济全球化的时代，地理空间信息是现代社会的战略性信息资源，地理空间信息产业已成为现代知识经济的重要组成部分。

因此，充分利用国际开源地理空间信息技术与资源，从底层入手，面向行业应用需求，则有可能实现我国地理信息系统（geographic information system，GIS）技术的跨越发展，突破核心关键技术的封锁，推进我国地理空间信息产业的新发展。

开源 GIS 的发展较早，现在技术体系也已经比较完善，在数据处理、制图、Web应用中都有所发展，在国外的学校、科研机构以及商业中都有应用。但是在国内，由于宣传力度不够，以及国人版权意识淡薄的原因，从学校到企业，对开源 GIS 的了解都相对较少。国际开源地理空间基金会（Open Source Geospatial foundation，OSGeo）中国中心作为国内开源 GIS 的推广组织，现在也只是由几名技术爱好者在推动。

GIS 业界已逐渐认识到数据采集和生产是建立 GIS 的一项最大的投资。从国内的现状来看，GIS 的数据处理还是采用人工处理方式，但是在处理过程中使用编程方式已经越来越普遍了。

还有一些内容要说明。

（1）本书使用 Latex 与 Python 3 两种语言写就，其中 Python 脚本是从 Latex代码中提取出来的，这样保证书中内容与可运行程序的一致性。

（2）本书的源代码中没有任何图片，书中的图片全部是从代码中生成的。

（3）本书的所有代码使用单元测试进行维护，以保证代码的正常运行。测试环境为 Debian 9、Ubuntu 18.04 与 Debian 10（按发布时间排序）。本书相关资料详见https://www.osgeo.cn/pygis。

感谢中国工程科技知识中心建设项目（CKCEST-2016-3-7、CKCEST-2017-3-1、CKCEST-2018-2-8、CKCEST-2019-3-8）、中国科学院"十三五"信息化专项科学大数据工程项目（XXH13505-07）等支持。

目　　录

彩图

第 1 章 引　言

本章先来介绍本书的一些概念与理论基础，以及基本的实验环境配置。大概涵盖以下几个方面。

（1）地理信息系统（geographic information system，GIS）概念的介绍。

（2）开源 GIS 的概念与技术。

（3）本书实验环境软件的安装与配置。

（4）Python 语言的简单介绍。

（5）本书的一些约定与注意事项。

1.1　GIS 与开源 GIS 的基本概念

GIS 帮助人类了解政治、经济、景观等方面的变化。在 20 世纪 80 年代之前，GIS 主要面向专业机构，如国家机构和城市机构，但在今天，它无处不在，这得益于准确且无任何费用的全球定位系统（global positioning system，GPS）、卫星图像商品化与开放源代码软件等。

GIS 的出现与发展，得益于多种学科理论的支撑以及技术的发展，从而导致不同学科的人员对 GIS 有不同的理解，且 GIS 作为一门相对较新的学科，一些概念与理论尚未形成定论，再加上 GIS 本身的快速发展，其概念的内涵与外延也在不断进化，因此，给出大家都认可的 GIS 定义还是比较困难的。

本书是从 Python 开发的角度来分析的，认为 GIS 是对地理相关数据进行处理、分析与应用的计算机技术。这一理解有其偏颇之处，但是对于本书的宗旨而言，则是比较恰当的。为了慎重起见，下面对 GIS 的基本概念进行一些阐述。阐述的内容会涉及 GIS 的核心概念，如距离、投影、数据模型、数据结构、地图投影、空间关系、空间分析等。

1.1.1　GIS 的概念

GIS 是一门综合性学科，其结合了地理学与地图学，已经广泛地应用在不同的领域，是用于输入、存储、查询、分析和显示地理数据的计算机系统，它可以把地图这种独特的视觉化效果和地理分析功能与一般的数据库操作（如查询和统计分析等）集成在一起。

GIS 与其他信息系统的最大区别，在于 GIS 可以对空间信息进行存储、管理与分析，从而使其广泛地应用于公众、个人和企事业单位中解释事件、预测结果、规划战略等，具有实用价值。

在很大程度上，GIS 是一门数据驱动的学科。尤其对于工程应用来讲，可能建设项目的大部分资金和时间投入都是在数据的加工与处理上。

地理空间数据是指那些直接、间接地与地理空间位置的分布、时间的发展有关的自然、经济和人文等方面的物体、事实、事件、现象和过程的描述。从专业角度而言，地理空间数据可以理解为标识地球表面上自然或人为要素及边界地理位置和特性的信息，包含了地理空间实体的空间特征和属性特征。这些数据可以通过各种方法获得，如遥感、制图和测量等手段。

关于信息的定义也非常复杂，有一门专门的学科称为"信息学"。关键在于理解数据与信息的区别：数据是从调查中获得的数量或质量的度量值，而信息则是指数据经过记录、分类、组织、连接或翻译后出现的意义。

1. 对 GIS 概念的不同理解

由于 GIS 学科较新，不同的人对其有不同的理解角度。一方面，GIS 是一门学科，是描述、存储、分析和输出空间信息理论与方法的一门新兴的交叉学科；另一方面，GIS 是一个技术系统，是以地理空间数据库（geospatial database）为基础，采用地理模型分析方法，适时提供多种空间和动态的地理信息，为地理研究和地理决策提供服务的计算机技术系统。

从学术观点来看，人们对 GIS 有如下三种观点：地图观点、数据库观点、空间分析观点。

地图观点：持地图观点的人主要来自于景观学派和制图学派，他们认为 GIS 是一个地图处理和显示系统。在该系统中，每个数据集可以被看成一张地图或一个图层（layer），也可以被看成一个专题（theme）或覆盖（coverage）。利用 GIS 的相关功能对数据集进行操作和运算，就可以得到新的地图。

数据库观点：持数据库观点的人主要来自于计算机学派，他们强调数据库理论和技术方法对 GIS 设计、操作的重要性。

空间分析观点：持空间分析观点的人主要来自于地理学派，他们强调空间分析和模拟的重要性。实际上，GIS 的空间分析功能是它与计算机辅助设计（computer aided design，CAD）、管理信息系统（management information system，MIS）等的主要区别之一，也是 GIS 理论和技术方法发展的动力。

随着地理信息学科与技术的发展，GIS 的内涵也在不断发展。有人称 GIS 为"地理信息科学"（geographic information science），近年来，还有些专家称 GIS 为"地理信息服务"（geographic information service）。

2. GIS 的功能

从 GIS 的概念上，已经能够看到 GIS 具有哪些功能。下面对相关概念做进一步解释。

首先从数据处理、信息提取的角度来看，GIS 具有以下功能。

（1）数据采集与编辑：包括图形与属性数据的采集、编辑和分析计算。

（2）地理数据库管理：包括数据库定义、数据库的建立与维护、数据库操作、通信等。

（3）地图制图：根据 GIS 的数据结构及绘图仪的类型，用户可获得矢量地图或栅格地图。

（4）空间查询与空间分析：包括拓扑空间查询、缓冲区分析、叠加分析、拓扑分析等。

（5）地形分析：包括数字高程模型的建立、坡度分析、流域提取等。

GIS 不仅可以为用户输出全要素地图，而且可以根据用户的需要分层输出各种专题地图，如行政区划图、土壤利用图、道路交通图、等高线图等。另外还可以通过空间分析得到一些特殊的地理学分析用图，如坡度图、坡向图、剖面图等。

从解决问题的角度来看，GIS 功能遍历数据采集、分析、决策应用的全部过程，并能回答和解决以下五类问题。

（1）位置：在某个地方有什么。

（2）条件：符合某些条件的实体在哪里。

（3）趋势：某个地方发生某个事件及其随时间的变化过程。

（4）模式：某个地方存在的空间实体的分布模式。

（5）模拟：某个地方如果具备某种条件会发生什么。

3. GIS 的发展历史

20 世纪 60 年代早期，在核武器研究的推动下，计算机硬件的发展推动了通用计算机"绘图"的应用。在加拿大安大略省的渥太华，罗杰·汤姆林森（Roger Tomlinson）博士开始研发世界上第一个真正投入应用的 GIS，这个系统被称为加拿大地理信息系统（Canada geographic information system，CGIS），主要用于存储、分析和利用加拿大统计局收集的土地方面的数据，并增设了等级分类因素来进行分析。

由于 CGIS 设计并实现了现代 GIS 技术的一些基本功能，罗杰·汤姆林森被称为"地理信息系统之父"，尤其是因为他促进了地理数据的空间分析中对于图层这一概念与技术的应用。

20 世纪八九十年代产业成长刺激了 UNIX 工作站与个人计算机的飞速增长。硬件的发展使得像美国环境系统研究所公司（Environmental Systems Research In-

stitute, Inc, ESRI）和 MapInfo 公司等供应商成功地吸纳了大多数 CGIS 特征，并开始在地理空间数据管理中引入数据库技术。

至 20 世纪末，GIS 在各种系统中迅速增长，使得其在相关的少量平台得到了巩固和规范，用户也开始提出了在互联网上查看 GIS 数据的需求。互联网开放、交互的技术特点促使 GIS 数据的格式和传输向着标准化的方向发展。

4. GIS 的发展趋势

现今，许多学科都受到 GIS 技术的影响。快速发展的 GIS 市场促进了硬件和软件的成本降低与持续改进。这些发展同时促进地理信息技术在科学研究、政府决策、企业管理和工业应用等方面得到更广泛的应用，应用范围包括房地产、公共卫生、犯罪地图、国防、可持续发展、自然资源、景观建筑、考古学、社区规划、运输和物流。地理信息技术的应用同时分化出定位服务（location based service，LBS）。LBS 使用移动设备显示用户的位置，甚至可以将位置信息传递到服务器端进而反馈给用户更多的信息，如用户（移动设备）附近的餐厅、加油站等。随着卫星定位功能与日益强大的移动电子设备（手机、平板电脑、笔记本电脑）的整合，这些服务将继续发展。

随着云计算、物联网、移动终端等新技术的快速发展，未来的 GIS 将会是普适化的 GIS。在普适化 GIS 环境下，人类的知识和经验都使用地图的方式来表达，让用户非常方便地获得与使用空间数据。普适化计算的开发能够通过网络和移动设备等为人们提供更多信息服务，提高计算机感知能力，增强社会关联，具有很强的主动交互和自然交互特点，给人们带来便捷、简单、快速的信息应用。

1.1.2　位置、距离、度量与比例尺

1. 位置

空间数据具有一定的位置，矢量数据在表达空间位置时，根据其特征具有不同的维数，不同维数的空间数据表达方式也不同。零维矢量在空间呈点状分布特征，在二维、三维欧氏空间具有特定坐标位置，分别用 (x, y) 与 (x, y, z) 表示。一维矢量在空间呈线状分布特征，在二维、三维欧氏空间分别用离散化的实数点集 $(x_1, y_1), (x_2, x_2), \cdots, (x_n, y_n)$ 及 $(x_1, y_1, z_1), (x_2, y_2, z_2), \cdots, (x_n, y_n, z_n)$ 来表示。二维矢量在空间呈面状分布特征，在二维、三维欧氏平面上是一组闭合弧段所包围的空间区域，有特定坐标位置，分别用 $(x_1, y_1), (x_2, y_2), \cdots, (x_n, y_n), (x_1, y_1)$ 及 $(x_1, y_1, z_1), (x_2, y_2, z_2), \cdots, (x_n, y_n, z_n), (x_1, y_1, z_1)$ 表示。空间物体分为点、线、面、体四类，相互之间有 10 种距离形式：点–点、点–线、点–面、点–体；线–线、线–面、线–体；面–面、面–体；体–体。

为了演示 Python 操作 GIS 数据的强大功能，并说明问题，使用下面的脚本创

建点状要素。这段脚本可以直接执行，生成的结果可以使用开源 GIS 软件 QGIS[①]来查看。代码添加了简单的说明，相关知识点在第 3 章会具体地进行说明。

首先引入类库，并声明结果数据的名称。

```
1  >>> import os
2  >>> from osgeo import ogr
3  >>> extfile='xx_demo_point.shp'
```

其次创建 Shapefile（一种 GIS 矢量数据格式，在 1.2.3 节会有更详细的说明）。

```
1  >>> driver=ogr.GetDriverByName("ESRI Shapefile")
2  >>> if os.access(extfile, os.F_OK):
3  >>>     driver.DeleteDataSource(extfile)
4  >>> newds=driver.CreateDataSource(extfile)
5  >>> layernew=newds.CreateLayer('point', None, ogr.wkbPoint)
```

然后创建字段，这与关系型数据库类似。

```
1  >>> fieldf_x=ogr.FieldDefn("x", ogr.OFTReal)
2  >>> fieldf_y=ogr.FieldDefn("y", ogr.OFTReal)
3  >>> layernew.CreateField(fieldf_x)
4  >>> layernew.CreateField(fieldf_y)
```

最后创建点状要素，这体现了空间数据与关系型数据库的不同。

```
1   >>> point_coors=[[300, 450], [750, 700], [1200, 450],
2   ...     [750, 200], [750, 450]]
3   >>> for pt in point_coors:
4   >>>     geom=ogr.CreateGeometryFromWkt(
5   ...         'POINT ({0} {1})'.format(pt[0], pt[1]))
6   >>>     feat=ogr.Feature(layernew.GetLayerDefn())
7   >>>     feat.SetField('x', pt[0])
8   >>>     feat.SetField('y', pt[1])
9   >>>     feat.SetGeometry(geom)
10  >>>     layernew.CreateFeature(feat)
11  >>> newds.Destroy()
```

把坐标直接写到字段中（fieldf_x, fieldf_y），并进一步将这个坐标值写到几何属性：feat.SetGeometry(geom)。注意，坐标的空间位置是自左向右，自下向

[①] QGIS（原称 Quantum GIS）是一个开源的、跨平台的桌面 GIS 软件，可运行在 Linux、UNIX、Mac OS 和 Windows 等平台之上，除了加工处理地理空间数据，还可用来进行地图制图。参见 http://qgis.org。

上递增的（图 1.1），而一般计算机中的图片的坐标是自上向下递增的。这涉及坐标的转换计算，后面会谈到这个问题。

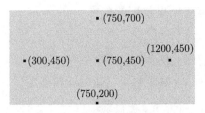

图 1.1　点状坐标位置演示

2. 距离

距离是指两个物体空间位置相距远近的数值描述，是不具方向性的标量，且不为负值。在 GIS 中，距离是以点为基准进行量算的。

数学上的距离比较简单，但真实世界的距离以及在计算机中所表达的距离则要复杂得多。从可达性来讲，距离不仅表示远近，还表示时间的长短；在实际生活中，两个地点的距离（从一个城市到另一个城市有多远）是球面距离，而不是直接距离；而将球面投影到平面上，这个问题又复杂了许多，投影有等距投影、等角投影、等积投影，在后面两种投影下是不能直接量算距离的。更显而易见地，在地球经纬度的表示方法中，用经纬度来量算距离，是不行的。

3. 度量

现在来说一下"度量"的概念。前面说了很多距离，实际都和"度量"有关系。在数学中，度量（度规）或距离都是函数，它定义了集合内每一对元素之间的距离，距离是根据需要来定义"度量"之后才产生的。也就是说，两个点的距离可以是笛卡儿直线距离，可以是公路里程，也可以是汽车到达时间。

而这些度量方式，都需要 GIS 基础数据的支持。直线距离可以通过两点坐标来计算；公路里程则要知道公路的位置数据（每个点的坐标），然后逐段加和计算；汽车到达时间还要在里程基础上考虑运行速度的因素。

4. 比例尺

地图比例尺通常认为是地图上距离与地面上相应距离之比，表示方法有数字比例尺、文字比例尺、图解比例尺或直线比例尺、面积比例尺等。

在地图中，主比例尺指的是全图的比例尺。由于投影变形，地图中不同位置的比例尺是不一样的，称为局部比例尺。主比例尺与局部比例尺数值之间的关系称为比例系数，可按下式计算：

$$S_F = \frac{a}{b}$$

式中，a 表示局部比例尺；b 表示主比例尺。公式表明，比例系数是局部比例尺与主比例尺之比。当比例系数为 2 时，局部比例尺为主比例尺的两倍。

"比例"在地图上是一个很重要的概念：它是计量单位与在地图上被映射物体之间的一种对应关系（通常是地球，但也可能是月球、太阳系或血细胞）。在地图上，1 : 10000 意味着地图上的 1cm 代表了实际世界中的 10000cm。

1.1.3　地图投影

地图是按一定的数学法则和综合法则，以形象–符号表达制图物体（现象）的地理分布、组合和相互联系及其在时间中变化的空间模型，它既是地理信息的载体，又是信息传递的通道。

GIS 表达和研究的主体是地球，而地球是一个不规则球体，在计算机中需要进行抽象，以便进行研究（图 1.2）。如何将地球上各点投影在某一平面上进行连续的记录，是地图制图和 GIS 数据共享的基础。而在地图投影和 GIS 数据处理与可视化过程中，渗透着计算机图形学的基础理论与技术，其中图形变换已成为 GIS 基础原理的一个重要组成部分。GIS 不仅仅是一套电子地图，它的基础是地图投影和坐标系统。

图 1.2　地球球体

关于地图投影和坐标系统的理论问题，几乎每一本关于 GIS 的书都是独辟一章来写的。这样是很有必要的，但在本书中无法对理论背景说明太多。尽管如此，下面仍介绍足够的知识，而不至于使没有地图学背景的读者感到迷惑。

1. 地图投影的基本概念

地图投影是指建立地球表面上的点与投影平面上点之间的一一对应关系。地图投影的基本概念就是利用一定的数学法则把地球表面上的经纬线网表示到平面上。可以想象，把球用平面来表示，会遇到许多问题。

地球表面上的点一般是用地理坐标 (φ, λ)（纬度，经度）来表示的，而地图则是采用直角坐标 (x, y) 来定位空间实体的。所以，将地球表面上的点在地图上表示，这两者之间就存在一个函数关系。式（1.1）为两者之间的函数关系：

$$x = f_1(\varphi, \lambda)$$
$$y = f_2(\varphi, \lambda)$$

(1.1)

为解决由不可展的椭球面描绘到平面上的矛盾，用几何透视方法或数学分析的方法，将地球上的点和线投影到可展的曲面（平面、圆柱面或圆锥面）上，将此可展曲面展成平面，建立该平面上的点、线和地球椭球面上的点、线的对应关系。这种将地球椭球面上的点投影到平面上的方法称为地图投影。其实质是建立地球椭球面上的地理坐标（经纬度）和平面上直角坐标之间的函数关系。

坐标系包含两方面的内容：一是在把大地水准面上的测量成果换算到椭球体面上的计算工作中，所采用的椭球的大小；二是椭球体与大地水准面的相关位置，相关位置不同，对同一点的地理坐标所计算的结果也将不同。因此，选定了一个一定大小的椭球体，并确定了它与大地水准面的相关位置，就确定了一个坐标系。

使用解析几何学中的笛卡儿坐标系来解决定位问题是最直观的方法。经纬度就是这样一种坐标系统。地面上任意一点的位置通常用经度和纬度来决定。经线和纬线是地球表面上两组正交（相交夹角为 90°）的曲线，这两组正交的曲线构成的坐标，称为地理坐标系。

2. 地图投影类型

不同的地图投影会生成不同的结果（图 1.3）。

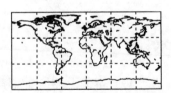

图 1.3　不同的地图投影

投影的选择取决于项目的需要。地图投影通常都会带来一个或几个方面的变形（面积、形状、距离、比例、方向或相关的方面），因此在选择投影之前，首先要确定哪个方面在未来的使用中具有优先权。

地球上同一纬度带中，经度差相同的网格必具有相同的大小和形状。但是它们在投影中不一定能保持原来的大小和形状，甚至彼此间有很明显的差异，可以发现变形表现在长度、面积和角度三个方面。分别用长度比、面积比的变化显示投影中的长度变形和面积变形。如果长度变形或面积变形为零，则没有长度变形或面积变形（图 1.4）。

从不同的角度可以对地图投影进行类别划分。按变形性质，地图投影可以分为三类，包括等角投影、等积投影和任意投影；按构成方法，可以将地图投影分为几何投影和非几何投影；根据地球椭球体和投影几何体之间的关系又可分为正方位切割、横方位切割、斜方位切割。关于这些概念的区分，有兴趣的读者可以找地图投影方面的专著来参考。

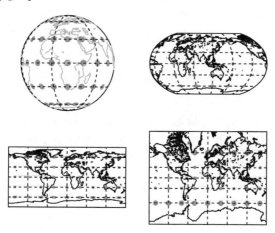

图 1.4 不同的地图投影变形椭圆示意图

地球球面上距离的量算，也是要注意的一个方面（图 1.5）。这个距离不是在平面地图上点之间的直线距离，对于相同纬度的点也不是沿着纬线的距离（除非在赤道上）。

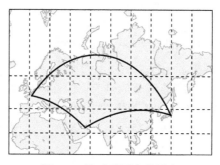

图 1.5 地球球面上的距离

3. 常用地图投影介绍

本书的内容会涉及一些具体的地图投影，这里对常用的地图投影做一下简单的说明，如果有兴趣，则可以进一步找相关的文献材料详细了解投影的信息。

1）高斯–克吕格投影

高斯–克吕格投影是由德国数学家、物理学家、天文学家高斯于 19 世纪 20 年代拟定，后经德国大地测量学家克吕格于 1912 年对投影公式加以补充，故称为高斯–克吕格投影。中国 8 种国家基本比例尺地形图中规定 1∶5000、1∶1 万、1∶2.5 万、1∶5 万、1∶10 万、1∶25 万、1∶50 万等 7 种比例尺地形图均采用高斯–克吕格投影，只有 1∶100 万比例尺地形图采用双标准纬线等角圆锥投影。

高斯–克吕格投影即等角横切椭圆柱投影。假想用一个椭圆柱横切地球椭球体的某一经线，这条与圆柱面相切的经线称为中央经线。高斯–克吕格投影中为了限制长度变形，按一定经差将地球椭球面划分成若干投影带。分带时既要控制长度变形使其不大于测图误差，又要使带数不致过多以减少换带计算工作，据此原则将地球椭球面沿子午线划分成经差相等的瓜瓣形地带，以便分带投影。通常按经差 6 度或 3 度分为六度带或三度带。

（1）六度带是从 0 度子午线起，自西向东每隔经差 6 度为一个投影带，全球分为 60 带，带号用自然序数 1, 2, 3, · · · , 60 表示。即以东经 0—6 为第 1 带，其中央经线为东经 3 度，其余类推。

（2）三度带是从东经 1 度 30 分的经线开始，每隔 3 度为一带，全球划分为 120 个投影带。

由于采用了分带方法，各带的投影完全相同，某一坐标值 (x, y) 在每一投影带中均有一个值，在全球则有 60 个同样的坐标值。因此，在 x 值前，需冠以带号以进行区分，这样的坐标称为通用坐标。

2）墨卡托投影

墨卡托投影由荷兰地图学家墨卡托（Mercator）于 1569 年创立，在地图投影方法中影响最大，又称正轴等角圆柱投影。

假设地球被围在一个中空的圆柱里，其基准纬线与圆柱相切（赤道），然后再假想地球中心有一盏灯，把球面上的图形投影到圆柱体上，再把圆柱体展开，这就是一幅选定基准纬线上的墨卡托投影绘制出的地图。

在地图上保持方向和角度的正确是墨卡托投影的优点，墨卡托投影地图常用作航海图和航空图，如果循着墨卡托投影图上两点间的直线航行，则可以方向不变一直到达目的地，因此它对船舰在航行中定位、确定航向都具有有利条件，给航海者带来很大方便。

3）UTM 投影

UTM 投影全称为通用横轴墨卡托投影（universal transverse Mercator projection）。UTM 投影与高斯–克吕格投影二者之间仅存在着很小的差别；从几何意义看，UTM 投影属于等角横轴割圆柱投影，椭圆柱割地球于南纬 80°、北纬 84° 两条等高圈，投影后两条割线上没有变形。

美国在编制世界各地军用地图及处理与发布地球资源卫星影像时通常使用 UTM 投影，而由于遥感影像的广泛应用，UTM 投影在各个国家与地区也得到了普遍使用。

4）Web 墨卡托投影

谷歌在 2005 年推出了 Web 墨卡托（Web Mercator）投影，也被称为球面墨卡托（spherical Mercator）投影，在 Google Maps、Virtual Earth 等网络地图中得到广泛应用。Web 墨卡托投影和常规墨卡托投影的相同之处是使用与地轴方向一致的圆柱进行变换，主要区别在于 Web 墨卡托投影把地球模拟为球体而非椭球体。Web 墨卡托投影使用了更加简单的模型，便于快速计算；但是只适合可视化，不适合精确测量应用。

1.1.4 空间分析的基本概念

空间分析能力是 GIS 的主要功能，也是 GIS 与计算机制图软件相区别的主要特征。空间分析是从空间物体的空间位置、联系等方面去研究空间事物，以及对空间事物进行定量的描述。一般地讲，它只回答 What（是什么）、Where（在哪里）、How（怎么样）等问题，但并不（能）回答 Why（为什么）。空间分析需要复杂的数学工具，其中最主要的是空间统计学、图论、拓扑学、计算几何等，其主要任务是对空间构成进行描述和分析，从而达到获取、描述和认知空间数据，理解和解释地理景观的背景过程，模拟和预测空间过程，调控地理空间上发生的事件等目的。

空间分析技术与许多学科都有联系，地理、经济、区域科学、大气、地球物理、水文等专门学科为其提供基本概念和机理知识。

除了 GIS 软件捆绑空间分析模块，也有一些专用的空间分析软件，如 GIS-LIB、SIM、PPA、Fragstats 等。

空间分析是对分析空间数据的有关技术的统称，根据作用的数据性质不同，可以分为如下三种。

（1）基于空间图形数据的分析运算。

（2）基于非空间属性的数据运算。

（3）空间和非空间数据的联合运算。

空间分析赖以进行的基础是地理空间数据库，其运用各种几何的逻辑运算、数理统计分析、代数运算等数学手段，最终的目的是解决人们所涉及的地理空间的实际问题，提取和传输地理空间信息，特别是隐含信息，以辅助决策。

1. 空间关系

空间关系是地理空间实体对象之间的空间相互作用关系，可抽象为点、线（或弧）、面（或区域，或多边形）①之间的空间几何关系，其关系包含了三种基本类型，

---

① 在 GIS 中一般用多边形来近似表达面，一般不会对面与多边形的概念进行区分。本书在涉及较多计算机处理的地方，多会采用多边形的表述。

即空间方向关系、空间度量关系、空间拓扑关系。

（1）空间方向关系又称为空间方位关系，它定义了地物对象之间的方位。

（2）空间度量关系：基本空间对象度量关系包含点/点、点/线、点/面、线/线、线/面、面/面之间的距离。在基本目标之间关系的基础上，可构造出点群、线群、面群之间的度量关系。

（3）空间拓扑关系：是指建立在点集拓扑理论基础之上的，各种空间目标的拓扑空间关系，包括点/点、点/线、点/面、线/线、线/面、面/面等多种形式上的空间关系，而每一种形式的空间关系又包含更多的子形式。

2. 空间数据查询

图形与属性互查是最常用的查询，主要有两类：第一类是按属性信息的要求来查询定位空间位置，称为属性查图形；第二类是根据对象的空间位置查询有关属性信息，称为图形查属性。

空间实体间存在着多种空间关系，包括拓扑、顺序、距离、方位等。空间关系查询和定位空间实体是 GIS 不同于一般数据库系统的功能之一。

对于传统的结构化查询语言（structured query language，SQL），要实现空间操作，需要将 SQL 命令嵌入一种编程语言中，如 C 语言；而新的 SQL 允许用户定义自己的操作，并嵌入 SQL 命令中。

根据街道的地址来查询事物的空间位置和属性信息是 GIS 特有的一种查询功能，这种查询功能利用地理编码，输入街道的门牌号码，就可知道其大致的位置和所在的街区。地址匹配查询对空间分布的社会、经济调查和统计很有帮助，只要在调查表中填入地址，GIS 就可以自动地从空间位置的角度来统计分析各种社会、经济调查资料。

3. 空间数据量算

一般的 GIS 软件都具有对点、线、面状地物的几何量算功能。

线状地物对象最基本的形态参数之一就是长度。在矢量数据结构下，线表示点对坐标 (x, y) 或 (x, y, z) 的序列，在不考虑比例尺情况下，可按解析几何的公式进行计算。

对于复合线状地物对象，需要在对诸分支曲线求长度后，再求其长度总和。在栅格数据结构里，线状地物的长度就是累加地物骨架线通过的格网数目，骨架线通常采用 8 方向连接，当连接方向为对角线方向时，还要乘以 $\sqrt{2}$。

面积是面状地物最基本的参数。在矢量结构下，面状地物是用其轮廓边界弧段构成的多边形来表示的。对于有孔或内岛的多边形，可分别计算外多边形与内岛面积，其差值为原多边形面积。此方法也适用于体积的计算。

对于栅格结构, 多边形面积计算就是统计具有相同属性值的格网数目, 但对计算破碎多边形的面积有些特殊, 可能需要计算某一个特定多边形的面积, 必须进行再分类, 将每个多边形进行分割赋给单独的属性值, 之后再进行统计。

4. 空间分析方法

叠加分析与缓冲区分析是 GIS 典型的空间分析方法。

GIS 的叠加分析是指将有关主题层组成的数据层面进行叠加产生一个新数据层面的操作, 其结果综合了原来两层或多层要素所具有的属性。叠加分析不但包含空间关系的比较, 还包含属性关系的比较。

栅格数据结构空间信息隐含属性信息明显的特点, 可以看作最典型的数据层面, 通过数学关系建立不同数据层面之间的联系是 GIS 提供的典型功能。这种作用于不同数据层面上的基于数学运算的叠加, 在 GIS 中称为地图代数。

缓冲区是指地理空间目标的一种影响范围或服务范围。从数学的角度看, 缓冲区分析的基本思想是给定一个空间对象或集合, 确定它们的邻域, 而邻域的大小由邻域半径 R 决定。因此对象 O_i 的缓冲区定义为

$$B_i = \{x : d(x, O_i) \leqslant R\}$$

即对象 O_i 的半径为 R 的缓冲区为与 O_i 的距离 d 小于等于 R 的全部点的集合。d 一般是最小欧氏距离, 也可以是其他定义的距离。对于对象集合, 其半径为 R 的缓冲区是各个对象缓冲区的并集。

网络分析, 也是一种常用的空间分析方法, 是对地理网络进行地理分析和模型化。由于网络分析以线状模式为基础, 通常用矢量数据结构来实现。网络图是指图论中的 "图", 用以表达事物及事物之间特定的关系。这种由点集 V 和点之间的集合 (边) E 组成的集合对 (V, E) 称为图, 用 $G(V, E)$ 表示。当图中的边是无向边时则称为无向图, 当图中的边是有向边时则称为有向图。描述图最直观的方法是图形, 为将图形存储在计算机中, 网络图常用矩阵来记录。图的矩阵表示有很多形式, 其中, 最基本的矩阵是邻接矩阵和关联矩阵。邻接矩阵是描述顶点之间相邻关系的矩阵; 关联矩阵是描述顶点和边之间关系的矩阵。

1.1.5 开源 GIS 的概念

垄断和高额的费用在一定程度上限制了 GIS 的普及与推广。实现 GIS 社会化和大众化需要地理数据共享与互操作, 尽可能降低地理数据采集处理成本和软件开发应用成本。目前的 GIS 大多是基于具体的、相互独立的和封闭的平台开发的, 它们采用不同的开发方式和数据格式, 对地理数据的组织也有很大的差异。在知识与经济全球化的时代, 资源环境与地理空间信息资源是现代化社会的战略性信息

基础资源之一，地理空间信息产业已成为现代知识经济的重要组成部分。在 20 世纪 90 年代，开源思想已广泛渗透到 GIS 领域，国内外许多科研院所相继开发出开源 GIS。

虽然开源地理空间信息软件的发展时间不长，但仍然造就了如地理资源分析支持系统（geographic resource analysis support system，GRASS）、OSSIM（open source software image map）这样功能极为突出、性能异常优越，不亚于任何一款商业软件的标志性项目，更有如 World Wind①、MapGuide②等用户体验良好、方便用户使用的前端平台。

在谈到有关开源和全球环境现象时，很难让人联想到地理数据集和 GIS 应用程序领域。但是，开源应用程序（如 GRASS 和 QGIS）使得开放 GIS 数据集更方便地被编程人员和技术用户使用，而不必购买使用商业产品。地理空间数据抽象库（Geospatial Data Abstraction Library，GDAL）和 OGR 简单要素类库（Simple Features Library）③等基础类库可以使 GIS 数据在通用开源工具上处理，而不会影响基于开放标准的 GIS 数据完整性。

国际开源地理空间基金会（Open Source Geospatial foundation，OSGeo）④成立于 2006 年 2 月。OSGeo 的使命是支持开源地理信息软件的开发以及推动其更广泛地使用，并对其支持的项目提供组织、法律和财政上的支持，不断促进基于地理信息开放标准软件及其互操作技术的开发、推广和普及。基金会的项目已从最初的 8 个发展为满足 B/S 架构的前端地理信息渲染平台、各种地理空间计算平台等数十个门类的开源地理空间项目。

开源 GIS 软件的版权许可制度通常采用开源软件许可制度。截至 2018 年底，经开源促进会（Open Source Initiative）⑤组织通过并批准的开源协议有 82 种，其中最著名的许可制度有 GNU 通用公共许可（GNU general public license，GPL）、GNU 宽通用公共许可（GNU lesser general public license，LGPL）、伯克利软件分发许可（the Berkeley software distribution license，BSD）和麻省理工学院许可（the Massachusetts institute of technology license，MIT）四种。GPL 与 Linux 类似，由于能够保护开源机构的利益，比较适合开源 GIS 软件的市场推广和研发，所以被许多开源 GIS 平台采用，如 GRASS、QGIS、uDig（user-friendly desktop internet GIS）。对开源 GIS 软件版权许可制度的统计结果表明，超过一半的开源 GIS 采用了 GPL

版权许可。但也有一些非政府机构支持基于 LGPL、MIT 的开源项目，如自动化地学分析系统（system for automated geoscientific analyses，SAGA）[1]、MapWindow[2]。

1. 开源 GIS 的特点

开源 GIS 具有下面的一些特点。

（1）无须支付昂贵的软件购买费，可以节省大量成本，免费升级，并能广泛推广应用。

（2）资源丰富，底层全部开放，可以自由选择进行组合应用，进行无缝融合和改造，充分满足应用需求，也便于维护。

（3）开源软件由大量顶级行业精英设计开发，其设计理念和系统构架先进、功能新、升级快，支持开放地理信息系统协会（open GIS consortium，OGC）、面向服务的架构（service oriented architecture，SOA）、Java2 企业平台（Java 2 platform，enterprise edition，J2EE）等行业标准，开放性和扩展性好。

（4）因为底层源程序开放，没有安全性问题（后门问题），所以有利于政府、军事和其他组织机构的安全部门采用。

开源 GIS 优势不仅仅是免费，更在于其免费和开放的真正含义，前者代表自由与免费，后者代表开放和扩展。与商业 GIS 产品不同，由于开源 GIS 软件的免费和开放，用户可以根据需要增加功能，当所有人都这样做的时候，开源产品的性能与功能也就超过了很多商业产品，因此也造就了开源的优势和活力。此外，和一般的商业 GIS 平台相比，开源 GIS 产品大多都具有跨平台的能力，可以运行于 Linux、Windows 等系统。因此开源 GIS 软件得到了学术界和 GIS 平台厂商越来越多的重视，并成为 GIS 研究和应用创新的一个重要领域。

2. OGC 与 OpenGIS

谈到开源 GIS，不得不提到 GIS 的一些数据、接口标准。除了技术的发展，标准的兼容对于 GIS 的发展，尤其是开源 GIS 的发展起到了重要的促进作用。

OGC 是一个协调与推进开放地理技术规范的国际行业联合会，由企业、政府机构、大学和个人组成。开放地理数据互操作规范（open geodata interoperation specification，OpenGIS）由 OGC 提出。由 OpenGIS 规范定义的开放接口和协议，支持可互操作的解决方案、网络、无线和定位服务以及主流信息技术（information technology，IT），让复杂的空间信息和服务在各种应用中可以授权给技术开发人员使用。

OpenGIS 包括常见的网络地图服务（Web map service，WMS）和网络要素服务（Web feature service，WFS）。

---

① 参见 http://www.sagagis.org。
② 参见 https://www.mapwindow.org。

3. 开源 GIS 的发展趋势

GIS 技术的发展趋势是开放和互操作,包括体系结构的开放、数据模型的开放以及开发者思想观念的开放。开源 GIS 作为 GIS 研究的新热点,其趋势是集开放、集成、标准和互操作为一体,从软件工具面向服务的架构(SOA)转变的方向发展。通过开源 GIS 项目建设,可以减少 GIS 软件的开发周期,降低软件开发成本,提高软件开发效率,同时可以降低 GIS 平台软件使用成本,促进 GIS 的社会化和大众化。开源 GIS 项目越来越成熟,且取得的市场越来越多,目前已经形成了一个比较齐全的产品线,在一些特定的功能方面优于商业 GIS 平台软件。尽管开源 GIS 软件在稳定性、实用性和功能全面方面存在欠缺,但其免费和开放的优势使得越来越多的企业、科研机构和非政府组织投入开源 GIS 软件的研究、开发和应用推广中,开源 GIS 软件将成为理论教学、科学研究、中小企业 GIS 应用的一个最好选择。

1.1.6　开源空间信息软件体系与技术概述

目前国际上著名的地理空间信息生产商大都拥有了成熟的产品线,基本涵盖了数据采集、数据编辑、数据管理、空间数据互操作、空间分析、网络地理信息发布、空间数据库等所有与地理信息工程相关的功能模块。而开源 GIS 则可能更多地侧重于某些功能,在使用开源 GIS 进行应用时,可以应用很多项目来集成。

开源 GIS 软件最早是基于某个商业 GIS 软件不支持的功能、特性及开放接口开发的,因此不同的开源 GIS 的特点不一样,不同的开源 GIS 也适用于不同的 GIS 应用需求和不同的开发环境。

1. 主要开源 GIS 软件

开源 GIS 产生了许多功能突出、性能优越和用户体验良好的软件,发展速度非常迅猛。目前开源 GIS 软件的体系架构已经非常清晰,每个项目都有特有的定位,每个开源家族都有与商业软件对应的功能特性,它可以实现绝大多数的功能。

在桌面领域,QGIS 以及 uDig 项目完全可以满足普通制图和数据采集人员的需要,同时完成对地理空间信息的简单编辑、查询等功能,可以取代价格昂贵的商业软件。

在工作站以及服务器领域,由美国军方建筑工程研究实验室研发的 GRASS 完全可以充当科学家、研究人员专业的操作工具,复杂的空间分析算法以及栅格处理功能可以与 Arc/Info 相媲美。GRASS 是 UNIX 平台的第一个 GIS 软件,与其他 UNIX 软件一样,吸引了多家联邦机构、大学和公司的参与和研发。

OSSIM 是一个用于遥感、图像处理、GIS、摄影测量领域的高性能软件。作为一个成熟的开源软件库,它的设计目的是为摄影测量与遥感软件包的开发人员提供一套整合的并且最佳的方法及流程。自 1996 年至今，作为开源项目进行维护，现在也是 OSGeo 的项目成员之一。项目的开发人员拥有商业和政府遥感系统及应用软件领域多年的经验，并由美国多个情报、防务领域的政府部门提供资助。

2. 开源 GIS 软件语言的使用情况

开源 GIS 软件的分类：按照开发语言，开源 GIS 软件主要包括 C 、C++、Python、Java、.NET、JavaScript、PHP、VB、Delphi 等。无论采用哪种语言，当前开源 GIS 软件都力求最大限度地支持跨平台，其中支持 Windows 的开源 GIS 软件有 67.7%，82.7% 的开源软件能够在 Linux 环境下运行，这与 Linux 本身是一个开源的操作系统有关。

3. 开源 GIS 软件的国外应用现状

目前，开源 GIS 软件的主要用户是大学、科研机构和非政府组织。同时，国内的 GIS 公司也开始举办开源 GIS 研发大赛，围绕着开源 GIS 软件的应用越来越多。一些行业用户也主要利用开源 GIS 进行 WebServer 应用，开源 WebGIS 平台的应用较多，占开源 GIS 软件应用的 80% 以上。随着更多的行业用户对开源 GIS 软件的熟悉和认知以及开源 GIS 软件的进一步稳定可靠，开源 GIS 的应用将会越来越多。

1.2　GIS 中的数据结构与数据类型

数据是 GIS 的血液，从这句话中可以看出数据在 GIS 中的重要性，在与地理信息相关的项目开发实施中，大部分工作也与收集、处理地理空间数据相关。下面主要介绍 GIS 中常用的数据结构与数据类型。

1.2.1　空间数据模型与数据格式

空间数据模型是关于现实世界中空间实体及其相互间联系的概念，它为描述空间数据的组织和设计 GIS 提供了基本的方法。空间数据模型的认识和研究在设计 GIS 数据结构时具有重要的作用。

GIS 数据以数字数据的形式表现了现实世界客观对象（如公路、土地利用、海拔）。现实世界客观对象可被划分为两种抽象概念：离散的对象领域（如房屋）和连续的对象领域（如降雨量或海拔）。这两种抽象体在 GIS 系统中主要的数据存储方式为：栅格（网格）数据格式和矢量数据格式。

1. 矢量数据结构

矢量数据模型利用了几何图形的点、线（一系列点坐标），或是面（形状取决于线）来表现客观对象。例如，在城市规划图中以多边形来代表楼房等建筑物的边界，以点来表示重要点状事物（在地面的投影为点，如电线杆、水井等）的精确位置。矢量同样可以用来表示具有连续变化性的领域。利用等高线和不规则三角网（triangulated irregular network，TIN）来表示海拔或其他连续变化的值。TIN 的数据结构设计用来记录这些连接成不规则三角形网的点。三角形所在的面代表地形表面。

矢量数据模型包含了对拓扑的描述。这样，除了坐标以外，还可以使用拓扑来描述点、线、边界及质心的位置。尽管它们的空间关系已经被存储了，但是一个拓扑的 GIS 仍然需要使用这样的数据结构，来使两个相邻接的区域的边界作为一条单独的线存储，简化数据的维护。

2. 栅格（网格）数据结构

栅格（网格）数据由存放唯一值存储单元的行和列组成，它与栅格（网格）图像是类似的。栅格数据除了记录颜色之外（栅格数据也可以不保存颜色信息），各个单元记录的数值也可能是一个分类组（如土地使用状况）、一个连续的值（如降雨量）或是当数据不可用时记录的一个空值。栅格数据集的分辨率取决于地面单位的网格宽度。一个栅格的存储单元通常代表地面的方形区域，也可以用来代表其他形状。栅格数据既可以用来代表一块区域，也可以用来表示一个实物。

GIS 的栅格文件所代表的栅格图层，实际上是一种概念化的模型。通常某一栅格图层的地图信息与一特定的主题相关（如土壤结构、地面覆盖物、公路等）。

栅格数据采用矩阵的形式进行存储，可以将栅格文件中的数据理解为一个很大的二维矩阵。一个 $M \times N$ 的栅格文件包含 M 行和 N 列的栅格单元（像元）。实际存储过程中，根据不同的应用背景，可以对数据进行压缩存储。

利用栅格或矢量数据模型来表达现实各有优点与缺点。对于某一面状的同质对象（如湖泊的水面高度），栅格数据需要在面内所有的点都记录同一个值，而矢量数据只需要存储这个值一次，这就使得前者所需的存储空间远大于后者。对于栅格数据可以很轻易地实现覆盖的操作，而对于矢量数据来说则要困难得多。矢量数据可以像在传统地图上的矢量图形一样被显示出来，而栅格数据在以图像显示时显示对象的边界将呈现模糊状。

除了以几何向量坐标或是栅格单元位置来表达的空间数据，非空间数据也可以被存储。在矢量数据中，这些附加数据为客观对象的属性。例如，一个森林资源的多边形可能包含一个标识符值及有关树木种类的信息；而在栅格数据中单元值可存储属性信息，但同样也可以作为其他表格（属性数据保存在这个表格中）中记录的索引值。

3. GIS 数据结构与文件格式

描述地理实体的数据组织方法，称为 GIS 数据结构或空间数据结构。GIS 数据结构是指适合于计算机存储、管理和处理的地学图形的逻辑结构，是地理实体的空间排列方式和相互关系的抽象描述。数据结构是对数据的一种理解和解释，不说明数据结构的数据是毫无用处的，不仅用户无法理解，计算机程序也不能正确的处理。对同样的一组数据，按不同的数据结构去处理，得到的可能是截然不同的结果。空间数据结构是地理信息系统沟通信息的桥梁，只有充分理解地理信息系统所采用的特定数据结构，才能正确地使用系统。

1.2.2　GeoTIFF 文件格式与颜色空间

栅格数据的文件格式非常多，在这里只介绍本书中使用的 GeoTIFF 文件格式，以方便学习中使用。另外对与栅格数据或遥感影像密切相关的颜色空间的概念也进行阐述。

1）GeoTIFF 文件格式

TIFF (tag image file format) 图像文件是图形图像处理中常用的格式之一，其图像格式很复杂，但由于它对图像信息的存储非常灵活，可以支持很多颜色空间，而且文件格式独立于操作系统，所以得到了广泛应用。在各种 GIS、摄影测量与遥感等应用中，要求图像具有地理编码信息，例如，图像所在的坐标系、比例尺、图像上点的坐标、经纬度、长度单位及角度单位等。对于存储和读取这些信息，纯 TIFF 格式的图像文件是很难做到的，而 GeoTIFF 作为 TIFF 的一种扩展，在 TIFF 的基础上定义了一些地理标签（geotag），可以对各种坐标系统、椭球基准、投影信息等进行定义和存储，使图像数据和地理数据存储在同一图像文件中，这样就为广大用户制作和使用带有地理信息的图像提供了方便的途径。

尽管 GeoTIFF 确实只是 TIFF 的一种特例，但要遵循规范来用好它绝不是那么简单。

TIFF 对 GeoTIFF 的支持已写进 TIFF 6.0，也就是说，GeoTIFF 是一种 TIFF 6.0 文件，它继承了 TIFF 6.0 规范中的相应部分，所有的 GeoTIFF 特有的信息都编码在 TIFF 的一些预留标签（tag）中，它没有私有的图像文件目录（image file directories，IFD）、二进制结构以及其他一些对 TIFF 来说不可见的信息。

描述一个 GeoTIFF 需要众多投影及类型参数信息，如果每一个信息都采用一个标签，那么将至少需要几十甚至几百个标签，这会耗尽 TIFF 定义的有限的标签资源。另外，虽然私有的 IFD 提供了数千个自由的标签，但也是有限的，因为标签值对常用的读取接口来说是不可见的（因为无法判断 IFD_OFFSET 标签值是否指向一个私有的 IFD）。

为了避免这些问题，GeoTIFF 采用一系列的键（keys）来存取这些信息，这些键在功能上相当于标签，准确地说它是一种媒介标签（meta-tag）。键与格式化的标签值共存，TIFF 文件处理其他图像数据。和标签一样，键也有 ID 号，范围为 0~65535，但与标签不同的是所有键的 ID 号都可以用于 GeoTIFF 的参数定义上。

2）图像的颜色空间

栅格数据与遥感影像通常都是有颜色的，在计算机中表达颜色的方法也有很多种。颜色空间也称彩色模型（又称彩色空间或彩色系统）是在某些标准下对彩色加以说明。颜色空间是使用一组值（通常使用三个、四个值或者颜色成分）表示颜色方法的抽象数学模型。例如，三原色（RGB）光模式和印刷四分色（CMYK）模式都是色彩模型。

本书中涉及的颜色空间模型（主要是在 GDAL 库与地图制图中）有 RGB/RGBA、HLS、CMYK 和 YCbCr。

（1）RGB/RGBA 是依据人眼识别的颜色定义出的空间，可表示大部分颜色，是图像处理中最基本、最常用、面向硬件的颜色空间。RGB 分别代表 Red（红色）、Green（绿色）、Blue（蓝色），A 用来表达透明度。

（2）HLS 中 H 表示 Hue（色度），L 表示 Luminance（亮度），S 表示 Saturation（饱和度）。色相是颜色的一种属性，它实质上是色彩的基本颜色。

（3）CMYK 模式是彩色印刷时采用的一种套色模式，利用色料的三原色混色原理，加上黑色油墨，共计四种颜色混合叠加，形成全彩印刷。C：Cyan= 青色，常被误称为天蓝色或湛蓝；M：Magenta= 洋红色，又称为品红色；Y：Yellow= 黄色；K：blacK= 黑色。

（4）YCbCr 是色彩空间的一种，通常会用于影片中影像的连续处理，或是数字摄影系统中。Y 就是所谓的流明（luminance），而 CB 和 CR 则为蓝色和红色的浓度偏移量成分。

1.2.3　常用矢量数据格式与文件格式介绍

与栅格数据文件相比，矢量数据格式则要复杂得多。对世界的模型认知不一，以及实践过程中的需求约束，GIS 早期的软件中设计了多种多样的矢量数据格式；在后期的发展中尽管越来越注重标准规范，但随着互联网的发展仍然有新的矢量数据格式产生。本书介绍的工具软件涉及的，包括 GeoJSON 数据格式，WKT 数据格式，Shapefile 数据格式，以及 Shapely 数据结构、SpatiaLite 数据结构等。本节会对具体的数据文件格式进行说明，其他的数据结构会在后面章节涉及。

1. GeoJSON 格式

GeoJSON 不是一种具体的文件格式，它既可以存储在纯文本文件中，又可以存储在其他任何文件中。它主要作为一种数据交换格式来使用。

GeoJSON 是一种用于编码各种地理数据结构的数据格式。GeoJSON 对象可以表示几何形状、要素或要素集合。GeoJSON 支持以下几何类型：点、线、多边形、点集合、线集合、多边形集合和几何体集合。GeoJSON 中的特性包含几何对象和其他属性，并且要素集合由要素列表表示。

一个完整的 GeoJSON 数据结构是一个以 JSON（Javascript object notation）术语表示的对象。在 GeoJSON 中，对象由名称/值对（也称为成员）的集合组成。对于每个成员，名字总是字符串。成员值可以是字符串、数字、对象、数组，也可以是以下文本常量中的一个：true、false 和 null。数组由元素组成，每个元素是上述值之一。

GeoJSON 的用途非常广泛，很多格式都可以与之相互转换。在 Python 中有一个专门的 GeoJSON 接口规范 __geo_interface__[①]，并且在不同的类库中都有实现，如 Python-GeoJSON[②] 和 Shapely 等。

2. WKT 格式

WKT（well-known text）是由 OGC 制定并发布的一种文本标记语言，用于表示矢量几何对象、空间参考系统及空间参考系统之间的转换。它的二进制表示方式，即 WKB（well-known binary）则适合传输和数据存储。WKT 可以表示的几何对象包括点、线、多边形、TIN 及多面体，可以通过几何集合的方式来表示不同维度的几何对象。以下为几何对象的 WKT 表达方式样例：

```
1  POINT(6 10)
2  LINESTRING(3 4,10 50,20 25)
3  POLYGON((1 1,5 1,5 5,1 5,1 1),(2 2,2 3,3 3,3 2,2 2))
4  MULTIPOINT(3.5 5.6, 4.8 10.5)
5  MULTILINESTRING((3 4,10 50,20 25),(-5 -8,-10 -8,-15 -4))
6  MULTIPOLYGON(((1 1,5 1,5 5,1 5,1 1),(2 2,2 3,3 3,3 2,2 2)),
          ((6 3,9 2,9 4,6 3)))
7  GEOMETRYCOLLECTION(POINT(4 6),LINESTRING(4 6,7 10))
8  POINT ZM(1 1 5 60)
9  POINT M(1 1 80)
10 POINT EMPTY
11 MULTIPOLYGON EMPTY
```

另外，WKT 也可以用来表示空间参考系统。一个表示空间参考系统的 WKT 字串描述了空间物体的测地基准、大地水准面、坐标系统及地图投影。WKT 在许

---

① 参见 https://gist.github.com/sgillies/2217756。
② 参见 https://github.com/frewsxcv/python-geojson。

多 GIS 程序中被广泛采用。美国环境系统研究所公司（ESRI）也在其 Shape 投影定义文件（∗.prj）中使用 WKT。

3. Shapefile 文件格式

Shapefile 是 GIS 中非常重要的一种数据类型，是由 ESRI 创建的流行的 GIS 矢量数据格式，在 Python 中，有专门的一个类库可以用来进行数据读写（见 9.1 节）①。尽管目前 GIS 格式和交换格式众多，但得益于其简洁的设计，Shapefile 格式仍然非常流行。

矢量数据常用的数据集一种是 ESRI 的 Shapefile，另一种是 MapInfo 的 TAB 文件。它们均包含了数个文件，且存放于同一目录，几个同名不同后缀的文件共同组成了一个矢量数据集，当然，不同文件的作用也不同，这点与栅格数据集类似。例如，在 Shapefile 中至少有.shp、.dbf 与.shx；在 TAB 文件中至少有.dat、.id、.map 与.tab。

4. MapInfo 软件支持的文件格式

MapInfo 是美国 MapInfo 公司的桌面 GIS 软件，是一种数据可视化、信息地图化的桌面解决方案。MapInfo 以表（tab）的形式存储信息，每个表是由一组 MapInfo 文件组成的。

MapInfo 虽然没有公开其内部的数据结构，但它给出了用于格式交换的数据结构，即 MIF 与 MID，其中 MIF 文件保存图形数据，MID 文件保存属性数据。将其他形式的地图数据转成 MIF 与 MID 格式，然后利用 MapInfo 菜单中的 Import 工具就可以导入，从而完成转换。

1.3　软件安装与环境配置

本节介绍本书用到的实验环境的安装与配置。

本书的目的是介绍如何使用 Python 来进行数据的处理，不涉及一般软件如何使用。但是为了查看 GIS 数据，需要使用桌面 GIS 软件，推荐使用 QGIS。当然，如果有其他的桌面 GIS 软件，如 ArcGIS，也可以使用。

---

① 有关此格式的更多信息，请阅读位于 http://www.esri.com/library/whitepapers/pdfs/shapefile.pdf 的 "ESRI Shapefile 技术说明"。ESRI 文档描述了.shp 和.shx 文件格式。但是，还需要名为.dbf 的第三种文件格式。这种格式作为 "XBase 文件格式描述" 在网络上记录，并且是在 20 世纪 60 年代创建的简单的基于文件的数据库格式；有关此规范的更多信息，请参阅 http://www.clicketyclick.dk/databases/xbase/format/index.html。

1.3.1　本书介绍的开源 GIS

开源 GIS 的软件与程序众多, 体系庞大, 本书无法对其一一言明。甚至本书的主题 (Python 与开源 GIS) 也只能选择目前技术成熟与使用广泛的软件和类库来说明。本书主要介绍如何使用 Python 这一编程语言来进行数据的处理。主要使用下面的一些类库。

（1）GDAL/OGR, 用于栅格与矢量数据的读写与处理。

（2）PROJ.4, 用于地图投影处理。

（3）Shapely, 用于数据的空间分析。

（4）SpatiaLite 是一个小型的空间数据库。

（5）Mapnik, 用于地图制图。

（6）Basemap 是另外一套地图制图的工具。

（7）其他一些类库, 包括 PyShp、GeoJSON、Descartes、GeoPandas、Folium 在本书中也会进行简单的介绍。

1.3.2　Debian Linux 的安装与配置

学习使用开源 GIS 碰到的第一个问题可能是操作系统的使用。大量的开源软件都是在 GNU/Linux 平台下开发出来的, 尽管有很多已经移植到 Windows 系统, 但是仍旧有很多软件很难安装。在像 GIS 这样专业的领域, 会碰到更多的问题。

为了更好地使用开源 GIS 工具, 本书推荐使用 Debian/Ubuntu Linux 操作系统来进行学习。Debian 可使用 2017 年发布的 Debian Stretch (Debian 9), 2019 年发布的 Debian Buster (Debian 10), Ubuntu 可使用 2018 年发布的 Ubuntu Bionic Beaver (Ubuntu 18.04)。这 3 个操作系统版本之间操作方面没有大的区别, 本书中所有代码在这 3 个系统中都可成功运行。但是这 3 个系统中的类库的版本还是有一些差别的, 尤其是一些较新的类库, 代码运行的结果是不一致的。本书在写作过程中主要使用的是 Debian 9, 后期也针对 Ubuntu 18.04 与 Debian 10 进行相应的更新与修改。

Debian 是一个致力于自由软件开发并宣扬自由软件基金会理念的志愿者组织。Debian 计划创建于 1993 年, 当时, Murdock 发出一份公开信, 邀请软件开发者参与构建一个基于较新 Linux 内核的完整的软件发行版。经过多年的发展, 这群由自由软件基金会资助并受 GNU (GNU is not UNIX) 理念影响的爱好者已经演变为一个拥有千余位 Debian 开发人员的组织。

在 Debian 10 中查看内核等信息:

```
$ uname -a
    Linux v 4.19.0-5-amd64 #1 SMP Debian 4.19.37-5+deb10u1
    (2019-07-19) x86_64 GNU/Linux
```

　　Debian 作为 Ubuntu、Linux Mint 和 Elementary OS 等 Linux 发行版的母版，具有强健的包管理系统，它的每个组件和应用程序都内置在系统安装的软件包中。Debian 使用一套名为 APT（advanced packaging tool）的工具来管理这种包系统。在基于 Debian 的 Linux 发行版中，有各种工具可以与 APT 进行交互，以方便用户安装、删除和管理的软件包。apt-get 便是其中一款广受欢迎的命令行工具，另外一款较为流行的是 aptitude，这一与 GUI 兼顾的命令行小工具。

　　apt 命令是较新的命令。在 2014 年 apt 命令发布了第一个稳定版，到 2016 年的 Ubuntu 16.04 系统发布时才开始引人关注。apt 命令的引入就是为了解决命令过于分散的问题，它包括了 apt-get 命令出现以来使用最广泛的功能选项，以及 apt-cache 和 apt-config 命令中很少用到的功能。目前 Linux 发行商都在推荐 apt 命令行工具。apt 命令选项更少更易记，因此也更易用，更主要的还是它提供了 Linux 包管理的必要选项。apt-get 虽然没被弃用，但作为普通用户，还是应该首先使用 apt。

　　通过 apt 工具及命令，可以查看软件、类库的版本及其依赖关系：

```
1  apt show gdal-bin
2  apt depends gdal-bin
```

　　通过查看 depends 命令返回的结果，可以进一步绘制出类库之间的依赖关系（图 1.6）。

　　在 Debian 9、Ubuntu 18.04、Debian 10 系统中，安装本书介绍的工具，可以使用下面命令：

```
1  apt install python3 python3-gdal gdal-bin \
2      python3-pyproj proj-bin python3-shapely \
3      fiona python3-fiona python3-geojson \
4      python3-mapnik libspatialite7 \
5      libsqlite3-mod-spatialite spatialite-bin \
6      python3-mpltoolkits.basemap \
7      python3-geopandas  python3-nose \
8      python3-pygraphviz python3-cairosvg
```

　　Python 目前应用广泛，较新的 Linux 发布版都带有 Python 程序。本书中介绍的功能全部在 Python 3 下测试成功。使用 Python 2 差别不会太大。

　　除了已经在 Debian 中打包好的软件工具，还有一些 Python 工具尚无法通过 apt 命令安装。Python 提供了自己的软件包安装工具 pip。pip 是一个现代通用的 Python 包管理工具，提供了对 Python 包的查找、下载、安装和卸载的功能，目前是 PyPA（Python packaging authority）推荐的软件包安装工具。除了 pip，Python

中的软件管理工具还有 easy_install、setuptools 和 distribute。

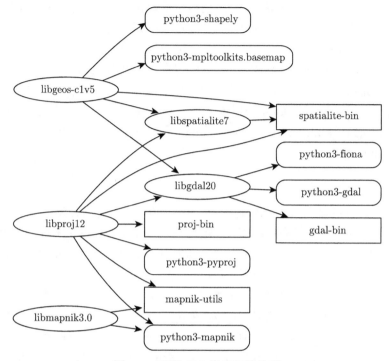

图 1.6 开源 GIS 类库依赖关系

1.3.3 虚拟机的使用

大多数读者可能都没有使用过 Linux，更不可能有自己的实验环境。但是现在计算机技术如此发达，这个问题很容易通过技术解决，而不必再重复投资购买新的设备。

下面会对虚拟化技术与虚拟机软件进行介绍。这些技术不仅可用在本书的学习中，还对实际学习生活、开发工作很有帮助。

1. 虚拟化技术与虚拟机软件

虚拟化是为一些组件（如虚拟应用、服务器、存储和网络）创建基于软件（或虚拟）的表现形式的过程，是一种可以为所有规模的企业降低 IT 开销，同时提高效率和敏捷性的有效方式。虚拟化的计算机元件在虚拟的系统上而不是真实的硬件上运行。虚拟化技术可以扩大硬件的容量，简化软件的再配置过程。CPU 的虚拟化技术可以在单 CPU 上模拟多 CPU 并行，允许一个平台同时运行多个操作系统，并且应用程序可以在相互独立的空间内运行而互不影响，从而提高计算机的使用效率。

虚拟机（virtual machine）指通过软件模拟的具有完整硬件系统功能的、运行在完全隔离环境中的完整计算机系统。虚拟机需要模拟底层的硬件指令，所以在应用程序运行速度上要慢一些。虚拟机软件就是能够为不同的操作系统提供虚拟机功能的软件，比较常用的包括开源的 VirtualBox 与商用的 VMWare Player（免费）。微软公司从 Windows 8 开始提供 Hyper-V 客户端软件对虚拟化进行支持，可以在同一主机上虚拟并运行 Windows 及其他操作系统；在 Windows 10 中进一步推出了"适用于 Linux 的 Windows 子系统"，将 Linux 系统（目前支持包括 Ubuntu 与 Debian 在内的五种 Linux 版本）与 Windows 系统更好地集成在一起，允许运行几乎任何 Linux 命令。

2. VirtualBox 介绍

读者可以选择各种虚拟机软件进行实验，本书推荐使用开源的 VirtualBox。VirtualBox 简单易用，可虚拟的系统包括 Windows（从 Windows 3.1 到 Windows 10、Windows Server 2018，所有的 Windows 系统都支持）、Mac OS X、Linux、OpenBSD、Solaris、IBM OS2 甚至 Android 等操作系统。

VirtualBox 号称是最强的免费虚拟机软件，它不仅具有丰富的特色，而且性能也很优异。VirtualBox 是由德国 Innotek 公司开发，由 Sun Microsystems 公司出品的软件，使用 Qt 编写，在 Sun Microsystems 公司被 Oracle 公司收购后正式更名成 Oracle VM VirtualBox。现在由 Oracle 公司负责开发，是其 xVM 虚拟化平台技术的一部分。

VirtualBox 现在有两种版本，一种是免费非开源的 VirtualBox，一种是开源版本，称为 VirtualBox-ose。除非是要对虚拟机软件进行研究，不然一般使用非开源版本即可，可以直接在 VirtualBox 官方网站（https://www.virtualbox.org/）下载其发布的二进制发行版文件安装使用。

1.3.4　编辑器与 IDE

编写代码进行开发时，需要有与计算机进行交互的环境。这些环境主要分为编辑器与 IDE，选择很多，这里根据作者用过的一些简单环境介绍一下。

编辑器是向计算机进行数据输入的辅助工具。一般代码编辑器则进一步，能支持代码高亮、代码自动缩进、自动补全等功能。也有一些代码编辑器能执行代码、调试代码，也支持与版本控制软件的交互。编辑器一般不限于某种语言，比较通用一些。

集成开发环境（integrated development environment, IDE）是用于提供程序开发环境的应用程序，除了代码编辑器的功能，还集成了代码分析、编译、调试、版本控制工具等开发时常用的工具。IDE 一般是针对某种语言专门使用的。

与 IDE 相比，代码编辑器更轻量、更快，不过内置的工具会少很多。当编写简单的几行代码时使用代码编辑器更加方便；但是当代码越来越多或者越复杂时，选择一款 IDE 则能够显著提高编码效率。另外还要考虑到很多时候代码编辑器安装方便，有时受环境限制可能无法使用 IDE，所以掌握一个或几个通用的代码编辑器也是很有必要的。

使用 Python 语言进行开发时，可以使用普通编辑器或者 IDE，根据情况自由选择。Python 本身也提供了简单易用的 IDLE 编辑工具供使用。

在 Windows 下可以选择免费的 NotePad++、Atom、Visual Studio Code、GVim（Graphical Vim），或者购买 Sublime 3；Linux 下可以使用这些软件的 Linux 版本（如果有的话），以及 Vim、GEdit 等。这里面 Vim/GVim 学习周期稍微长一点，使用方式也需要花时间来习惯，但是在 Linux 环境中更常见一些。

在 IDE 方面，开源的工具最常见的是使用 Eclipse，配合使用 PyDev 插件可以用来进行 Python 开发；另外还可以使用商用的 PyCharm。这两个工具都是使用 Java 开发的，可以跨平台使用。

PyCharm 是由 JetBrains 公司开发的 IDE，目前受到 Python 开发者的广泛欢迎，这里特别推荐一下。其带有一整套在使用 Python 语言开发时可以提高效率的功能与工具，包括代码调试、语法高亮、项目管理、代码跳转、智能提示、自动补全、单元测试、版本控制等。

如果不涉及 Web 开发，则使用 PyCharm Community 版本完全可以满足要求，这个版本是免费的，读者可以从 JetBrains 公司官方网站下载后安装使用（需要 Java 运行时环境支持）。另外，对于教育工作者，或者在维护的开源项目（一年以上的活跃项目）可以申请免费的授权来使用专业版本[①]。PyCharm 专业版本提供了更多的功能，如通过安装插件来支持 Latex 语言，本书在中后期的文字修改与代码调试就是在这样的环境中进行的。

1.4　Python 语言基本用法

Python 是一种编程语言，它的名字来源于一部喜剧。最初设计 Python 语言的人并不会想到今天 Python 会在工业和科学研究中获得如此广泛的使用。著名的自由软件工作者 Raymond 在他的文章《如何成为一名黑客》中，将 Python 列为黑客应当学习的四种编程语言之一，并建议人们从 Python 开始学习编程。这的确是一个中肯的建议，对于那些从来没有学习过编程或者非计算机专业的编程学习者而言，Python 是最好的选择之一。

---

① 作者使用的 PyCharm 专业版授权就是通过负责开发的开源 Web CMS 框架 TorCMS（https://github.com/bukun/TorCMS）申请的。

　　由于 Python 语言的简洁、易读以及可扩展性，在国外用 Python 进行科学计算的研究机构日益增多，一些知名大学已经采用 Python 讲授程序设计课程。例如，麻省理工学院的"计算机科学及编程导论"课程就使用 Python 语言讲授。众多开源的科学计算软件包都提供了 Python 的调用接口，如著名的计算机视觉库 OpenCV、三维可视化库 VTK、医学图像处理库 ITK。而 Python 专用的科学计算扩展库就更多了，例如，三个十分经典的科学计算扩展库：NumPy、SciPy 和 Matplotlib，它们分别为 Python 提供了快速数组处理、数值运算以及绘图等功能。因此，Python 语言十分适合工程技术、科研人员处理实验数据、制作图表，甚至开发科学计算应用程序。

　　随着 NumPy、SciPy、Matplotlib、Enthought librarys 等众多程序库的开发，Python 越来越适合进行科学计算、绘制高质量的 2D 和 3D 图像。与科学计算领域最流行的商业软件 MATLAB 相比，Python 是一门通用的程序设计语言，所采用的脚本语言的应用范围更广泛，有更多程序库的支持。虽然 MATLAB 中的许多高级功能和专业工具目前还是无法替代的，但是在日常的科研开发中仍然有很多工作是可以用 Python 来处理的。

　　Python 功能丰富，其标准类库号称是"内置电池"（batteries included）。除了本身功能，Python 具有丰富的接口，目前具有与统计（R）、数值计算、数据库、绘图、遥感与 GIS 类型库（GDAL）等交互的各种类库。ArcGIS 本身也带有 Python 环境。

1.4.1　Python 基础用法

　　本节并不涉及 Python 的特殊规则和细节，而是先把 Python 使用起来。不同于 C 语言等需要先编译才能运行，Python 可以交互执行，也可以像脚本文件一样运行。这两种运行模式称为交互模式（interactive mode）或脚本模式［script mode，也有人称为常规模式（normal mode）］。

　　1. Python 运行的交互模式

　　为了快速开始使用 Python，先看一下交互模式的用法。

　　Linux 下，打开终端，在其中输入 python3 （若安装 IPython 3，可以输入 ipython3 ）。这样就打开了交互式的 Python Shell。

　　在 Python Shell 下输入的内容如下：

```
1  >>> print('Hello, Python World!')
2  Hello, Python World!
```

　　print() 格式化输出函数，输出参数为括号里的内容，参数可以是字符串，也可以是数字。如果参数为空，则输出结果也为空。在交互模式下要输出参数的内容可以不用 print() 函数，直接输入参数即可，这样的结果与使用 print() 函数不太一样。在本书中尽量避免使用 print() 函数。

```
1  >>> strval1='Welcome '
2  >>> strval2='Python World!'
3  >>> strval1+strval2
4  'Welcome Python World!'
```

上面代码给变量 strval1、strval2 赋值，然后合并字符串并输出。

2. Python 运行的脚本模式

Python 语言还有一种运行模式是将 Python 代码写入文件中（不是一行一行地粘贴），在 Linux 下，可以通过终端、文本编辑器（配置了运行环境的 Vim）或 IDE（如 PyCharm）来运行；在 Windows 下，可以在终端或在 IDLE 中打开然后运行。这样的文件称为脚本文件。通过这种方式，能够修改和试验这些代码，然后重新运行脚本。

使用文本编辑器新建一个文件，输入下面的代码：

```
1  print('Hello, Python World!')
2  strval1='Welcome'
3  strval2='Python World!'
4  print(strval1)
5  print(strval1+strval2)
```

保存文件，注意后缀为 .py。例如，保存为 demo1.py。然后在终端输入下面代码来运行：

```
1  python3 demo1.py
```

这里假设路径在 demo1.py 同目录下，否则需要输入全路径。

3. 在 Linux 下执行脚本

在 Linux 下，除了在终端使用命令运行脚本程序，还可以添加可执行权限让脚本程序直接执行。首先创建一个空白的纯文本文件，接着对其添加可执行的权限：

```
1  touch run_foo.py
2  chmod +x run_foo.py
```

然后在脚本文件的头部添加下面的代码行，作用是指定执行该脚本的解释器：

```
1  #!/usr/bin/env python3
```

写入代码时需要注意其语法，保存文件的时候，在不同的编辑器或操作系统中还要注意文本文件的编码。使用 Python 3 时，要将文件保存为 UTF-8 编码的文件。

关于中文的处理，在 Python 中也是一个经常会遇到的问题，尽管在 Python 3 中已经大大简化了文件编码的问题，但是 GIS 的应用（尤其是涉及研究方面的数据分析等），以及许多的类库仍在继续使用 Python 2。目前 Python 3 的发展已经很好，许多常用的类库已经迁移过来，本书介绍的即 Python 3。

1.4.2　Python 的基本语句代码结构与数据类型

Python 程序中的每个语句都是以换行符结束，如下面代码：

```
1  >>> n, x, y = 2, 8, 9
```

上面的语句给变量 n、x、y 分别赋予整型值（int 型）。Python 3.0 后，int 型（依赖运行环境 C 编译器中 long 型的精度）消失了，long 型替代了 int 型，成为新的、不依赖运行环境的、无精度限制的（只要内存容量够）int 型。

1. Python 中分号的使用

在 C 语言、Java 等语言的语法中规定，必须以分号作为语句结束的标识。Python 也支持用分号作为一条语句的结束标识。但在 Python 中分号的作用已经不像在 C 语言、Java 语言中那么重要了，Python 中的分号可以省略，它主要通过换行来识别语句的结束。例如，下面两行代码是等价的：

```
1  >>> print("hello world!")
2  hello world!
3  >>> print("hello world!");
4  hello world!
```

如果要在一行中书写多条语句，则必须使用分号分隔每个语句，否则 Python 无法识别语句之间的间隔：

```
1  >>> x=1; y=1; z=1
```

上面代码有 3 条赋值语句，语句之间需要用分号隔开。如果不隔开语句，则 Python 解释器将不能正确解释，提示语法错误。

注意：分号不是 Python 推荐使用的符号，Python 倾向于使用换行符作为每条语句的分隔，简单直白是 Python 语法的特点。通常一行只写一条语句，这样便于阅读和理解程序，而一行写多条语句的方式是不好的习惯。

2. 一条语句写在多行

一条语句写在多行也是非常常见的。例如，把 SQL 语句作为参数传递给函数，由于 SQL 语句一般非常长，为了阅读方便，通常需要换行书写。Python 支持多行写一条语句，使用"\"作为续行符。

```
1  >>> sql="select id,name \
2  ... from dept \
3  ... where name='A'"
4  >>> sql
5  ''select id,name from dept where name='A'''
```

当定义一个列表、元组（tuple）、字典或者三引号字符串的时候不需要使用续行符来分隔语句。即在程序中，凡是方括号［, ］、圆括号（, ）、花括号 {, } 以及三引号（''' 或 """）字符串内的部分均不需要使用续行符。

3. Python 数据类型

Python 有多种数据类型。以下是比较重要的一些。

（1）布尔型（booleans），值为 True（真）或 False（假）。

（2）数值型（numbers）可以是整数（integers，如 1 和 2）、浮点数（floats，如 1.1 和 1.2）、分数（fractions，如 1/2 和 2/3），甚至是复数（complex number）。

（3）字符串型（strings）是 Unicode 字符序列，例如，一份 HTML 文档。

（4）字节（bytes）和字节数组（byte arrays），例如，一份 JPEG 图像文件。

（5）列表（lists）是值的有序序列。

（6）元组（tuples）是有序而不可变的值序列。

（7）集合（sets）是装满无序值的包裹。

（8）字典（dictionaries）是键值对的无序包裹。

除了上面列出的，在 Python 中还存在 module（模块）、function（函数）、class（类）、method（方法）、file（文件）、compiled code（已编译代码）等类型。

Python 有两个命名为 True 和 False 的常量，用于对布尔类型变量直接赋值。其表达式也可以计算为布尔类型的值。在某些地方（如 if 语句），Python 就是一个可计算出布尔类型值的表达式。这些地方则称为布尔类型上下文环境。事实上，Python 可以在布尔类型上下文环境中使用任何表达式，Python 将试图判断其布尔计算结果。在布尔类型上下文环境中，不同的数据类型对于其值为真假有着不同的规则。

```
1  >>> 4>30
2  False
```

```
3  >>> True|False
4  True
```

4. Python 数值类型

在 Python 的各种数据类型中，数值类型是使用比较多的。Python 中有四种数值类型：整数、长整数、浮点数和复数。

```
1  >>> int_a=3
2  >>> int_b=4
3  >>> int_c=5
```

上面的代码定义变量 a、b、c 为整型。

在 Python 3 中，只有一种整数类型 int，大多数情况下，它很像 Python 2 里的长整型。由于已经不存在两种类型的整数，没有必要使用特殊的语法去区别它们。另外要注意，Python 3 中对于整数除法的处理与大多数语言，甚至 Python 2 都不同，它是真正的除法，而不会省略小数部分变成整数。取整运算符（//）则会返回除法结果的整数部分。例如：

```
1  >>> int_b/int_a
2  1.3333333333333333
3  >>> int_b//int_a
4  1
```

上面仅仅是对除法而言。在不同的运算中，不同类型变量参加计算的精度还是不同的。Python 中 divmod() 函数把除数和余数运算结果结合起来，返回一个包含商和余数的元组。

```
1  >>> divmod ( int_c, int_a)
2  (1, 2)
3  >>> divmod ( int_c * 1.0, int_a)
4  (1.0, 2.0)
```

Python 支持复数类型，其中虚数部分用 j 来表示。下面是虚数的定义，以及求向量长度的计算：

```
1  >>> com_i = int_a + int_b * 1j
2  >>> abs(com_i)
3  5.0
```

5. 字符串

Python 2 支持 8 位字符数据（ASCII）与 16 位宽字符数据（Unicode）。Python 3 的字符串则统一为 Unicode 编码，这也是这两个版本的重要区别。这个差别大大简化了在代码中处理多语言的工作。

通常情况下，字符串用单引号（'）、双引号（"），或者三引号（''' 或 """）来定义，且字符串前后的引号类型必须一致。反斜杠（\）用来转义特殊字符，如换行符、反斜杠本身、引号以及其他非打印字符。此外，字符串可以包含嵌入的空字节和二进制数据。三引号字符串中可以包含不必转义的换行符和引号。

```
1  >>> 'abcd'
2  'abcd'
3  >>> "abcd"
4  'abcd'
5  >>> '''abcd'''
6  'abcd'
7  >>> 'ab"cd'
8  'ab"cd'
9  >>> "ab'cd"
10 "ab'cd"
```

三引号定义的字符串则会保持格式输出。注意在有较复杂字符时是否使用 print() 函数时结果的区别。

```
1  >>> '''a'b"c'd'''
2  'a\'b"c\'d'
3  >>> print('''a'b"c'd''')
4  a'b"c'd
5  >>> '''abcd
6  ...     fdsf'''
7  'abcd\n     fdsf'
8  >>> print('''abcd
9  ...     fdsf''')
10 abcd
11     fdsf
```

1.4.3　流程控制

流程控制语句的作用是改变语句的执行顺序。在 Python 中有三种控制流程的语句：if、for 和 while，以及附加语句 break、continue。

　　缩进被用来指示不同的代码块，如函数的主体代码块、条件执行代码块、循环体代码块以及类定义代码块。缩进的空格（制表符）数目可以是任意的，但是在整个块中的缩进必须一致。

　　根据目前大多数程序员的习惯，以及 Python 编码的相关规范，这里强烈要求使用 4 个空格来进行缩进。使用其他的缩进方式也可以，但是在交流中会遇到大量的问题。

1. if 语句

　　if 语句用来检验一个条件，如果条件为真，则运行这一个语句块（称为 if-块），否则运行另外一个语句块（称为 else- 块）。else 从句是可选的。

```
1  >>> a=13
2  >>> b=50
3  >>> if a>b:
4  ...         print('A is greater than B.')
5  ... else:
6  ...         print('B is greater than A.')
7  ...
8  B is greater than A.
```

　　条件判断语句，变量 a 大于 b 则执行 if 下面的语句，否则执行 else 下面的语句。

　　在 Python 中没有 switch 语句。可以使用 if-elif-else 语句来完成同样的工作（在某些场合，使用字典会更加快捷。）

2. while 语句

　　只要在一个条件为真的情况下，while 语句就允许重复执行同一块语句。while 语句是循环语句的一个例子，while 语句有一个可选的 else 从句（这一点与 C 语言等也不一样）。

3. for 语句

　　for...in 是另外一种循环语句，它可以在序列的对象上遍历执行，即逐一使用序列中的项目。

```
1  >>> rangs=range(1, 3)
2  >>> for val in rangs:
3  ...         print(val)
4  ... else:
5  ...         print('The for loop is over')
```

```
6  ...
7  1
8  2
9  The for loop is over
```

这里使用了 range() 函数来生成序列。for 循环在这个范围内递归。for i in range(1,3)等价于 for i in [1, 2]，这就如同把序列中的每个数（或对象）赋值给 i，一次一个，然后以每个 i 的值执行这个程序块。

与 while 语句一样，else-块部分是可选的。如果包含 else-块，则它总是在 for 循环结束后执行一次，除非遇到 break 语句。

4. break 语句

break 语句是用来终止循环语句的，即使循环条件没有 False 或序列还没有被完全递归，也停止执行循环语句。

```
1  >>> for i in range(1, 5):
2  ...      if i > 2:
3  ...          break
4  ...      print(i)
5  ...
6  1
7  2
```

如果从 for 或 while 循环中终止，那么任何对应的循环 else-块将不执行。

5. continue 语句

continue 语句与 break 语句类似，区别在于 continue 语句并不退出循环，但会跳过当前循环块中的剩余语句，然后继续进行下一轮的循环。

```
1  >>> for i in range(0, 5):
2  ...      if i%2==1:
3  ...          print(i)
4  ...      else:
5  ...          continue
6  ...
7  1
8  3
```

上面的程序是将 5 以下的奇数打印出来。

1.4.4　Python 中的列表、元组与字典数据结构

1. 列表

列表（list）是处理一组有序元素的数据结构，即在一个列表中存储一个序列的元素。

Python 使用方括号 [] 来定义列表，每个元素之间都用逗号分隔。列表是可变的数据类型，一旦创建了一个列表后就可以添加、删除或是搜索列表中的元素。

注意，列表与数组不同（尽管都是在方括号中）。Python 的列表中可以存储不同的数据类型：

```
1  >>> list_val=[1, '3', 5 ,'4']
2  >>> list_val
3  [1, '3', 5 ,'4']
```

Python 3 中 range() 函数返回的是一个可迭代对象（类型是对象），而不是列表类型，所以打印的时候不会打印列表。

```
1  >>> ran_val=range(5,0, -1)
2  >>> ran_val
3  range(5, 0, -1)
```

list() 函数是对象迭代器，可以把对象转为一个列表。返回的变量类型为列表。

```
1  >>> list_val=list(ran_val)
2  >>> list_val
3  [5, 4, 3, 2, 1]
```

append() 方法用于在列表末尾添加新的对象。

```
1  >>> list_val.append(6)
2  >>> list_val
3  [5, 4, 3, 2, 1, 6]
4  >>> list_val=list_val + [7,8]
5  >>> list_val
6  [5, 4, 3, 2, 1, 6, 7, 8]
```

extend() 函数用于在列表末尾一次性追加另一个序列中的多个值（用新列表扩展原来的列表）。

```
1  >>> list_val.extend([9, 10])
2  >>> list_val
3  [5, 4, 3, 2, 1, 6, 7, 8, 9, 10]
```

insert() 函数用于将指定对象插入列表的指定位置。

```
1  >>> list_val.insert(5, 0)
2  >>> list_val
3  [5, 4, 3, 2, 1, 0, 6, 7, 8, 9, 10]
```

pop() 函数用于移除列表中的一个元素（默认最后一个元素），并且会返回该移除元素的值。

```
1  >>> tep_a=list_val.pop()
2  >>> list_val
3  [5, 4, 3, 2, 1, 0, 6, 7, 8, 9]
4  >>> tep_a
5  10
```

pop() 函数还可以添加参考，移除指定索引的值。

```
1  >>> tep_a=list_val.pop(5)
2  >>> list_val
3  [5, 4, 3, 2, 1, 6, 7, 8, 9]
4  >>> tep_a
5  0
```

index() 函数用于检测字符串中是否包含子字符串，该函数与 find() 函数一样，如果子字符串不在其中则会报一个异常。

```
1  >>> idx=list_val.index(4)
2  >>> idx
3  1
```

remove() 函数用于移除列表中某个值的第一个匹配项。

```
1  >>> list_val.remove(1)
2  >>> list_val
3  [5, 4, 3, 2, 6, 7, 8, 9]
```

sort() 函数用于对原列表进行排序，如果指定参数，则使用参数指定排序方式。

```
1  >>> list_val.sort()
2  >>> list_val
3  [2, 3, 4, 5, 6, 7, 8, 9]
```

reverse() 函数用于反向列表中的元素。

```
1  >>> list_val.reverse()
2  >>> list_val
3  [9, 8, 7, 6, 5, 4, 3, 2]
```

2. 元组

列表使用方括号进行定义，元组则使用圆括号 () 进行定义。元组的创建很简单，只需要在圆括号中添加元素，并使用逗号分隔开即可。

元组和列表十分类似，只是元组和字符串一样是不可变的，即元组不能修改。元组会使得语句或函数能够安全地使用一组值。

元组和列表可以进行转换：

```
1  >>> a=list(range(8))
2  >>> a
3  [0, 1, 2, 3, 4, 5, 6, 7]
4  >>> b=tuple(a)
5  >>> b
6  (0, 1, 2, 3, 4, 5, 6, 7)
7  >>> c=list(b)
8  >>> c
9  [0, 1, 2, 3, 4, 5, 6, 7]
```

3. 序列

列表、元组和字符串都是序列。序列的两个主要特点是索引操作符和切片操作符。索引操作符可以从序列中抓取一个特定元素。切片操作符能够获取序列的一个子序列。

下面以列表为例，但对于元组、字符串也是适用的：

```
1  >>> list_val=list(range(8))
2  >>> list_val[-2]
3  6
4  >>> list_val[2:]
5  [2, 3, 4, 5, 6, 7]
6  >>> list_val[2:-2]
7  [2, 3, 4, 5]
8  >>> list_val[:]
9  [0, 1, 2, 3, 4, 5, 6, 7]
```

4. 字典

字典数据结构可以理解为自然语言中的"字典",这种数据结构可以通过检索文字来查找相关的内容,也可以理解为通过联系人名字查找地址和联系人详细情况的地址簿,即可以把键(名字)和值(详细情况)联系在一起。

注意,键必须是唯一的,就像如果有两个人恰巧同名,则无法找到正确的信息。当然可以再通过其他方法来变通。更专业一点来讲,字典就是一个关联数组(或称为哈希表)。它是一个通过关键字索引对象的集合。

使用大括号来创建一个字典。注意它们的键/值对用冒号分隔,而键/值之间用逗号分隔,所有这些都包括在花括号中。

```
1  >>> dict_demo = {'GIS': 'Geographic Information System',
2  ...             'RS': 'Remote Sencing',
3  ...             'GPS': 'Global Positioning System',
4  ...             'DEM': 'Dynamic Effect Model'}
```

上面定义了字典,并且说明了怎样引用字典的键。想要取其值,只要使用键作为索引即可(类似于序列中的下标)。

```
1  >>> dict_demo['GPS']
2  Global Positioning System
```

Python 中有一些字典的内置方法,如列出所有的键,遍历所有值等。items() 函数会遍历键与其值,生成序列。

```
1  >>> dict_demo.items()
2  [('GPS', 'Global Positioning System'), ('GIS', ...
```

可以对字典的键进行重新赋值。

```
1  >>> dict_demo['DEM']='Digital Elevation Model'
2  >>> dict_demo['DEM']
3  Digital Elevation Model
```

下面继续来看一下字典的一些常用方法,语义还是很明确的,就不多解释了。

```
1  >>> 'RS' in dict_demo
2  True
3  >>> 'rs' in dict_demo
4  False
5  >>> dict_demo['rs']='Remote Sencing'
6  >>> dict_demo.keys()
7  ['rs', 'GPS', 'GIS', 'DEM', 'RS']
```

```
8   >>> del(dict_demo['rs'])
9   >>> dict_demo.keys()
10  dict_keys(['RS', 'GPS', 'DEM', 'GIS'])
11  >>> for s_name, l_name in dict_demo.items():
12  ...     print(('Short: %4s -> Long: %s') % (s_name, l_name))
13  ...
14  Short:   RS -> Long: Remote Sencing
15  Short:  GPS -> Long: Global Positioning System
16  Short:  DEM -> Long: Digital Elevation Model
17  Short:  GIS -> Long: Geographic Information System
```

尽管字符串是最常见的键（key）类型，但是也可以使用很多其他的 Python 对象作为字典的键，如数字和元组，只要是不可修改对象，都可以用作字典的键。有些对象，如列表和字典，不可以用作字典的关键词，因为它们是可变类型。

字典中是没有顺序的，如果想要一个特定的顺序，那么应该在使用前对它们进行排序。有一些变通的方法及类库可以解决这个问题。

1.5　本书的约定与注意事项

关于 Python 与开源 GIS 的内容非常多，而且技术方面还涉及更多周边技术，很多内容无法在本书中展开说明，放到了 OSGeo 中国中心网站（http://www.osgeo.cn）的"Python 与开源 GIS"版块（https://www.osgeo.cn/pygis）下面，由作者进行维护。一些扩展问题，如 VirtualBox 虚拟机的安装与配置、操作系统 Debian/Ubuntu 的安装与配置、编辑器选择、开发环境搭建、配套数据下载、虚拟机镜像下载等都在网站中有说明。

本书中的代码托管在 GitHub 网站（https://github.com/bukun/book_python_gis）。尽管在撰写过程中进行了大量的代码测试，但还是可能会有各种问题，这些也会在 GitHub 发布的代码中进行更新。

下面对阅读本书的一些事项进行说明，以期使读者更方便地开展学习。

1. 代码组织

Python 可以使用交互模式与脚本模式两种方式运行，而用交互模式进行讲解可能会更好一些，本书采用这种方式。本书介绍模块功能时，三级标题下的内容可以通过 Python 交互模式运行。

本书中的代码使用下面的样式，使用等宽字体方便区分一些字母与数字，阅读的时候要注意。

```
1   from osgo import golal
2   import matplotlib.pyplot as plt
```

写代码应该按照相关的规范要求，针对 Python 语言有专门的"Python PEP8 编码规范"。但是在书中因为排版需要，会使用不太符合编码规范的方式以便代码能够在页面中显示出来。另外为了简化版面，有一些不太重要的运行结果也进行了省略或者修改。

2. 案例数据

本书中用到的案例数据可以从配套网站上找到获取的说明。

为了方便输入和统一，本书使用/gdata 作为数据的存放路径。实际的数据并不是放到这里的，而是放到用户目录（Home）下面。这里假定读者有管理员的权限，可以将目录链接至/gdata 下面。在配套发布的虚拟机镜像中已经有相应的案例数据，可以直接使用。

第2章 使用 GDAL 操作栅格数据

数据是地理信息产业的核心，海量数据在地理信息软件行业体现得最为明显，没有一套高效率的数据转换模型和类库就很难完成异构数据的集成与融合，正是有了 GDAL/OGR，构建在其之上的各类地理信息软件工具才有了生命力。

最开始 GDAL 是一个用来处理栅格空间数据的类库，OGR 则是用来处理矢量数据的。后来，这两个库合并成为一个库，在下载安装的时候，都是使用 GDAL 这一个名字。在本书中，为了避免这种混乱，将这个组合的库称为 GDAL/OGR，使用 GDAL 来表示处理栅格数据的库，使用 OGR 来表示处理矢量数据的库。

该库起源于 1998 年，已经大幅进化。它支持自己的数据模型和应用程序接口（application programming interface，API）。从最初单一发展，GDAL 已发展成为一个分布式的项目，开发人员的数量相对比较大。GDAL/OGR 在开源地理空间世界广泛应用，包括但不限于 MapServer、GRASS、QGIS、MapGuide、OSSIM 及 OpenEV 等软件工具。GDAL/OGR 同时应用于许多专用的软件产品，如 FME、ArcGIS 和 Cadcorp SIS。

本章会讨论 GDAL 的设计理念、数据模型，以及在 Python 中的使用方法。在 GDAL/OGR 的 Python 绑定中，主要有 5 个模块，分别是 gdal、ogr、osr、gdal_array 和 gdalconst。

本章内容会涉及以下几部分。

（1）GDAL 的简单介绍，包括对其命令行工具的说明。

（2）读取数据集。

（3）读取波段相关信息与数据。

（4）栅格数据空间参考。

（5）栅格数据颜色表。

（6）生成栅格数据的方法。

（7）GDAL 和其他 Python 类库的互操作。

2.1 GDAL 简介

GDAL 是一个 C++ 数据访问库，能够读写大量的空间栅格数据格式。GDAL 还自带各种数据转换和处理的命令行实用程序，与使用该库的程序员相比，其对最终用户特别有用。

GDAL 是使用 C++ 语言编写的，但是提供了 Python 语言的绑定。GDAL 项目维护了使用 SWIG（simplified wrapper and interface generator）[①]生成的 Python 的 GDAL/OGR 绑定。总体来看，Python 中的类和方法与 C++ 的类大体上匹配。

GDAL 目前支持超过 200 种栅格数据类型，涵盖所有主流栅格数据格式，常见的包括 ArcInfo Grids、ERDAS Imagine、IDRISI、ENVI、GRASS、GeoTIFF、HDF4、HDF5、ECW、MrSID，以及普通的图像格式（如 PNG、JPEG、TIFF 等）。

2.1.1　GDAL 库简介

GDAL 设计用来处理各种栅格地理数据格式的类库。它包括读取、写入、转换及处理各种栅格数据格式。GDAL 使用了一个单一的抽象数据模型来支持大多数的栅格数据格式。

GDAL 库的 Python 版和其他的 Python 库结合得很好，比如可以用常用的 NumPy 库进行数据的处理与分析，以及与本书后续章节中的各种类库组合使用。

1. GDAL 的设计

GDAL 起源于是高效灵活的文件格式转换的需要，并且支持扩展以及引入新的格式，也期望能够支持任何具体的开发应用中经常遇到的空间数据格式。因此，设计目的是通过统一的抽象数据模型或者由标准化组织（如 OGC）发布的标准实现对数据格式的尽可能兼容。

然而并不是所有的数据格式驱动程序都能落实抽象数据模型的各个方面，而是数据模型本身应用到所有格式适合的数据集的广义虚拟模型。在实际的情况下 GDAL 和 OGC 标准基本一致，由于 OGC 未指定 C++ API 标准，所以通常没有完全遵循 OGC 的标准规范，而是采用调整后的 OGC 数据模型和数据类型。数据模型将在下节中有更详细的介绍。

2. GDAL 的体系结构

GDAL 使用抽象数据模型（abstract data model）来解析它所支持的数据格式，抽象数据模型包括数据集（dataset）、坐标系统（coordinate system）、仿射地理变换（affine geo transform）、地面控制点（GCP）、元数据（metadata）、子数据集域（subdatasets domain）、图像结构域（image_structure domain）、有理多项式系数域〔RPC（rational polynomial coefficient）domain 〕、影像域（imagery domain，一般用于遥感）、XML 域（XML domains）、栅格波段（raster band）、颜色表（color table）及快视图（overviews）。

GDAL 包括如下几个部分。

---

① SWIG 是一种非常优秀的开源工具，支持将 C/C++ 代码与任何主流（脚本）语言（Python、Ruby、Perl、Java、C#）相集成，根据定义的规则文件生成供这些语言调用的代码。

（1）GDALMajorObject 类：带有元数据的对象。

（2）GDALDataset 类：通常是从一个栅格文件中提取相关联的栅格波段集合和这些波段的元数据；GDALDataset 也负责所有栅格波段的地理坐标转换（georeferencing transform）与坐标系定义。

（3）GDALDriver 类：文件格式驱动类，GDAL 会为所支持的每一个文件格式创建一个该类的实体来管理该文件格式。

（4）GDALDriverManager 类：文件格式驱动管理类，用来管理 GDALDriver 类。

3. GDAL 支持的数据格式

在 GDAL 1.9.0 中，GDAL 支持 120 多种栅格数据格式，而在未来版本中，支持的数据格式会达到 200 种。在 GDAL 默认的编译选项设置下，一部分数据格式直接创建文件，并对它们进行几何配准。

表 2.1 列出了 GDAL 支持的最常见的一些栅格数据格式及其在 GDAL 中的编码。注意，这些编码具有唯一性，并且在 GDAL 数据读取与写入时会用到。

表 2.1　GDAL 支持的常用栅格数据格式及编码

栅格数据文件格式	编码	栅格数据文件格式	编码
Arc/Info ASCII Grid	AAIGrid	KMLSUPEROVERLAY	KMLSUPEROVERLAY
ESRI .hdr Labelled	EHdr	In Memory Raster	MEM
ENVI .hdr Labelled Raster	ENVI	PCI Geomatics Database File	PCIDSK
ERMapper (.ers)	ERS	SRTM HGT Format	SRTMHGT
TIFF / BigTIFF / GeoTIFF (.tif)	GTiff	GDAL Virtual (.vrt)	VRT
Erdas Imagine (.img)	HFA	ASCII Gridded XYZ	XYZ

2.1.2　GDAL 数据模型

GDAL 数据模型包括很多部分，每一部分都支持上述的基本设计理念。这些部分会在后面的章节进行讨论。

1. GDAL 数据集

一个数据集（以 GDAL 数据集类为代表）是相关的栅格波段与一些相关的信息的集合。该数据集栅格大小适用于所有的波段。该数据集还负责所有波段的地理参考定义和坐标系统定义。数据集本身也有相关联的元数据，并以字符串的形式存储在名称/值对列表中。

GDAL 数据集和栅格波段数据模型是基于 OGC 格式定义的。

2. 坐标系统

GDAL 数据集的坐标系统由 OpenGIS WKT 字符串定义，它包含了以下内容。

（1）坐标系统全名。

（2）地理坐标系统名称。

（3）基准面的名称。

（4）椭球体名称，以及其长半轴（semi-major axis）、偏率（inverse flattening）的值。

（5）英国格林威治本初子午线（prime meridian）的名称，以及从本初子午线起的偏移量。

（6）投影方法的类型（如横轴墨卡托）。

（7）投影参数列表（如中央子午线）。

（8）测量单位的名称，单位为米或弧度。

（9）轴线的名称和顺序。

（10）在预定义的权威坐标系中的编码（如 EPSG）。

上述预定义的坐标系统大部分代码来自欧洲石油调查组（European petrolenm survey group，EPSG）①。一个空的坐标系统字符串表示地理参考坐标系统不明确。

要把数据在坐标系统中定位，需要了解数据的坐标。在这一点的处理上，栅格数据与矢量数据采用了完全不同的数据模型和处理方式。

矢量数据直接把坐标信息存储到数据本身，每一个点②都具有其相对应的地理坐标。GDAL 数据集有两种表示栅格位置（像元或者是行列坐标）和地理参考坐标之间关系的方法：一种是仿射地理变换，另一种则是地面控制点。最常使用的是仿射地理变换。

3. 仿射地理变换

仿射地理变换包括六个参数。栅格数据只存储了左上角像元的坐标，其他各个像元的坐标，则依靠像元大小，以及在 X 方向与 Y 方向和原点（左上角像元）的偏移来计算。采用下面的关系把像元/行坐标转换到地理参考空间：

$$\begin{cases} X\mathrm{geo} = \mathrm{GT}(0) + X\mathrm{pixel} \times \mathrm{GT}(1) + Y\mathrm{line} \times \mathrm{GT}(2) \\ Y\mathrm{geo} = \mathrm{GT}(3) + X\mathrm{pixel} \times \mathrm{GT}(4) + Y\mathrm{line} \times \mathrm{GT}(5) \end{cases} \quad (2.1)$$

式中，(GT(0),GT(3)) 表示栅格左上角像元的"左上角"坐标，左上角像元中心位置的图像坐标是 $(0.5, 0.5)$；GT(1) 表示像元宽度，GT(5) 表示像元高度；GT(2) 与 GT(4) 表示旋转角度，在影像上方表示"北方"的常见场景中其系数为一般为 0。

请注意上面的坐标系统，其水平方向是从左到右增加，而垂直方向则是从上到下增加，与一般的笛卡儿系统并不一致。

---

① 网址为 http://www.epsg.org。负责维护并发布坐标参照系统的数据集参数，以及坐标转换描述，该数据集被广泛接受并使用。

② 线与多边形都由点构成。

4. 地面控制点

GDAL 描述栅格数据集地理参考的另外一种方法是使用地面控制点（GCP）。使用这种方法的好处是，一个数据集将会有一套控制点关联栅格位置和地理参考系统的一个或者多个位置。所有的控制点共享一个地理参考坐标系统（由 GetGCPProjection() 返回）。

GCP，是将栅格影像中的点与实际的地面坐标的点联系起来的。在 GDAL 中，也可以保存在遥感影像内部。对于 GCP，需要配准一张栅格图（把一个没有空间信息的图片变成有空间信息的栅格数据集），只要在一个已知的坐标系统中定位几个控制点，然后输入这几个点对应的地理位置，就建立了位置的对应关系。软件工具通过读取控制点的坐标对应关系建立拟合方程，用方程来描述其他点在这个坐标系统中的地理位置。当然，在不同投影、不同坐标系、不同软件中拟合方程的处理可能不同，所以拟合出来的坐标可能有一些差异。

GDAL 数据模型没有实现由地面控制点产生坐标系的变换的机制，而是把它留给应用程序进行处理，并且一般要使用较为复杂的数学函数来执行这个变换。通常会使用 1 到 5 阶多项式函数来实现数据的坐标变换。

通常一个数据集会包含仿射地理变换和地面控制点中的一个或两个都不包含，两个都有的情况很少见。

5. 元数据

GDAL 的元数据是辅助的格式，使用特定的文本数据保存为名称/值对列表。名称不能有空格或者奇怪的字符，值可以是任意长度，也可以包含除了 NULL（ASCII 编码为 0）的任何值。

部分格式支持用户定义的元数据，而其他格式的驱动器将会把特殊格式的字段映射到元数据名称中。例如，TIFF 驱动器会返回一些信息标签，如元数据包括的日期/时间字段是这样返回的：

```
TIFFTAG DATETIME=1999:05:11 11:29:56
```

元数据还可以分为域的组，默认的域没有名称（NULL 或者 ''）。一些具体域的存在是有特殊目的的。需要注意的是，虽然目前没有办法列举给定对象的所有域，但是程序可以检测出所有已经定义并能够解析的域。例如，SUBDATASETS 就是域。

6. 子数据集域

子数据集域（SUBDATASETS）包含一系列的子集，通常用来提供那些多图像文件（HDF 或者 NITF）存储的图像序列指针。例如，一个含有四幅影像的 NITF 可能含有下面的子集列表：

```
1  SUBDATASET_1_NAME=NITF_IM:0:multi_1b.ntf
2  SUBDATASET_1_DESC=Image 1 of multi_1b.ntf
3  SUBDATASET_2_NAME=NITF IM:1:multi_1b.ntf
4  SUBDATASET_2_DESC=Image 2 of multi_1b.ntf
5  SUBDATASET_3_NAME=NITF IM:2:multi_1b.ntf
6  SUBDATASET_3_DESC=Image 3 of multi_1b.ntf
7  SUBDATASET_4_NAME=NITF IM:3:multi_1b.ntf
8  SUBDATASET_4_DESC=Image 4 of multi_1b.ntf
9  SUBDATASET_5_NAME=NITF IM:4:multi_1b.ntf
10 SUBDATASET_5_DESC=Image 5 of multi_1b.ntf
```

以 NAME 结尾的字符串可以传递到 GDALOpen() 来访问这些文件。以 DESC 结尾的值是用户可读的字符串，可以向用户显示一个选择的列表。

7. 图像结构域

默认域中的元数据是与图像存储方式无关的，在数据集进行复制时不会改变，可以同时与数据集一起被复制。但是有些信息是与文件格式和存储机制相关的，在数据制进行复制时有可能会改变，这些信息存放在图像结构域中，通常不应该直接复制到新的格式中。

目前图像结构域中的图像结构元数据具有特定的语义，包括数据集或波段的压缩类型、此波段或此数据集波段的实际比特数、适用于数据集的交错结构（应该是像素、行或波段中的一个）、像元类型。

8. 有理多项式系数域

有理多项式系数域包含描述图像有理多项式系数几何模型（如果存在）的元数据，但并非几何模型本身。它所描述的几何模型可用于图像坐标和地理参考位置之间的转换。

9. 影像域

对于卫星或航空影像，图像文件同一目录中如果存在特殊元数据文件，则可能存在影像域。由元数据读取器检测图像文件同一目录中的文件，如果文件可以由元数据读取器处理，则它使用卫星或扫描仪名称、云覆盖率、图像采集日期与时间等项目填充影像域。

10. XML 域

任何前缀为 xml: 的域都不是普通的名称/值元数据。它是存储在一个大字符串中的单个 XML 文档。

XML 域使用 XML 结构存储当前或扩展的元数据信息。

11. 栅格波段

GDAL 栅格波段是用 GDALRasterBand 类来表达的，它代表一个栅格波段、通道或者层，但它通常不代表一整幅影像。例如，一个 24 位的 RGB 影像常被表示为红、绿、蓝三个波段。一个栅格波段具有以下属性。

（1）像元的高度、宽度和行数。如果是全分辨率波段，则数据集的定义是相同的。

（2）数据类型（GDALDataType）。

（3）块大小。这是首选的访问块大小，对于平铺的图像这是一片；对于扫描线图像这通常是一条扫描线。

（4）元数据的名称/值对列表与数据集是相同的格式，而信息是针对每个波段的。

（5）可选的描述字符串。

（6）可选的类别名称列表（主题图像的有效类名）。

（7）可选的最大值和最小值。

（8）可选的偏移量和把栅格值转化为有意义的值的尺度（如转换高度的单位为米）。

（9）栅格单位的名称。例如，高程数据可能是线性单位。

（10）波段的颜色解释。这个值可以是未定义、灰度值、调色板解释值（GDAL PaletteInterp）、RGB 值，CMYK 值或 HLS 值。

（11）一个颜色表。

（12）可能会有较低分辨率的快视数据（即影像金字塔），这个不一定存在。

12. 颜色表

颜色表中显示了一个调色板解释值。让栅格像元与颜色相关联，像元值用作颜色表的下标。颜色值总是从零开始。

13. 快视图

一个波段可能含有一个或者多个快视图，每个快视图都代表一个相对独立的栅格波段。快视图的大小（长与宽）与底层的栅格不同，但快视图的地理空间参考和全分辨率波段是相同的。快视图能够以较低分辨率快速地显示影像：读取较低分辨率影像相比读取全分辨率影像后再采样的方法要速度得多。

2.2　使用 GDAL 获取栅格数据集信息

本节开始对如何在 Python 中调用 GDAL 来访问数据集进行说明。

2.2.1　开始使用 GDAL

从 GDAL 提供的实用程序来看，很多程序的后缀都是 .py ，这充分说明了 Python 语言在 GDAL 的开发中得到了广泛的应用。

1. 导入 gdal

要在 Python 中使用 GDAL，只需要导入 gdal 模块。在早期的版本（1.5 以前）中，GDAL 是使用下面的语句进行导入的：

```
1  >>> import gdal
```

但是后来 GDAL 成为 OSGeo 的子项目，对其代码进行了重新组织。GDAL RFC17 号文件中[①]，实现了 Python 新的名称空间 osgeo ，并将 gdal 与 ogr 都包含在这个名称空间之下。

Python 1.6 以后的版本，推荐使用下面的语句导入：

```
1  >>> from osgeo import gdal
```

当然早期版本也是支持导入 gdal 模块的，但是在有些版本使用时会产生一个弃用警告：

```
1  >>> import gdal
2  usr(/lib/python2.6/dist-packages/osgeo/gdal.py:99:  ...
```

而在最新的版本中，这个弃用警告又消失了。为了保持兼容性，可以使用下面的语句来导入 gdal 模块：

```
1  >>> try:
2  ...      import gdal
3  ... except:
4  ...      from osgeo import gdal
```

除了 gdal 包，还有一个 gdalconst 包最好也导入进来。gdalconst 也是 osgeo 的一个包，它对 GDAL 中用到的一些常量进行了绑定。其中 gdalconst 中的常量都加了前缀，力图与其他模块冲突最小。所以对 gdalconst 可以直接这样导入：

```
1  >>> from osgeo.gdalconst import *
```

---

① RFC（request for comments）意为"请求评议"，是一系列以编号排定的文件。当某家机构或团体开发出一套标准或提出对某种标准的设想，想要征询外界的意见时，就会在 Internet 上发放一份 RFC，对这一问题感兴趣的人可以阅读该 RFC 并提出自己的意见。

2. GDAL 中的栅格数据驱动

要读取某种类型的数据，必须先注册数据驱动（driver），即初始化一个对象，让它"知道"某种数据结构。可以使用下面的语句一次性注册所有的数据驱动，但是只能读不能写：

```
>>> gdal.AllRegister()
```

而单独注册某一类型的数据驱动，既可以读也可以写，还可以创建数据集（这最终还要取决于 GDAL 是否已经实现）。GDAL 能识别的一些不同类型数据格式的编码在表 2.1 中已经介绍过了。

下面的语句注册了 ERDAS 的栅格数据类型。

```
>>> driver=gdal.GetDriverByName('HFA')
>>> driver.Register()
5
```

可以使用下面的语句判断驱动是否注册成功：

```
>>> driver=gdal.GetDriverByName('GeoTiff')
>>> driver==None
True
```

上面的注册就失败了，因为不存在名称为 GeoTiff 的数据格式（正确的格式为 GTiff）。

3. 查看 GDAL 支持的数据驱动

GDAL 不但可以使用 GetDriverByName()，还可以使用 GetDriver() 获得驱动。下面的代码获取了系统支持的所有驱动的数目：

```
>>> drv_count=gdal.GetDriverCount()
>>> drv_count
202
```

对于 Linux 发行版的不同，以及安装的 GDAL 的版本与编译选项的不同，上面程序的结果是不一样的。所以一般情况下要避免使用 gdal.GetDriver() 函数，而要使用 gdal.GetDriverByName() 函数来获取驱动。

可以看出，在不同的 Debian 发行版本中，GDAL 支持驱动的数目增幅还是比较大的（表 2.2）。这一方面说明 GDAL 的发展还是很快的，另一方面也说明 GDAL 目前已经比较成熟了。

表 2.2　Debian 不同版本支持的 GDAL 驱动数目

Debian 版本	支持的驱动数目
Debian 6	88
Debian 7	114
Debian 8	120
Debian 9	202
Debian 10	224

```
>>> for idx in range(10):
...     driver=gdal.GetDriver(idx)
...     print("%10s: %s" % (driver.ShortName, driver.LongName))
...
       VRT: Virtual Raster
     GTiff: GeoTIFF
      NITF: National Imagery Transmission Format
    RPFTOC: Raster Product Format TOC format
   ECRGTOC: ECRG TOC format
       HFA: Erdas Imagine Images (.img)
  SAR_CEOS: CEOS SAR Image
      CEOS: CEOS Image
JAXAPALSAR: JAXA PALSAR Product Reader (Level 1.1/1.5)
       GFF: Ground-based SAR Applications Testbed File Format
           (.gff)
```

上面程序第 2 行，直接使用了索引值来获得驱动，而第 3 行则打印了驱动的名称。驱动有 `ShortName` 与 `LongName` 两个属性。`ShortName` 与栅格数据格式在 GDAL 中定义的编码是一致的，而 `LongName` 则是描述性的文字。

2.2.2　读取遥感影像的信息

1. 打开 GeoTIFF 文件

下面来读取一个 GeoTIFF 文件的信息。第一步就是打开一个数据集。

首先要明确数据集（dataset）的概念。对于一般的文件格式来说，一个数据集就是一个文件，如一个 GIF 文件就是一个以.gif 为扩展名的文件。但是对于 GIS 中的栅格数据来说，一个数据集由一个或若干个文件组成，并且使用一些额外的信息来组织它们之间的关系。对于 GDAL 来讲，栅格数据集是由栅格的波段数据以及所有波段都有的共同属性构成的。

```
>>> from osgeo import gdal
```

```
2   >>> rds=gdal.Open("/gdata/geotiff_file.tif")
```

既然已经将一个 GeoTIFF 文件打开为一个 GDAL 可操作的对象了，那么下面来看一下都能对其进行怎样的操作。

Python 提供了 dir() 内省函数①，可以快速查看当前对象可用的操作：

```
1   >>> dir(rds)
2   ['AddBand', 'BeginAsyncReader', 'BuildOverviews', 'CommitT ...
```

下面看一下如何获取数据集的基本信息，需要用到下面的一些函数与属性。

（1）rds.GetDescription()：获得栅格的描述信息。

（2）rds.RasterCount：获得栅格数据集的波段数。

（3）rds.RasterXSize：栅格数据的宽度（X 方向上的像元个数）。

（4）rds.RasterYSize：栅格数据的高度（Y 方向上的像元个数）。

（5）rds.GetGeoTransform()：栅格数据的六参数。

（6）GetProjection()：栅格数据的投影。

2. 读取影像的元数据

GDAL 提供了足够方便的函数，它可以读取影像的一些元数据信息，从而方便对数据的处理。GDAL 一般以字典的形式对元数据进行组织，但是对于不同的栅格数据类型，元数据的类型与键值可能都不一样。

如果要进行元数据处理， 则可以考虑将元数据信息写入可扩展标记语言（extensible markup language，XML）文件中。这个问题在此就不再多说了。

先来看一下最常用的 GeoTIFF 文件的元数据信息。GDAL 可以作为数据集级别的元数据来处理下面基本的 TIFF 标志。

使用 Python 来访问以下元数据：

```
1   >>> rds.GetMetadata()
2   {'DataType': 'Generic', 'AREA_OR_POINT': 'Area'}
```

上面的元数据信息，对于每个数据都是不一样的。例如，再打开另外一个文件：

```
1   >>> ds=gdal.Open('/gdata/lu75c.tif')
2   >>> ds.GetMetadata()
3   {'TIFFTAG_XRESOLUTION': '1', 'TIFFTAG_YRESOLUTION': '1',
4       'AREA_OR_POINT': 'Area'}
```

---

① dir() 函数可能是 Python 自省机制中最著名的函数了。它可以返回传递给它的任何对象的属性名称经过排序的列表。如果不指定对象，则 dir() 返回当前作用域中的名称。

这个文件的元数据一共有三个，其中两个是 TIFF 标志，另一个是地理空间元数据。

3. 使用 GetDescription() 获得栅格数据的信息

```
1  >>> rds.GetDescription()
2  '/gdata/geotiff_file.tif'
```

这里的图像描述是图像的路径名。具体的返回值与不同数据集相关，不同数据集有不同的描述。

4. 获取栅格波段数目

栅格数据集是由多个数据构成的，在 GDAL 中，每一个波段都是一个数据集；不仅如此，栅格数据集还可能包含子数据集，每个子数据集又可能包含波段。

这些数据集的数目可以通过 RasterCount 属性来查看。

```
1  >>> rds.RasterCount
2  3
```

这是一个由 3 个波段构成的 Landsat 遥感影像。注意 RasterCount 后面没有括号，因为它是属性（properties）不是方法（methods）。

然后，来看一下 MODIS L1B 数据：

```
1  >>> mds = gdal.Open("/gdata/MOD09A1.A2009193.h28v06.005.2009203125525.hdf")
2  >>>mds.RasterCount
3  0
```

运行结果居然是 0。这意味着当前的数据集 rds 中的栅格数目是 0。实际上，MODIS L1B 的数据是 HDF 格式的，它的数据是以子数据集组织的，要获取其相关数据信息，需要继续访问其子数据集。

5. 获取影像行列数目

栅格数据的大小指出了影像以像元为单位的宽度与高度，例如：

```
1  >>> img_width,img_height=rds.RasterXSize,rds.RasterYSize
2  >>> img_width,img_height
3  (10572, 9422)
```

可以看出影像的大小是 10572×9422。

6. 获得空间参考

下面看一下如何从栅格数据集中获取其投影与空间参考信息。后面的章节会对投影与空间参考进行更进一步的讨论。

对于遥感影像来说，获取空间参考需要在地理空间中进行定位。在 GDAL 中，获取空间参考有两种方式，其中一种是使用六个参数坐标转换模型。这个模型的具体实现在不同的软件中是不一样的。在 GDAL 中，这六个参数包括左上角坐标，X、Y 方向像元大小，旋转等信息。需要注意，Y 方向的像元大小为负值。

```
1  >>> ds.GetGeoTransform()
2  (1852951.7603168152, 30.0, 0.0, 5309350.360150607, 0.0, -30.0)
```

7. 获得投影信息

使用 GetProjection() 函数，可以比较容易地获取数据集的投影信息，但是对于什么是地图投影以及如何在 GDAL 中实现，还需要更多的知识。此处只是简单地查看一下输出的信息，更详细的解释同样会在后面章节中进行介绍。

```
1  >>> ds.GetProjection()
2  'PROJCS["unnamed",GEOGCS["unknown",DATUM["unknown",SPHEROID[" ...
```

2.2.3 使用 GDAL 获取栅格数据波段信息

前面介绍了针对数据集操作的主要函数。如果需要了解栅格数据的更多信息，则需要使用遥感图像处理中更常用到的波段操作的函数。

1. 获取数据集的波段

GetRasterBand() 函数可以获得栅格数据集的波段。函数的参数使用波段的索引值。

```
1  >>> from osgeo import gdal
2  >>> rds=gdal.Open('/gdata/lu75c.tif')
3  >>> rds.RasterCount
4  1
5  >>> band=rds.GetRasterBand(1)
```

这里通过 GetRasterBand(1) 获取了第一个波段 band。注意：这里访问波段的索引与通常的数组索引不一样，波段索引的开始值是 1 而不是 0。

2. 查看波段的基本信息

下面来看看刚才读取出来的波段有什么属性和方法。同样可以使用 dir() 函数来查看：

```
1  >>> dir(band)
2  ['Checksum', 'ComputeBandStats', 'ComputeRasterMinMax', ...
```

3. 获取波段行列数目

获取波段的行列数目可以了解数据的空间范围，代码如下：

```
1  >>> band.XSize
2  10572
3  >>> band.YSize
4  9422
5  >>> band.DataType
6  1
```

执行以上代码得到了栅格数据波段的宽和高（以像元为单位），与 rds 中使用 RasterXSize() 和 RasterYSize() 获取的值一致。DataType 是图像中实际数值的数据类型，上例表示 8 位无符号整型，在 2.3.1 节将会有更进一步的解释。

4. 获取波段数据的属性

例如：

```
1  >>> band.GetNoDataValue()
2  256.0
3  >>> band.GetMaximum()
4  >>> band.GetMinimum()
5  >>> band.ComputeRasterMinMax()
6  (0.0, 255.0)
```

Maximum 表示本波段数值中最大的值，Minimum 表示本波段数值中最小的值。通过运行结果，可以看到，一开始 RasterXSize() 和 RasterYSize() 都没有值。因为文件格式不会有固有的最大最小值，所以可以通过函数 ComputeRasterMinMax() 计算得到。注意：这里的最大最小值不包括"无意义值"，也就是上面显示的 NoDataValue。

2.3　访问栅格数据中的像元

到目前为止已经通过 GDAL 读取了栅格数据集、波段，进一步可以访问其像元。

2.3.1　GDAL 中的栅格数据类型

计算机中存储的栅格数据的像元都有数据类型，如整型、浮点型等。不同的数据类型定义在 gdalconst 模块里。

首先看一下具体的用法以及返回的结果。

```
1  >>> from osgeo import gdalconst
2  >>> dir(gdalconst)
3  ['CE_Debug', 'CE_Failure', 'CE_Fatal', 'CE_None', 'CE_Warning'
     , ...
```

因为版面的原因这里结果没有全部打印出来,在全部的结果中那些 GDT 开头的就是数值的数据类型。想要查看栅格数据中某一波段的数据类型,只需要查看波段的 DataType 属性即可。

```
1  >>> from osgeo import gdal
2  >>> rds = gdal.Open("/gdata/geotiff_file.tif")
3  >>> band = rds.GetRasterBand(1)
4  >>> band.DataType
5  1
```

其返回结果为整型。但是这个 1 是什么含义呢?表 2.3 列出的是 gdalconst 与整型的对应值。

表 2.3　gdalconst 模块中的数值类型代码说明

类型	gdalconst 属性	整型值
未知或未指定类型	gdalconst.GDT_Unknown	0
8 位无符号整型	gdalconst.GDT_Byte	1
16 位无符号整型	gdalconst.GDT_UInt16	2
16 位整型	gdalconst.GDT_Int16	3
32 位无符号整型	gdalconst.GDT_UInt32	4
32 位整型值	gdalconst.GDT_Int32	5
32 位浮点型	gdalconst.GDT_Float32	6
64 位浮点型	gdalconst.GDT_Float64	7
16 位复数整型	gdalconst.GDT_CInt16	8
32 位复数整型	gdalconst.GDT_CInt32	9
32 位复数浮点型	gdalconst.GDT_CFloat32	10
64 位复数浮点型	gdalconst.GDT_CFloat64	11

根据表 2.3,数值 1 表示的是 gdalconst.GDT_Byte。这里的数据类型与 NumPy 中的类型是相对应的。

2.3.2　访问数据集的数据

通过 2.2 节介绍的方法,可以访问遥感影像的描述性信息,可以概括地知道影像的获取时间、处理时间、空间分辨率、影像大小等信息。为了对遥感影像进行处理,还需要进一步访问遥感影像中的数据,即影像中像元的灰度值。

GDAL 提供了下面两个函数来访问影像的数值。

　　（1）ReadRaster()：读取图像数据（以二进制的形式）。

　　（2）ReadAsArray()：读取图像数据（以数组的形式）。

　　这是两个非常重要的函数，它们可以直接读取图像的数据，再对栅格数据进行计算与分析。这两个函数有一些参数。

　　（1）xoff,yoff：指定要读取部分原点位置在整张图像中相对于全图原点的位置（以像元为单位）。

　　（2）xsize,ysize：指定要读取部分图像的矩形的长和宽（以像元为单位）。

　　（3）buf_xsize, buf_ysize：可以在读取出一部分图像后进行缩放，那么就用这两个参数来定义缩放后图像最终的宽和高，GDAL 会处理数据缩放到这个大小。

　　（4）buf_type：可以对读出的数据类型进行转换（如原图数据类型是 short，转换成 byte）。

　　（5）band_list：适用于多波段的情况，可以指定要读取的波段。

　　下面简单介绍一下如何获取 GeoTIFF 文件中的数据。

```
1   >>> from osgeo import gdal
2   >>> dataset=gdal.Open("/gdata/lu75c.tif")
3   >>> from numpy import *
4   >>> dataset.ReadAsArray(2500,2500,3,3)
5   array([[12, 12, 12],
6          [12, 12, 12],
7          [12, 12, 12]], dtype=int16)
8   >>> array([[12, 12, 12],
9   ... [12, 12, 12],
10  ... [12, 12, 12]],dtype=int16)
11  array([[12, 12, 12],
12         [12, 12, 12],
13         [12, 12, 12]], dtype=int16)
14  >>> dataset.ReadRaster(2500,2500,3,3)
15  '\x0c\x00\x0c\x00\x0c\x00\x0c\x00\x0c\x00\x0c\x00\x0c\x00...
```

　　这样就把自图像左上角 (2500, 2500)，宽高都为 3 个像元的数据读取出来了。这两个函数返回的结果不一样，其中 ReadAsArray() 读出的是 NumPy 的数组，类型为 int16；而 ReadRaster() 读出的是二进制型。ReadAsArray() 返回结果类型的更多解释见表 2.3。

2.3.3　读取波段中的数据

1. ReadAsArray() 函数的使用

下面是一个例子：使用了 ReadAsArray() 函数，返回的是 NumPy 模块定义的数组。

```
>>> from osgeo import gdal
>>> from gdalconst import *
>>> dataset=gdal.Open("/gdata/geotiff_file.tif")
>>> band=dataset.GetRasterBand(1)
>>> band.ReadAsArray(100,100,5,5,10,10)
array([[48, 48, 54, 54, 53, 53, 51, 51, 45, 45],
       [48, 48, 54, 54, 53, 53, 51, 51, 45, 45],
       [32, 32, 40, 40, 45, 45, 46, 46, 44, 44],
       [32, 32, 40, 40, 45, 45, 46, 46, 44, 44],
       [22, 22, 34, 34, 43, 43, 58, 58, 57, 57],
       [22, 22, 34, 34, 43, 43, 58, 58, 57, 57],
       [39, 39, 52, 52, 56, 56, 56, 56, 49, 49],
       [39, 39, 52, 52, 56, 56, 56, 56, 49, 49],
       [59, 59, 61, 61, 49, 49, 42, 42, 39, 39],
       [59, 59, 61, 61, 49, 49, 42, 42, 39, 39]], dtype=uint8)
```

上面程序第 5 行中 ReadAsArray() 函数中的参数，前两个 100 是取值窗口的左上角在影像数据中所处像元的 (x, y) 位置；第 3 第 4 个参数是取值窗口覆盖的区域大小；最后两个是取值窗口取出数组进行缩放后数组的大小。需要注意的是这里的最后两个参数是可选的，如果不指定，则和第 3、第 4 个参数一致。通过设置最后两个参数可以对读取的数组进行缩放。假如取值窗口大小是 20×20，那么读取后可以缩小为 10×10 的数组，或者放大成 40×40 的数组。如果设置成 20×40，则转换后的数组对于真实图像来说会有变形。

这里需要注意的是，缩放时是取几个周围点的平均值进行重采样，如果缩放的是调色板类型的数据就可能引发问题。

2. 栅格数据范围的处理

读取数据的时候，有可能会超出数据本身的长或高的范围。看一下下面的例子。

```
>>> band.XSize
1500
>>> band.YSize
```

```
4   900
5   >>> band.ReadAsArray(1496,896,5,5)
6   ERROR 5: /gdata/geotiff_file.tif, band 1:
7   Access window out of range in RasterIO().
8   Requested (1496,896) of size 5x5 on raster of 1500x900.
```

可以看到，出现错误了。获取数据的时候不能越界，调用的时候要先进行判断，
而不要将异常留给函数库处理。

2.4　创建与保存栅格数据集

GDAL 不但可以读取，还可以创建数据集。GDAL 创建数据集有两种方法：一
种是用 Create() 方法；另一种是用 CreateCopy() 方法。应该使用哪种方法，一方
面取决于数据的情况；另一方面也需要根据文件的格式来决定。所有支持创建新文
件的驱动都支持 CreateCopy() 方法，但只有部分驱动支持 Create() 方法。可以
在驱动的元信息中检查 DCAP_CREATE 和 DCAP_CREATECOPY 的值，来判断是否支持
Create() 或者 CreateCopy() 方法。如下面代码所示。

```
1    >>> from osgeo import gdal
2    >>> format="GTiff"
3    >>> driver=gdal.GetDriverByName( format )
4    >>> metadata=driver.GetMetadata()
5    >>> if gdal.DCAP_CREATE in metadata and metadata
         [gdal.DCAP_CREATE] =='YES':
6    ...      print('Driver %s supports Create() method.' % format)
7    ...
8    Driver GTiff supports Create() method.
9    >>> if gdal.DCAP_CREATECOPY in metadata and metadata[gdal.DCAP_
         CREATECOPY]=='YES':
10   ...      print('Driver %s supports CreateCopy() method.' % format)
11   ...
12   Driver GTiff supports CreateCopy() method.
```

上面的例子中，先创建了一个 GeoTIFF 的数据集格式驱动，然后提取出驱动
的元数据，看元数据中是否有 DCAP_CREATE 或者 DCAP_CREATECOPY 属性。通过判
断这两个属性的值，就可以知道这个驱动是否支持 Create() 以及 CreateCopy()
方法的。

不是每个数据都支持 Create() 方法，如 JPEG、PNG 等格式就不支持。对于这些格式，要写出内存中的数据格式有一个技巧，可以使用 Create() 方法先建立一个 GeoTIFF 格式的中间文件，再用 CreateCopy() 方法来创建 JPEG 或者 PNG。

2.4.1　使用 CreateCopy 方法创建影像

1. CreateCopy 方法的使用

CreateCopy() 的用法比较简单，就是把一个格式的图像直接转化为另一个格式的图像，相当于一种格式转换。

下面是使用 CreateCopy() 函数创建影像的一个例子：

```
1  >>> import gdal
2  >>> src_filename = "/gdata/geotiff_file.tif"
3  >>> dst_filename = "/tmp/xx_geotiff_copy.tif"
4  >>> driver = gdal.GetDriverByName('GTiff')
5  >>> src_ds = gdal.Open( src_filename )
6  >>> dst_ds = driver.CreateCopy( dst_filename, src_ds, 0 )
```

CreateCopy() 函数第一个参数是源文件名称，第二个函数是目标文件名称。第三个及以后的参数都是可选的，不输入的话程序按照默认方式运行。第三个参数取值是 0 或者 1，取值为 0 的时候说明即使不能精确地由原数据转化为目标数据，程序也照样执行 CreateCopy() 方法，不会产生致命错误。这种错误可能是输出格式不支持输入数据格式像元的数据类型，也可能是目标数据不支持写入空间参考等等。这个函数还有第四个参数，第四个参数是指在格式转换中所要用到的一些特殊参数。

```
1  >>> dst_filename2 = "/tmp/xx_geotiff_copy2.tif"
2  >>> dst_ds = driver.CreateCopy( dst_filename2, src_ds, 0,
3  ...      [ 'TILED=YES', 'COMPRESS=PACKBITS' ] )
4  >>> dst_filename3 = "/tmp/xx_geotiff_copy3.tif"
5  >>> dst_ds3 = driver.CreateCopy( dst_filename3, src_ds, 0,
6  ...      [ 'TILED=NO', 'COMPRESS=PACKBITS' ] )
```

这个例子说明在转换过程中用瓦片式或条带式的位图组织方式，不同软件支持的存储方式可能不一样。用的压缩方法是 PACKBITS。第四个参数根据各种格式可能有不同的选项，所以无法统一列出，全部参数的说明可以参考开发文档。这个函数还有可选的参数来注册回调函数，通过回调函数可以把转换进度反映出来。

2. 像元存储顺序

TIFF 格式的文件使用的比较多, 关于像元存储顺序的问题再多说一点, 在使用的时候多注意一下。除了瓦片式或条带式的位图组织方式, 还可以通过 INTERLEAVE 参数来指定影像结构域的信息。

先运行如下代码:

```
1  >>> driver.CreateCopy("/tmp/xx_geotiff_copy_a1.tif",src_ds,
2  ...     0,["INTERLEAVE=BAND"])
```

这样生成的影像是按波段组织的, GDAL 在导出的时候把 TIFF 文件的 284 号域设成了 2。这样的组织方式较多用于遥感影像, 在比较旧的系统中可能无法用一般的图像软件打开。

再把上面的代码修改一下, 修改参数 INTERLEAVE=PIXEL, 如下面代码:

```
1  >>> driver.CreateCopy("/tmp/xx_geotiff_copy_a2.tif",src_ds,
2  ...     0,["INTERLEAVE=PIXEL"])
```

这样生成的影像是按像元存储的。具体使用哪种存储方式取决于使用的目的, 可以进一步了解遥感影像中 BSQ (band sequential) 格式、BIL (band interleaved by line) 格式、BIP (band interleaved by pixel) 格式的区别。

2.4.2　使用 Create 方法创建影像

如果不是使用一个已有的影像文件来创建新的影像, 就需要使用 Create 方法。在数据处理过程中, Create() 是主要的方法, 它可以把建立在内存中的虚拟数据集输出到实际文件。也就是栅格数据持久化的概念, 将内存中的数据模型 (主要是二维数组) 转换为存储模型。对于 GIS 来讲, 除了数据本身, 还有投影、元数据信息等。

Create() 函数和 CreateCopy() 函数很像, 不过它多了几个参数, 包括影像大小、波段 (通道) 数和像元数据类型。

```
1  >>> import gdal
2  >>> driver=gdal.GetDriverByName( 'GTiff' )
3  >>> dst_filename='/tmp/x_tmp.tif'
4  >>> dst_ds=driver.Create(dst_filename,512,512,1,gdal.GDT_Byte)
```

上面的语句创建了一个 GeoTIFF 格式的单波段栅格影像, 大小是 512×512 像元, 数据类型是 Byte。作为示例, 这里没有使用其他源数据, 它创建了一个空的数据集。如果要用到实际的数据, 则需要另外的代码。

```
1  >>> import numpy, osr
```

```
2  >>> dst_ds.SetGeoTransform([444720, 30, 0, 3751320, 0, -30])
3  >>> srs=osr.SpatialReference()
4  >>> srs.SetUTM(11, 1)
5  >>> srs.SetWellKnownGeogCS('NAD27')
6  >>> dst_ds.SetProjection(srs.ExportToWkt())
7  >>> raster=numpy.zeros((512, 512))
8  >>> dst_ds.GetRasterBand(1).WriteArray(raster)
```

上面的例子设置了空间范围和坐标系，还有大小为 512×512 的全部都是 0 的数组数据。

2.4.3 创建多波段影像

1. 创建多波段影像的方法

大多数遥感影像都是多波段的。每一个波段记录了不同的波谱信息，对于影像处理结果，也可以使用多波段的方式来存储。

下面介绍一个建立 3 波段 GeoTIFF 的小例子。多波段影像的创建方式与之类似。

```
1   >>> from osgeo import gdal
2   >>> import numpy
3   >>> dataset=gdal.Open("/gdata/geotiff_file.tif")
4   >>> width=dataset.RasterXSize
5   >>> height=dataset.RasterYSize
6   >>> datas=dataset.ReadAsArray(0,0,width,height)
7   >>> driver=gdal.GetDriverByName("GTiff")
8   >>> tods=driver.Create("/tmp/x_geotiff_file_3.tif",width,
9   ...      height,3,options=["INTERLEAVE=PIXEL"])
10  >>> tods.WriteRaster(0,0,width,height,datas.tostring(),width,
11  ...      height,band_list=[1,2,3])
12  0
13  >>> tods.FlushCache()
```

这是一个很简单的另存遥感图像的方法（不包括空间信息）。注意：由于读取数据的时候用的是 ReadAsArray() 函数，所以向 tods 变量写入数据时，需要使用 datas.tostring() 函数转换数据类型。如果读取数据的时候使用 ReadRaster() 函数，就不需要转换了。可以认为 ReadRaster() 与 WriteRaster() 是对应/互逆的，而并没有直接与 ReadAsArray() 对应的函数。

另外要注意 band_list 参数，这个参数是由波段数决定的。参数值需要根据源数据进行判断, 防止出现异常。

2. 分波段处理

从波段中读取数据再拼接成完整的图像也是可以的。拼接的话可以用 numpy.concatenate() 函数, 这是 NumPy 提供的函数, 能够一次完成多个数组的拼接。

```
1  >>> datas=[]
2  >>> for i in range(3):
3  ...     band=dataset.GetRasterBand(i+1)
4  ...     data=band.ReadAsArray(0,0,width,height)
5  ...     datas.append(numpy.reshape(data,(1,-1)))
6  >>> datas=numpy.concatenate(datas)
```

然后输出影像文件:

```
1  >>> tods=driver.Create("/tmp/x_geotiff_file_4.tif",width,
2  ...     height,3,options=["INTERLEAVE=PIXEL"])
3  >>> tods.WriteRaster(0,0,width,height,datas.tostring(),width,
4  ...     height,band_list=[1,2,3])
5  0
6  >>> tods.FlushCache()
```

如果需要各个波段作为变量输入, 则可以循环到各个波段中, 然后用 band 对象的 WriteRaster 来操作, 而不是在 dataset 中调用 WriteRaster。

2.4.4　GDAL 写操作时的空间投影处理

使用 GDAL 创建数据时要注意, 影像的空间参数信息是单独处理的。例如, 导入一个 NAD27 的空间参考, 可以这样编写:

```
1  >>> import osr
2  >>> import gdal
3  >>> dataset=gdal.Open("/gdata/geotiff_file.tif")
4  >>> width=dataset.RasterXSize
5  >>> height=dataset.RasterYSize
6  >>> datas=dataset.ReadAsArray(0,0,width,height)
7  >>> driver=gdal.GetDriverByName("GTiff")
8  >>> tods=driver.Create("/tmp/x_geotiff_file_3.tif",width,
9  ...  height,3,options=["INTERLEAVE=PIXEL"])
10  >>> tods.SetGeoTransform([444720, 30, 0, 3751320, 0, -30])
11  0
12  >>> srs=osr.SpatialReference()
```

```
13  >>> srs.SetUTM(11, 1)
14  0
15  >>> srs.SetWellKnownGeogCS('NAD27')
16  0
17  >>> tods.SetProjection(srs.ExportToWkt())
18  0
```

于是 TIFF 就变成了空间参考系统代码为 NAD27、起点为 $(444720, 3751320)$、像元大小为 30 的 GeoTIFF 文件。NAD27 是美国常用空间参考系统代码。

如果使用的空间参考比较麻烦，则可以只定义六参数变换。

2.4.5 建立影像金字塔

影像金字塔是由原始影像按一定规则生成的由细到粗不同分辨率的影像集。金字塔的底部是图像的高分辨率表示，也就是原始图像，而顶部是低分辨率的近似。

遥感影像一般数据量比较大。为影像建立了金字塔，这些影像便能快速进行显示，避免了显示时就要访问整体栅格数据集。金字塔是一种能对栅格影像按逐级降低分辨率的复制方式存储的方法。

在 Python 中建立影像金字塔，可以设置不同的风格，其中 ERDAS Imagine 是用得比较多的。

```
1  >>> from osgeo import gdal
2  >>> gdal.SetConfigOption('HFA_USE_RRD', 'YES')
```

在代码中建立影像金字塔：

```
1  >>> rds=gdal.Open("/gdata/lu75c.tif")
2  >>> rds.BuildOverviews(overviewlist=[2,4, 8,16,32,64,128])
```

2.5 GDAL 的其他问题

本节对 GDAL 涉及的其他有意义的问题进行一些阐述。

2.5.1 GDAL 和 Pillow 的互操作

GDAL 和 Pillow 都可以用来处理与操作栅格图像。GDAL 的重点放在地理或遥感数据的读写和数据建模以及地理定位与转换上，而 Pillow 的重点是放在图像本身的处理上的。至于在底层数据处理上，两者都可以用 NumPy 转化的二进制作为数据处理，所以可以相互转换。

GDAL 的核心在波段，一切操作的基础和核心都在波段。波段可以单独拿出来操作，至于波段在数据集中的顺序无关紧要。因为遥感图像大多比 RGB 图像的波段要多, 而每个单独波段都是一个完整的整体, 每个波段单独拿出来都是一个数据集。而 Pillow 则针对图像文件, 更多地针对像元处理。

两个类库的主要衔接部分在于创建、读取与写入数据的过程, 读取数据后两个类库有各自的处理方式。

1. 使用 GDAL 读取数据

比较 GDAL 和 Pillow 两个库的读取。下例是使用 GDAL 读取一个图像中的数据:

```
1  >>> from osgeo import gdal
2  >>> dataset = gdal.Open("/gdata/geotiff_file.tif")
```

打开了数据集, 有两种方法来获取数据, 分别是 ReadAsArray() 与 ReadRaster()。

```
1   >>> data_arr = dataset.ReadAsArray(30,70,5,5)
2   >>> type(data_arr)
3   <class 'numpy.ndarray'>
4   >>> data_arr
5   array([[[147, 141, 151, 146, 145],
6           [148, 149, 151, 143, 139],
7           [163, 164, 162, 152, 149],
8           [167, 169, 164, 160, 159],
9           [168, 172, 162, 162, 164]],
10
11          [[  7,   4,  17,  12,  11],
12           [  7,  10,  14,   6,   2],
13           [ 10,  11,  11,   3,   0],
14           [  8,  10,   8,   4,   4],
15           [ 12,  16,   6,   6,   9]],
16
17          [[ 18,  12,  24,  19,  18],
18           [ 16,  17,  21,  13,   9],
19           [ 15,  16,  16,   7,   6],
20           [ 13,  14,  11,   8,  10],
21           [ 16,  20,  10,  10,  15]]], dtype=uint8)
22  >>> data_bin = dataset.ReadRaster(30,70,5,5)
23  >>> data_bin
24  b'\x93\x8d\x97\x92\x91\x94\x95\x97\x8f\x8b\xa3\xa4\xa2\x98\ ...
```

虽然读出的一个是 NumPy 数组，一个是二进制，但是对数组用 tostring()
方法转换出来的二进制和用 ReadAsArray 读出的相同。

```
1   >>> data_arr.tostring()
2   b'\x93\x8d\x97\x92\x91\x94\x95\x97\x8f\x8b\xa3\xa4\xa2\x98\ ...
```

可以看出，从波段中获取数据和从数据集中获取数据的方法十分相似。

2. 使用 Pillow 读取数据

注意，使用 Pillow 读取数据时，要注意其类型。另外还要注意，Pillow 作为替
代 PIL 的类库，其设计的初始目的是处理普通的图片，对于遥感影像，尤其是比较
大的影像文件处理并不擅长。本书对其进行说明，主要是便于读者理解影像数据读
取的一些底层细节。

```
1   >>> from PIL import Image
2   >>> im=Image.open("/gdata/geotiff_file.tif")
3   /usr/lib/python3/dist-packages/PIL/Image.py:2274: ...
4     DecompressionBombWarning)
5   >>> region=im.crop((30,70,35,75))
6   >>> region.tobytes()
7   b'\x93\x07\x12\x8d\x04\x0c\x97\x11\x18\x92\x0c\x13\x91\x0b ...
```

上面使用 Python 3 的 Pillow 模块来读取 GeoTIFF 文件。对于 TIFF 文件，有
不同的压缩方法，而有些压缩方法是限于商业用途的，有可能在 Debian 或 Ubuntu
中没有实现，使用的时候会有出错信息。

im 可以类比成 GDAL 的数据集，也可以从数据集中提取某个范围的数据。可
以看出，虽然读取的都是同样位置的数据，但是输出的结果不一样。

3. Pillow 与 GDAL 读取数据的转换

需要注意的是，GDAL 与 Pillow 的空间模型并不一致。在 Pillow 中，截取区域
矩形的定义和 GDAL 不同，GDAL 需要的参数是原点 X、原点 Y、宽和高；Pillow
需要的参数是原点 X、原点 Y、终点 X 和终点 Y。这就是 GDAL 和 Pillow 的区
别。转换一下：

```
1   >>> import numpy as np
2   >>> data=dataset.ReadAsArray(30,70,5,5)
3   >>> from numpy import reshape
4   >>> datas=[reshape(i,(-1,1)) for i in data]
5   >>> datas=np.concatenate(datas,1)
6   >>> datas.tostring()
```

```
7  b'\x93\x07\x12\x8d\x04\x0c\x97\x11\x18\x92\x0c\x13\x91\x0b...
```

可以看到转换后结果一致了。

这里就表现了两个库的设计概念模型的不同。GDAL 把图像看成由不同传感器获取的不同频率的电磁波构成的影像文件，读取的数据是默认的以波段组织的；Pillow 则把图像看成由单个像元构成的，每个像元是记录的由 RGB 三色构成的像元颜色的数据。

4. 从波段来看

如果是单个波段，就不存在 RGB 存储的问题了。先来看 GDAL 的方式，获取第 1 个波段：

```
1  >>> band=dataset.GetRasterBand(1)
2  >>> band.ReadRaster(30,70,5,5)
3  b'\x93\x8d\x97\x92\x91\x94\x95\x97\x8f\x8b\xa3\xa4\xa2\x98 ...
```

再来看 Pillow，获取 R 波段，也就是第 1 个波段：

```
1  >>> r,g,b=region.split()
2  >>> r.tobytes()
3  b'\x93\x8d\x97\x92\x91\x94\x95\x97\x8f\x8b\xa3\xa4\xa2\x98 ...
```

可以看出读取波段的数据时，GDAL 和 Pillow 两个库读取的结果是一样的。

2.5.2　GDAL 工具集介绍

GDAL 是一个库，但同时它的安装程序中又带有很多实用的工具程序（这些程序在 Debian 中被称为 gdal-bin）。在此把这些工具介绍一下，因为在后面的章节中会用到这些工具。

1. GDAL 附带工具

GDAL 创建了许多工具程序，可以方便快捷地处理数据。

2. 总的命令行参数

所有的 GDAL 命令行工具程序都支持下面的总的命令行参数。这些参数列出的是 GDAL 工具的信息，而不是某个具体 GDAL 程序的信息。

（1）--version：登记 GDAL 版本并退出。

（2）--formats：列出所有 GDAL 支持的栅格格式（只读和读写）并退出。ro 是只读驱动，rw 是读写驱动（如支持 CreateCopy()）；rw+ 是读写和更新驱动（如支持 Create()）。

（3）--format：列出单个格式驱动的细节信息。格式名需要是在 --formats 中列出的格式名，如 GTiff。

（4）--optfile file：读取指定名称的文件并把其中的内容当成参数传入命令行列表。以 # 开头的行将被忽略。

（5）--config key value：把指定键设置为某个值，不必把它们设置为环境变量。一些命令参数键是 GDAL_CACHEMAX（用于缓存的内存有多少），以及 GDAL_DATA（GDAL 中查找数据的路径）。单一的驱动会被其他配置参数影响。

（6）--debug value：控制调试信息的打印。ON 值表示允许调试信息输出，OFF 值表示不要输出调试信息。

（7）--help-general：给出一个简短的普通的 GDAL 命令行参数用法信息，然后退出。

```
1  $ gdalinfo --version
2  GDAL 2.1.2, released 2016/10/24
3  $ gdal_translate --version
4  GDAL 2.1.2, released 2016/10/24
5  bk@v: $ gdal_translate --formats
6  Supported Formats:
7  VRT -raster- (rw+v): Virtual Raster
8  GTiff -raster- (rw+vs): GeoTIFF
9  NITF -raster- (rw+vs): National Imagery Transmission Format
10 ... ...
```

3. 创建新的文件

打开一个已存在的文件并读取是一件很容易的事情，只需要在命令行中指定文件或者数据集的名字。但是，创建一个文件是一件非常复杂的事情，需要指定创建格式、各种创建参数，以及一个坐标系统。在不同的 GDAL 工具中有许多参数基本相同，列举一下。

（1）-of format：选择要创建新的文件格式。这个格式被指定为类似 GTiff（GeoTIFF 格式）或者 HFA（ERDAS 格式），格式的定义与前面是一致的。所有的格式列表可以用 --formats 参数列出来。只有格式列表 rw 可以被写入。默认是创建 GeoTIFF 文件。

（2）-co NAME=VALUE：许多格式会有一个或者更多的创建参数来控制文件创建细节。例如，GeoTIFF 可以用创建参数控制压缩，或者控制是用分片还是分带来进行存储。可以使用的创建参数根据格式驱动的不同而不同，而一些简单的格式根本就没有创建参数。

（3）-a_srs SRS：有几个工具（gdal_translate，gdalwarp）可以在命令行中通过 -a_srs（分配输出 SRS）、-s_srs（源 SRS）、-t_srs（目标 SRS）来指定坐标系统。这些工具允许以一系列格式定义坐标系统（SRS 就是空间参考系统），关于坐标系统的介绍，见第 4 章。

4. gdalinfo

gdalinfo 程序输出 GDAL 支持的栅格数据的信息：

（1）用于存取的文件格式驱动；

（2）栅格大小（行列数）；

（3）文件的坐标系统（OGC WKT 形式）；

（4）图像关联到地理的转换参数（当前不包含旋转系数）；

（5）地理上的边界坐标，如果可能的话还有基于经纬度的完整的地理转换参数（如果是 GCP 就没有）；

（6）地面控制点；

（7）广义的（包括子栅格数据集元数据）文件元数据；

（8）波段数据类型；

（9）波段光度解析；

（10）波段瓦片大小；

（11）波段描述；

（12）波段最大值、最小值（已经经过计算的）；

（13）波段无意义值；

（14）波段可获得的缩略图分辨率；

（15）波段单位类型（如波段的高程是米制还是英制）；

（16）波段假彩色列表。

使用 gdalinfo 程序时只需要将栅格数据的路径（相对路径或绝对路径）作为参数传递给它即可，例如：

```
1  $ gdalinfo /gdata/geotiff_file.tif
```

输出结果就不在此列出了。

5. gdal_translate

gdal_translate 工具用来在不同格式间转换栅格数据，在处理过程中会进行一些数据重采样等操作。

例子：

```
1  $ gdal_translate -of GTiff -co "TILED=YES" \
```

```
2      /gdata/geotiff_file.tif /tmp/tif_tiled.tif
3  Input file size is 1500, 900
4  0...10...20...30...40...50...60...70...80...90...100 - done.
```

6. gdalenhance

gdalenhance 进行图像增强，其增强类型通过使用 -equalize 或其他参数来
实现。-s_nodata 参数设置图像中认为是空值的数值。

```
1  $ gdalenhance -s_nodata
2  -equalize /tmp/tif_tiled.tif out.tif
```

7. gdaladdo

gdaladdo 工具可以为大多数支持的栅格数据格式建立或者重建金字塔。可以
使用下面的重采样算法进行缩小重采样操作。

例如，选择一个缩放水平为 2 的操作，表示缩略图缩放程度是源图像每个维
上分辨率的 1/2。若文件在所选缩放水平上已经存在缩略图，那么将被重新计算
并覆盖写入。

一些格式根本不支持金字塔。许多格式在文件以外以扩展名.ovr 存储金字塔，
TIFF 就是如此。GeoTIFF 格式直接把金字塔存储到源文件中。

在 TIFF 中创建金字塔可以通过 COMPRESS_OVERVIEW 配置参数进行压缩。所有
GeoTIFF 支持的压缩方法，都可以在这里获得（如 --config COMPRESS_OVERVIEW
DEFLATE）。

大多数驱动也支持一个备用的缩略图格式，使用的是 ERDAS 图像格式。可以
设置参数 USE_RRD=YES 来使用这个备用格式。这样做会把 GDAL 程序创建的金字
塔放到一个辅助的.aux 文件中，这个金字塔文件可以直接在其他软件中使用。

在 TIFF 文件的内部创建金字塔：

```
1  $ cp /gdata/geotiff_file.tif  /tmp/
2  $ gdaladdo -r average/tmp/geotiff_file.tif 2 4 8 16
3  0...10...20...30...40...50...60...70...80...90...100 - done.
```

从一个遥感影像文件中创建一个 ERDAS 影像格式的外部压缩金字塔文件：

```
1  $ gdal_translate -of HFA /gdata/geotiff_file.tif \
2      /tmp/erdas_img.img
3  Input file size is 1500, 900
4  0...10...20...30...40...50...60...70...80...90...100 - done.
5  $ gdaladdo --config COMPRESS_OVERVIEW DEFLATE \
6      /tmp/erdas_img.img 2 4 8 16
```

创建一个 JPEG 文件格式的金字塔文件：

```
1  $ gdal_translate -of JPEG /gdata/geotiff_file.tif \
2      /tmp/jpeg_img.jpg
3  Input file size is 1500, 900
4  0...10...20...30...40...50...60...70...80...90...100 - done. $
5  gdaladdo --config USE_RRD YES /tmp/jpeg_img.jpg 3 9 27 81
6  0...10...20...30...40...50...60...70...80...90...100 - done.
7  0...10...20...30...40...50...60...70...80...90...100 - done.
8  0...10...20...30...40...50...60...70...80...90...100 - done.
```

8. gdal_merge.py

gdal_merge.py 可以对栅格数据文件进行合并。为了查看实例，首先根据原始影像提取两部分矩形影像，生成两个 GeoTIFF 文件，作为输入的数据。

```
1  $ gdal_translate -srcwin 100 100 400 300 \
2      /tmp/geotiff_file.tif /tmp/tif_aa.tif
3  Input file size is 1500, 900
4  0...10...20...30...40...50...60...70...80...90...100 - done. $
5  gdal_translate -srcwin 400 300 400 300 \
6      /tmp/geotiff_file.tif /tmp/tif_bb.tif
7  Input file size is 1500, 900
8  0...10...20...30...40...50...60...70...80...90...100 - done.
```

然后运行 gdal_merge.py 命令：

```
1  $ gdal_merge.py -o /tmp/tif_merge.tif -ps 30 30 -n 0 \
2      /tmp/tif_aa.tif /tmp/tif_bb.tif
3  0...10...20...30...40...50...60...70...80...90...100 - done.
```

要注意这个图像的叠放顺序为"后来者居上"。

9. gdalwarp

gdalwarp 工具是一个图像镶嵌、重投影和绑定的工具，此工具默认输出为 BIP 存储格式的数据。程序可以重投影到任何支持的投影，而且图像的控制信息也可以把 GCP 和图像存储在一起。

例如，一个用经纬度标记边界控制点的 8 位 GeoTIFF 格式的影像，可以通过下面的命令绑定到一个 UTM 投影上。

```
1  $ gdalwarp -t_srs '+proj=utm +zone=53 +datum=WGS84' \
2      /tmp/geotiff_file.tif /tmp/tif_proj.tif
```

```
3   Creating output file that is 1704P x 1321L.
4   Processing input file /tmp/geotiff_file.tif.
5   0...10...20...30...40...50...60...70...80...90...100 - done.
```

中国地图或中国的 GIS 数据常常会使用适合中国的一些参数，在使用中有一些投影参数需要自己进行定义。下面再来看一下如何定义 PROJ.4 格式的投影参数，并进行地图投影变换的应用。

先定义中国全国地图常用的 Albers 投影：

```
1   +proj=aea
2   +lat_1=25
3   +lat_2=47
4   +lat_0=0
5   +lon_0=105
6   +x_0=0
7   +y_0=0
8   +ellps=krass
```

然后定义中国常用的高斯–克吕格投影，以 6 度分带的 21 带为例：

```
1   +proj=tmerc
2   +lat_0=0
3   +lon_0=123
4   +k=1
5   +x_0=21500000
6   +y_0=0
7   +ellps=krass
```

上面的地图投影参数可以保存成文件以便使用，把这两个文件分别保存为 al.pj4 与 g21.pj4。然后进行影像数据的投影变换：

```
1   $ gdalwarp -s_srs al.pj4 -t_srs g21.pj4 \
2       /gdata/geotiff_file.tif /tmp/tif_gs21.tif
```

10. 在 Python 中调用 GDAL 工具

GDAL/OGR 的 C/C++ 版本的工具，如 gdal_translate、gdalwarp、ogr2ogr 等，起初是作为如何使用 GDAL/OGR 接口的示例，事实上很多时候用户只需要其功能而不需要额外的调整。而随着时间的推移，这些实用程序已经拥有了更多的选项和参数；用户在使用这些工具的时候需要花时间来了解不同选项与参数的意义，或者干脆重新写一个新的工具而避开额外的学习。在使用过程中，用户或者重复地将这些工具的源代码复制到自己的代码中以达到代码重用的目的，或者只是简单地使用外部进程来启动这些工具，这些都不是好的实践方式。

在通过的 RFC 59.1（GDAL/OGR utilities as a library）中，自 GDAL 2.1 版本开始尝试将这些工具代码迁移到 GDAL 核心库中来解决这个问题。这样做有如下的优点。

（1）这些工具可以更容易地被支持的开发语言来调用，如 C、C++、Python、Java 等。

（2）内存中的数据集可以用于输入和输出，避免在永久存储上创建临时文件。

（3）可以提供运行进度的回调，并可以取消处理过程。

（4）对于重复的工作可以更快地执行（与使用外部进程运行工具相比）。

目前库中可用的工具包括：gdalinfo、gdal_translate、gdalwarp、ogr2ogr、gdaldem、nearblack、gdal_rasterize、gdal_grid。

下面 3 行代码是在 Python 中进行重投影的示例，与调用 GDAL 类库的方式相比简洁了许多。

```
1  >>> from osgeo import gdal
2  >>> ds = gdal.Open('/gdata/lu75c.tif')
3  >>> gdal.Translate('/tmp/xx_output.tif', ds, format = 'GTiff', \
4  ...      outputSRS ='EPSG:3857', xRes=100, yRes=100)
```

2.5.3　访问索引图像中的数据

图像 /gdata lu75i1.tif 是索引图像。使用 gdalinfo 查看，可以看见如下信息：

```
1  $ gdalinfo/gdata lu75i1.tif
2  ...
3     2: 5,22,252,255
4     3: 201,170,250,255
5     4: 26,161,35,255
6  ...
```

输出结果的前后都省略了，显示的是索引图像的颜色查找表。

1. 波段颜色空间

影像或者图像可以有多种表示颜色的方法，如二值图、索引图、RGB 图等，这些不同的表示方法，称为颜色空间。GDAL 支持多种颜色空间，对于波段的表达，则有一些不同。首先通过函数 GetRasterColorInterpretation() 查看波段的颜色类型。

```
1  >>> from osgeo import gdal
2  >>> dataset=gdal.Open('/gdata/lu75c.tif')
3  >>> band=dataset.GetRasterBand(1)
4  >>> band.GetRasterColorInterpretation()
5  >>> 1
```

上面的值 1 表示波段数据为"灰度图"。各种数值与数据类型的对应关系见表 2.4。

表 2.4　GDAL 中颜色定义与对应值

类型	gdalconst 属性	整型值
未定义	GCI_Undefined	0
灰度图	GCI_GrayIndex	1
调色板索引图	GCI_PaletteIndex	2
RGBA 图像的红色波段	GCI_RedBand	3
RGBA 图像的绿色波段	GCI_GreenBand	4
RGBA 图像的蓝色波段	GCI_BlueBand	5
Alpha 通道（GDAL 中用 0 表示透明，255 表示不透明）	GCI_AlphaBand	6
HLS 图像的色度通道	GCI_HueBand	7
HLS 图像的饱和度通道	GCI_SaturationBand	8
HLS 图像的亮度通道	GCI_LightnessBand	9
CMYK 图像的青色通道	GCI_CyanBand	10
CMYK 图像的品红通道	GCI_MagentaBand	11
CMYK 图像的黄色通道	GCI_YellowBand	12
CMYK 图像的黑色通道	GCI_BlackBand	13
YCbCr 图像的流明通道	GCI_YCbCr_YBand	14
YCbCr 图像的蓝色通道	GCI_YCbCr_CbBand	15
YCbCr 图像的红色通道	GCI_YCbCr_CrBand	16

在 Python 中 GDAL 的数据类型（表 2.3）与 GDAL 的颜色都是在 gdalconst 字典中定义的，而在 C 语言开发中却是在不同的枚举类型中定义的。

可以通过下面的语句来查看一下具体的值。

```
1  >>> from osgeo import gdalconst
2  >>> dir(gdalconst)
3  ['CE_Debug', 'CE_Failure', 'CE_Fatal', 'CE_None', 'CE_War...
4  >>> gdalconst.GPI_RGB
5  1
```

```
6  >>> gdalconst.GDT_Byte
7  1
```

颜色查找表对索引图像非常重要，非索引图像是没有颜色查找表的。下面先看一下前面用过的数据。

```
1  >>> colormap=band.GetRasterColorTable()
2  >>> colormap is None
3  True
```

上面的 colormap 为空。

2. ColorMap 颜色定义

打开一幅索引图像看一下。

```
1  >>> dataset=gdal.Open('/gdata/lu75i1.tif')
2  >>> band=dataset.GetRasterBand(1)
3  >>> band.GetRasterColorInterpretation()
4  2
```

上面的值 2 可以在表 2.4 中查找。对应的 Python 常量为 GCI_PaletteIndex，可以看到文件的类型是索引图像。

```
1  >>> gdalconst.GCI_PaletteIndex
2  2
```

对于索引图像，可以进一步获取其颜色表。

```
1  >>> colormap=band.GetRasterColorTable()
2  >>> dir(colormap)
3  ['Clone', 'CreateColorRamp', 'GetColorEntry', 'GetColorEn ...
4  >>> colormap.GetCount()
5  256
```

通过 GetRasterColorTable() 获得颜色表，然后通过 GetCount 来获得颜色数量。

GDAL 支持多种四种颜色表（表 2.5），具体可以参考 gdalconst 模块中 GPI 打头的枚举值。

```
1  >>> gdalconst.GPI_Gray, gdalconst.GPI_RGB, gdalconst.GPI_CMYK, \
2  ...      gdalconst.GPI_HLS
3  (0, 1, 2, 3)
```

表 2.5　GDAL 中调色板类型定义及值

类型	gdalconst 属性	整型值
灰度图像	GPI_Gray	0
RBGA 图像	GPI_RGB	1
CMYK 图像	GPI_CMYK	2
HLS 图像	GPI_HLS	3

通过 GetPaletteInterpretation() 知道获得的颜色表是一个 RGB 颜色表（GPI_RGB）。

```
>>> colormap.GetPaletteInterpretation()
1
>>> gdalconst.GPI_RGB
1
```

可以对颜色查找表进行遍历操作，进一步通过 GetColorEntry() 函数获得颜色表中的值，这里的颜色值都是一个 4 值的元组。里面有意义的只有前三个（如果颜色模型采用 GPI_RGB、GPI_HLS，则使用前 3 个；如果采用 GPI_CMYK，则 4 个值都有意义了）。

```
>>> for i in range(colormap.GetCount()):
...     print("{}:{}".format(i, colormap.GetColorEntry(i)))
...
0:(196, 88, 130, 255)
1:(77, 25, 29, 255)
2:(5, 22, 252, 255)
3:(201, 170, 250, 255)
4:(26, 161, 35, 255)
5:(59, 116, 237, 255)
6:(13, 18, 89, 255)
7:(111, 238, 252, 255)
8:(247, 20, 221, 255)
9:(120, 30, 117, 255)
10:(40, 71, 82, 255)
11:(207, 245, 110, 255)
12:(64, 250, 35, 255)
......
```

可以看到最后输出的几行，同样得到了这幅索引图像的颜色查找表。

对于索引图像，使用 ReadRaster() 读出的数据不是真实的数据。需要使用 ReadAsArray() 函数来读取这些数据的索引值，真实数据需要根据索引关系在颜色查找表中进行查找。

3. 颜色查找表的色彩解析类型

颜色查找表也有一个色彩解析值（GDALPaletteInterp）。这个值有可能是表 2.6 的一种。

虽然有颜色表示有数目的区别，但是用 GetColorEntry() 读出的都是 4 个值（c1、c2、c3、c4），根据 PaletteInterp 枚举值，检索对应的几个值形成颜色。

表 2.6　GDAL 中调色板不同类型中 c1，c2，c3，c4 值的意义

类型	c1	c2	c3	c4
灰度图像	灰度值	—	—	—
RBGA 图像	红	绿	蓝	alpha
CMYK 图像	青	品红	黄	黑
HLS 图像	色调	亮度	饱和度	—

2.5.4　地图代数计算

地图代数计算是以一个尺度空间内栅格点集的变换和运算来解决地理信息的图形符号可视化及空间分析的新型理论和方法。在 Python 中调用 GDAL 接口，可以将栅格数据读取成为数组，进行数值计算与分析，从而得到结果。以计算 NDVI[1] 为例。首先看一下计算公式：

$$\text{NDVI} = \frac{\text{NIR} - \text{RED}}{\text{NIR} + \text{RED}} \tag{2.2}$$

式中，NIR 为波段 3；RED 为波段 2。在 Python 中进行编程处理的过程如下。

（1）将波段 3 读入数组 data3，将波段 2 读入数组 data2。

```
1  >>> from osgeo import gdal
2  >>> import numpy
3  >>> dataset=gdal.Open("/gdata/geotiff_file.tif")
4  >>> band2=dataset.GetRasterBand(2)
5  >>> band3=dataset.GetRasterBand(3)
6  >>> cols=100
7  >>> rows=100
8  >>> data2=band2.ReadAsArray(0, 0,
```

---

[1] 归一化差分植被指数（normalized difference vegetation index, NDVI），也称为生物量指标变化，应用于检测植被生长状态、植被覆盖度和消除部分辐射误差等。

```
9   ...          cols,rows).astype(numpy.float16)
10  >>> data3=band3.ReadAsArray(0, 0,
11  ...          cols,rows).astype(numpy.float16)
```

（2）当 data3 和 data2 均为 0 时（如用 0 表示无数据像元），会出现被 0 除的错误，导致程序崩溃。需要用掩膜将 0 值去掉。

```
1   >>> mask=numpy.greater(data3 + data2, 0)
```

（3）使用式（2.2）计算，并用 Python 语言实现。注意这里使用了 numpy.choose() 函数，将掩膜应用到计算过程中。

```
1   >>> ndvi=numpy.choose(mask,
2   ...      (-99, (data3 - data2) / (data3 + data2)))
3   >>> ndvi
4   array([[-0.28198242, -0.25854492, -0.25, ..., -0.12609863,
5           -0.20507812, -0.2208252 ],
6          [-0.27490234, -0.29736328, -0.47827148, ..., -0.13269043,
7           -0.20507812, -0.20983887],
8          [-0.25, -0.48828125, -0.60009766, ..., -0.1192627 ,
9           -0.17773438, -0.13269043],
10         ...,
11         [-0.13635254, -0.12988281, -0.15966797, ..., -0.13098145,
12          -0.10961914, -0.140625  ],
13         [-0.12927246, -0.13049316, -0.23071289, ..., -0.12988281,
14          -0.10388184, -0.13427734],
15         [-0.15600586, -0.17529297, -0.31030273, ..., -0.11724854,
16          -0.09875488, -0.12670898]], dtype=float16)
```

（4）上面代码中提到的掩膜的定义与使用方法，可以进行一步查看 Python 的 NumPy 模块。

2.5.5　GDAL 中使用仿射地理变换进行空间定位

栅格数据的空间信息包括两个部分：一个是坐标系统（这部分放在地图投影中单独说明），另一个是栅格坐标和地理坐标之间的转换。

在 GDAL 中，返回数据集坐标系统的函数是 GetProjectionRef()，它返回的坐标系统描述了地理参考坐标，包含着仿射地理变换。仿射地理变换由 GetGeo-Transform() 来返回。

GCP 地理参考坐标描述的坐标系统是由 GetGCPProjection() 返回的。注意：返回的坐标系统字符串为空表示无地理参考坐标系统。本书只介绍 GDAL 中仿射地理变换的处理方法。下面看一下实例：

```
>>> from osgeo import gdal
>>> dataset=gdal.Open("/gdata/geotiff_file.tif")
>>> dataset.GetGCPs()
()
>>> gtrans=dataset.GetGeoTransform()
>>> gtrans
(1868454.913, 30.0, 0.0, 5353126.266, 0.0, -30.0)
```

通过这些参数，才能知道影像数据如何在空间中定位。仿射坐标转换就是通过几个值来进行栅格框架到地理框架的映射。上面的例子中 GetGeoTransform() 返回的就是 6 个参数。注意，gtrans[0]、gtrans[3] 表示图像左上角的坐标，而不是左上角像元中心坐标。

通过 2.1.2 节仿射地理变换部分介绍的公式（式（2.1）），可以把栅格的每个点代入公式求出其在地球上的实际位置（当然，求出的数值的单位是在坐标系统中定义的那个，而非经纬度坐标，要求经纬度坐标，还要通过一步转换）。当然也可以只求出整个图像外框上下左右四个边界，这样就可以定下整个图像的位置，因为图像都是矩形的。图像中某点的地理位置可以通过外框四点线性计算。

现在获取影像的其他参数：

```
>>> dataset.RasterXSize
1500
>>> dataset.RasterYSize
900
```

求右下角的坐标，代入下面的公式进行计算。注意此图像没有旋转参数，简化了计算过程：

```
LR_x=GT(0) + Xpixel*GT(1) + Yline*GT(2)
    =1868454.913 + 1500 * 30 + 0=1913454.913
LR_y=GT(3) + Xpixel*GT(4) + Yline*GT(5)
    =5353126.266 + 0 + 900 * (-30.0)=5326126.266
```

右下角坐标为 $(LR_x, LR_y) = (1913454.913, 5326126.266)$。这个值可以打开桌面 GIS 软件验证一下。

有了坐标，就可以把图像和地理坐标联系起来。有了地理坐标，就可以把图像在屏幕上按照预先定义好的坐标系画出来。

需要注意的是，对于 GeoTIFF 数据源来说，坐标系统和仿射地理变换参数有两种存储方式。一种是直接存储在 TIFF 文件内部，这种存储方式是按照 TIFF 内部的键值方式来存储的。另一种是把图像存储到 TIFF 文件中，把坐标系统和仿射地理变换参数单独放在两个文件中：一个是.prj 文件，存放 WKT 坐标系字符串，另一个是.tfw 文件，存放仿射地理变换参数。

　　还有一些软件在处理时将二者都保存起来：一方面将投影的信息存储到数据文件本身，另一方面使用单独的文本文件保存投影信息。这两种方式各有优缺点。将投影信息存储到数据文本本身进行数据管理，在进行数据的复制或移动时不会因为落下文件而造成投影信息的丢失；在进行第三方软件处理时使用单独文本文件保存投影信息会比较方便，只需要使用简单的文本处理程序，而不必使用复杂的地理信息软件。

第3章　使用 OGR 库操作矢量数据

OGR 矢量库提供了简单的矢量数据读写工具，是 GDAL 的一部分，在第 2 章中已经与 GDAL 一起进行了介绍说明，所以本章直接对使用 OGR 库来对矢量数据读、写、处理的一些方法展开说明。

另外，对于矢量数据，可以基于 GEOS（geometry engine - open source）库进行空间分析。GEOS 是 JTS（JTS topology suite）[①]拓扑学工具箱的 C++ 接口。它具备了 OpenGIS 标准的空间对象操作能力及 JTS 所提供的增强的拓扑运算功能。GEOS 是目前应用最为广泛的 C++ 地理空间集合函数库。它被用于 PostGIS、QGIS、GDAL/OGR、MapServer 等开源软件以及 FME 等私有软件。在 Debian 及常见的 Linux 发行版中，一般都将 GEOS 与 OGR 集成在一起。但是由于 Python 有另外的 Shapely 工具包可以实现空间分析功能，所以在本章中就不单独介绍 GEOS 的使用了，而是放到第 5 章进行说明。

3.1　OGR 简介

OGR 是 GDAL 的一部分，它是一个读取和处理 GIS 矢量数据的库。OGR 提供对矢量数据格式的读写支持，它支持包括 ESRI Shapefile、PostGIS、Oracle Spatial、MapInfo MID/MIF、MapInfo TAB 等文件格式或数据源。表 3.1 列出了 OGR 支持的常见文件格式。

表 3.1　OGR 支持的常见文件格式

格式名称	代码	是否能写	是否支持投影
ESRI ArcObjects	ArcObjects	否	是
Arc/Info Binary Coverage	AVCBin	否	是
Arc/Info .E00 (ASCII) Coverage	AVCE00	否	是
AutoCAD DXF	DXF	是	否
Comma Separated Value (.csv)	CSV	是	否
ESRI Shapefile	ESRI Shapefile	是	是
Geomedia .mdb	Geomedia	否	否
Google Fusion Tables	GFT	是	是
GML	GML	是	是

---

① 采用递归缩写方式命名，即递归首字母缩写，是一种在全称中递归引用它自己的缩写，如 GNU（GNU is not UNIX）。

续表

格式名称	代码	是否能写	是否支持投影
GMT	GMT	是	是
GRASS	GRASS	否	是
Idrisi Vector（.VCT）	Idrisi	否	是
KML	KML	是	是
MapInfo File	Mapinfo File	是	是
Memory	Memory	是	是
PostgreSQL/PostGIS	PostgreSQL/PostGIS	是	是
SQLite/SpatiaLite	SQLite	是	是
VRT - Virtual Datasource	VRT	否	是

3.1.1　OGR 的命令行工具

与 GDAL 类似，OGR 也提供了一些命令行工具，例如：

（1）ogrinfo，打印矢量图层信息；

（2）ogr2ogr，矢量数据格式转换。

1. 使用 ogrinfo 命令

使用以下命令，可以查看 OGR 支持的数据类型，以及 OGR 是否可以进行读写。

```
1  $ ogrinfo  --formats
2  Supported Formats:
3    -> "GRASS" (readonly)
4    -> "ESRI Shapefile" (read/write)
5    ... ...
6    -> "Geoconcept" (read/write)
```

查看 Shapefile 的信息，可以使用：

```
1  $ ogrinfo /gdata/hyd2_4l.shp
2  INFO: Open of `/gdata/hyd2_4l.shp'
3        using driver `ESRI Shapefile' successful.
4  1: hyd2_4l (Line String)
```

2. ogr2ogr 命令示例

下面看一个 ogr2ogr 的实际命令：

```
1  $ ogr2ogr -f "CSV" output.csv /gdata/hyd2_4l.shp
```

上面的代码将 Shapefile 的空间数据输出成 CSV 格式的表格数据。

再看一个将 Shapefile 转换成 SpatiaLite 数据库的程序。第 6 章会介绍 SpatiaLite 的使用，将用下面的命令生成案例数据库。这里用的后缀为 .db，如果使用 .sqlite 为后缀在较新版本的 ArcGIS Desktop 中可以识别为 SpatiaLite 空间数据库。

```
1  $ ogr2ogr -f SQLite -dsco SPATIALITE=YES spalite.db \
2    /gdata/region_popu.shp -nlt multipolygon
```

3.1.2　在 Python 中的 OGR 基本类

在 Python 中，OGR 模块中主要定义如下类（Class）。

（1）几何对象：类 Geometry 封装了 OpenGIS 的矢量数据模型，并提供了一些几何操作，如 WKB 和 WKT 格式之间的相互转换，以及空间参考系统（投影）。

（2）要素：类 Feature 封装了一个完整要素的定义，包括一个几何对象及其一系列属性。

（3）要素定义：类 FeatureDefn 里面封装了要素的属性、类型、名称及其默认的空间参考系统等。一个要素定义对象通常与一个图层对应。

（4）图层：类 Layer 是一个抽象基类，表示数据源里面的一层要素。

（5）数据源：类 DataSource 是一个抽象基类，表示含有图层对象的一个文件或数据库。

（6）驱动：类 Driver 对应于每一个矢量文件格式。类 Driver 需要注册使用。

3.2　使用 OGR 获取 Shapefile 信息

Shapefile 是最常见的矢量数据格式。本节介绍如何使用 OGR 来访问 Shapefile。

3.2.1　导入 OGR 库

在 Python 中使用 OGR 库时要注意，尽管目前 GDAL 与 OGR 库已合并为一个库并进行统一管理，但是由于历史原因，这两个库不仅处理的数据不一样，而且设计的思路也大相径庭，在其他很多细节上也有一些差异。因此，建议对这两个库分开理解。

导入 OGR 库的方法与导入 GDAL 库的方法一样，可以使用已经弃用的方法：

```
1  >>> import ogr
```

或者使用目前建议的方法：

```
1 >>> from osgeo import ogr
```

为了保持兼容性,同样可以使用下面的方法:

```
1 >>> try:
2 >>>     from osgeo import ogr
3 >>> except:
4 >>>     import ogr
```

3.2.2　读取矢量数据

下面就以 Shapefile 为例,运用 OGR 来操作矢量数据。Shapefile 是最常见且设计上也非常简洁的一种模型(见 1.2.3 节说明)。这里使用的数据是世界海岸线数据。关于 OGR 读取数据的基本流程,见图 3.1。

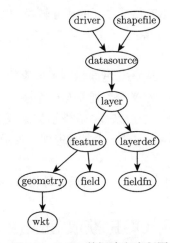

图 3.1　OGR 数据读取流程图

1. 直接打开数据

可使用 ogr.Open() 方法直接打开矢量数据,在这个过程中,OGR 会自动根据文件的类型来确定相应的驱动。

```
1 >>> inshp='/gdata/GSHHS_c.shp'
2 >>> from osgeo import ogr
3 >>> datasource=ogr.Open(inshp)
4 >>> driver=datasource.GetDriver()
5 >>> driver.name
6 'ESRI Shapefile'
```

这样就打开了一个数据源(datasource),并将其赋值给 datasource 变量。

使用 Python 的内省函数 dir() 查看 datasource 的可用方法与属性：

```
1  >>> dir(datasource)
2  ['CommitTransaction', 'CopyLayer', 'CreateLayer', 'DeleteLa ...
```

2. OGR 的数据驱动

注意，上述代码 ogr.Open(inshp) 是按缺省方式打开数据的。在实际应用中，应根据打开的数据类型来初始化数据驱动：

```
1  >>> driver=ogr.GetDriverByName('ESRI Shapefile')
```

根据数据驱动（driver）的 Open() 方法返回一个数据源对象，update 为可选参数为 0 时表示只读，为 1 时表示可写：

```
1  >>> import sys
2  >>> datasource=driver.Open(inshp, update=0)
3  >>> if datasource:
4  ...     print('done')
5  ... else:
6  ...     print('could not open')
```

与 GDAL 类似，同样可以查看 OGR 支持的矢量数据驱动的数目。

```
1  >>> drv_count=ogr.GetDriverCount()
2  >>> drv_count
3  77
```

3. 关闭数据与释放内存

在读取完数据之后，应保持良好习惯，及时释放数据，并清理操作所占内存。关闭数据源，相当于文件系统操作中的关闭文件。需要使用 Destroy() 函数将内存中的资源释放，在写操作中调用这个函数时，GDAL 同时会将内存中的数据写入外部磁盘中。

```
1  >>> datasource.Destroy()
```

3.2.3 获取图层信息

1. 图层的概念

在 GIS 中，图层（layer）是由同种要素（feature）（如点、线、多边形等）组在一起的"层"。图层的描述与 ESRI 在 ArcGIS 中定义的模型要素类（feature class）一致，其对应的是要素数据集。

在 *Modeling our World* 中，这两个概念均有明确的阐述。

（1）要素类：具有相同几何形状的要素的集合，即点、线或多边形。最常见的两种要素类是简单要素类和拓扑要素类。简单要素类是指没有任何拓扑关系的点、线、多边形或注记。也就是说，一个要素类内的点与另一个要素类中线要素的终点可以是一致的，但它们是不同的，简单要素类的特点是可独立编辑。而拓扑要素类局限在一定的图形范围内，它是一个由完整拓扑单元组成的一组要素类限定的对象。

（2）要素数据集（要素集）：具有相同坐标系统的要素类的集合。可以选择在要素集的内部或外部组织简单要素类，但拓扑要素类只能在要素集内部组织，以确保它们具有相同的坐标系统。

2. OGR 中操作图层的方法

Layer 中可用的方法可以通过下面代码查看：

```
1  >>> from osgeo import ogr
2  >>> inshp='/gdata/GSHHS_c.shp'
3  >>> datasource=ogr.Open(inshp)
4  >>> layer=datasource.GetLayer(0)
5  >>> dir(layer)
6  ['AlterFieldDefn', 'Clip', 'CommitTransaction', ... ..., 'this']
```

注意：GetLayer() 的参数是从 0 开始的。对于 Shapefile 而言，它只有一个图层，一般情况下这个参数都是 0。如果参数值没有给出，默认情况下也是 0。

使用 GetFeatureCount() 方法可以查看一个图层中的要素数目：

```
1  >>> layer.GetFeatureCount()
2  3784
```

通过 GetExtent() 方法还可以查看图层的空间范围：

```
1  >>> layer.GetExtent()
2  (-180.0, 180.0, -90.0, 83.623596)
```

注意这些坐标的顺序，四个值分别是"西、东、南、北"四至；在其他软件中，这些顺序可能会不一致。

3. 图层的属性

地理空间数据一般都有对应的属性数据，Shapefile 的属性数据存放在 DBF 数据库文件中。若想在 GDAL 中查看属性表的结构及各字段名称等信息，可在图层的附加信息里查找。

```
1   >>> layerdef = layer.GetLayerDefn()
2   >>> for i in range(layerdef.GetFieldCount()):
3   ...     defn = layerdef.GetFieldDefn(i)
4   ...     print(defn.GetName(),defn.GetWidth(),defn.GetType(),
5   ...         defn.GetPrecision())
6   ('CAT', 16, 12, 0)
7   ('FIPS_CNTRY', 80, 4, 0)
8   ('CNTRY_NAME', 80, 4, 0)
9   ('AREA', 15, 2, 2)
10  ('POP_CNTRY', 15, 2, 2)
```

这就是整个表的结构。当然类型是枚举类型，若要查看数据类型名，则可对应地建立一个数据类型字典。

3.2.4　获取要素信息

地理要素是地图的地理内容，它包括自然地理要素与社会经济要素。其中，自然地理要素是指地球表面自然形态所包含的要素，如地貌、水系、植被和土壤等；社会经济要素是指人类在生产活动中改造自然界所形成的要素，如居民地、道路网、通信设备、工农业设施、经济文化和行政标志等。

如果单从计算机角度来看，要素就是一些几何形状，其实这种观点是欠妥的。几何形状，具体来说包括点、线、面、多边形、弧段、向量、控制点等多种类型，其实就是要素的抽象模型。

在 Shapefile 中，要素模型由点、线、面三种类型构成。要素类自带属性信息，一般对应属性表中的一行。

图层的核心是针对要素的操作。GetFeatureCount() 和 GetFeature() 或 GetNextFeature() 可获取层内所有的要素；GetFeaturesRead() 可查询目前已读取了多少条要素；生成器可读取要素值；若要再次访问获取过的要素，则访问 ResetReading() 从头读取。

1. 读取图层中的要素

下面看一下如何读取图层中的要素：

```
1   >>> from osgeo import ogr
2   >>> inshp='/gdata/GSHHS_c.shp'
3   >>> datasource=ogr.Open(inshp)
4   >>> layer=datasource.GetLayer(0)
5   >>> feature=layer.GetFeature(0)
```

进一步查看针对要素的可用操作：

```
1  >>> dir(feature)
2  ['Clone', 'Dereference', 'Destroy', 'DumpReadable', '...']
```

上面结果未全部列出，读者可运行来查看完整的输出，其中包含 Field 的是与属性相关的操作，包含 Geometry 的是与形状相关的操作。这也体现了 GIS 中矢量要素的两个方面：属性与几何形状。

layer.GetFeature(0) 获取了第一个要素。如果要对图层中所有要素进行遍历，使用下面的代码：

```
1  >>> layer.ResetReading()
2  >>> feature=layer.GetNextFeature()
3  >>> while feature:
4  ...       feature=layer.GetNextFeature()
5  >>> dir(feature)
```

ResetReading() 方法用来重置遍历对象（所有要素）的索引位置，以便再次读取。GetNextFeature() 方法可以读取下一个要素。

2. 读取要素属性

下面是读取要素属性的一个简单的例子：

```
1  >>> layer.ResetReading()
2  >>> feat=layer.GetFeature(0)
3  >>> feat.keys()
4  ['id', 'level', 'source', 'parent_id', 'sibling_id', 'area',
5    'Shape_Leng', 'Shape_Area']
6  >>> feat.GetField('area')
7  50654050.6945
```

以上是使用 feat.GetField('area') 来获取字段的值。字段的名称可以在 3.2.3 节读取图层属性中获取，也可以使用要素的 keys() 方法获取。

除了使用字段名称，还可以使用索引值来获取要素属性。下面是对所有的属性值进行遍历：

```
1  >>> for i in range(feat.GetFieldCount()):
2  ...       print(feat.GetField(i))
3  ...
4  0-E
5  1
6  WVS
7  -1
```

```
8   0
9   50654050.6945
10  2284.13578022
11  6280.55928902
```

此操作列出的是这个要素的所有属性值。

3. 要素的几何形状（geometry）

下面继续看一下如何获取要素的几何形状的更多信息。

```
1   >>> geom=feat.GetGeometryRef()
2   >>> geom.GetGeometryName()
3   'POLYGON'
4   >>> geom.GetGeometryCount()
5   326
6   >>> geom.GetPointCount()
7   0
8   >>> geom.ExportToWkt()
9   'POLYGON ((107.5448 76.9140,106.5332 76.4995,111.0934 ...))'
```

这是几何形状的主要操作方法。通过循环可以把获取到的第一个要素的边界线上的坐标列出来。需要注意，如果几何形状类型是多边形，那么就有两层几何形状，获取多边形后，还需要获取构成多边形边缘的折线，才可以读取构成多边形的点。如果类型是单线或者点，可以直接用 GetX()、GetY() 获取，而不必再多使用一个语句 GetGeometryRef() 来获取子形状。

```
1   >>> arc0=geom.GetGeometryRef(0)
2   >>> arc0.GetGeometryName()
3   'LINEARRING'
4   >>> arc0.GetGeometryCount()
5   0
6   >>> arc0.GetPointCount()
7   1004
8   >>> arc0.GetX(0)
9   107.54483300000004
10  >>> arc0.GetY(0)
11  76.91402800000003
12  >>> arc0.GetZ(0)
13  0.0
14  >>> arc0.ExportToWkt()
```

```
15  'LINEARRING (107.5448 76.9140,106.5332 76.4995,111.0934 ...)'
```

　　这些点都是地理意义上的坐标，而不是数据意义上的坐标。单位是根据空间参考决定的（此数据的单位应该是经纬度，而不是投影坐标的单位米）。获取这些坐标后，不需要像栅格数据那样用四周边界点来计算地理坐标，矢量数据可直接铺展到一个实际平面已经定义好的投影或者地理坐标系上。

　　栅格数据不仅有像元长和宽，还有数据意义上的行列坐标，而矢量数据在没有附着到某个实际存在的物体表面，如计算机屏幕或者打印的纸张之前，是无法表示数据意义上的长宽的。所以比例尺对于矢量数据来说，如果没有绘制操作也就无根本意义。

3.2.5　矢量数据的空间参考

　　矢量数据的空间参考信息可从每个要素中获取。Shapefile 的坐标系统和仿射地理变换参数是分开的，坐标系统通过.prj 文件附加在 Shapefile 同目录下的方式来获取，而仿射地理变换参数是直接放在 Shapefile 文件内部的，只不过它和 GeoTIFF 的 tfw 不一样，它表示一个外包矩形，记录的是整个图层的地理范围。

```
1  >>> from osgeo import ogr
2  >>> inshp = '/gdata/region_popu.shp'
3  >>> datasource = ogr.Open(inshp)
4  >>> layer = datasource.GetLayer(0)
5  >>> layer.GetSpatialRef()
6  >>> layer.GetExtent()
7  (8182109.7, 15037984.3, 705353.37, 7087430.9)
```

　　除了整个图层有地理范围，每个要素也有地理范围，这个范围也被称为最小外包矩形，这个概念会在 5.4.2 节进一步说明，这里只需要知道可以通过 GetEnvelope() 函数来获取：

```
1  >>> feature=layer.GetFeature(0)
2  >>> geom=feature.GetGeometryRef()
3  >>> geom.GetEnvelope()
4  (12848142.4, 13080958.7, 4785194.8, 5021042.8)
```

　　获取的外包矩形只针对该要素，而不是整个图层。

　　通过几何要素也可以获取空间参考信息：

```
1  >>> sr=geom.GetSpatialReference()
2  >>> dir(sr)
3  ['AutoIdentifyEPSG','Clone','CloneGeogCS','CopyGeogCSFrom', ...
```

3.3　使用 OGR 创建矢量数据

前面详细地介绍了如何读取矢量数据，包括数据源、图层、要素、几何形状、字段属性等。整个 OGR 的结构很明确，每个部分都很标准。首先是数据源；打开数据源，里面有一系列的图层（不管它是矢量数据集还是要素类）；图层中有许多相同空间参考下的表示地物的要素；要素包括了相同空间参考下的几何形状和关联属性；几何形状又由几个子形状或者一系列点组成，这些点正好代表它们各自的地理位置。这样整个矢量模型就被完整地拆分开了。而创建矢量数据的过程就是上面这个过程的反过程。

3.3.1　使用 OGR 创建 Shapefile

Shapefile 是最常见的矢量数据格式，这一节以其为例说明如何在 OGR 中创建这种 GIS 数据文件。

1. 创建矢量数据

首先创建 Shapefile 的驱动，用以创建数据文件：

```
1  >>> from osgeo import ogr
2  >>> driver=ogr.GetDriverByName('ESRI Shapefile')
```

OGR 使用 CreateDataSource() 方法创建新的数据源。这里假设当前文件夹下面没有 xx_test.shp 这个数据文件，如果有的话，则改用其他名称。

```
1  >>> ds =driver.CreateDataSource('xx_test.shp')
2  >>> layer=ds.CreateLayer('test',geom_type=ogr.wkbPoint)
```

若想添加一个新字段，则只能在图层对象 layer 里添加，且保证 layer 里没有数据。若添加的字段是字符串，还需要设定宽度。

```
1  >>> fieldDefn = ogr.FieldDefn( 'id',ogr.OFTString)
2  >>> fieldDefn.SetWidth(4)
3  >>> layer.CreateField(fieldDefn)
4  Warning 6: Normalized/laundered field name: 'id' to 'id_1'
5  0
```

若想添加一个新的要素，则首先得完成上一步，把字段 field 添加完整。然后从 layer 中读取相应的要素类型，并创建新的要素：

```
1  >>> featureDefn = layer.GetLayerDefn()
2  >>> feature = ogr.Feature(featureDefn)
```

设定几何形状:

```
1  >>> point = ogr.Geometry(ogr.wkbPoint)
2  >>> point.SetPoint(0,123,123)
3  >>> feature.SetGeometry(point)
4  0
```

设定某字段数值:

```
1  >>> feature.SetField('id', 23)
```

将 feature 写入 layer 中:

```
1  >>> layer.CreateFeature(feature)
2  0
```

最后从内存中清除 ds, 将数据写入磁盘中。

```
1  >>> ds.Destroy()
```

特别注意: Destroy() 不能省略, Destroy() 除了能销毁数据还具有将数据写入磁盘的作用。如果没有此命令, 那么刚才创建的一系列要素就不会被写入磁盘文件。

2. 删除矢量数据

在创建矢量数据之前应先判断这个要被创建的文件 (filename) 是否存在, 存在的话会导致创建数据源出错。若存在的话, 则需使用其他文件名, 或将已存在的矢量数据直接删除。

大多数的 GIS 数据格式, 如 Shapefile, MapInfo TAB 等, 都不是单一的文件。像 Shapefile, 除了最基本的 shp 文件, 还有保存属性的 dbf 文件。因此, 在删除 GIS 数据时, 可使用 os 模块删除, 不过需要查找相关的文件进行全部删除, 较之 OGR 的删除数据函数 DeleteDataSource() 要烦琐得多。

```
1  >>> import os
2  >>> out_shp='/tmp/xx_shp_by_ogr.shp'
3  >>> if os.path.exists(out_shp):
4  ...        driver.DeleteDataSource(out_shp)
5  >>> dir(out_shp)
```

3.3.2　使用 OGR 创建要素几何形状

创建空的几何形状对象: ogr.Geometry。不同的几何形状定义的方法也是不同的 (点、线、面等)。OGR 中提供了各种类型, 常用的有 ogr.wkbPoint、ogr.

wkbLineString、ogr.wkbPolygon。在创建这三种不同要素时，还需要注意使用的格式。

下面来看一下 OGR 中都定义了哪些几何类型（表 3.2）。

表 3.2　OGR 中定义的几何类型

OGR 关键字	名称	编码值
wkbUnknown	未知类型	0
wkbPoint	点	1
wkbLineString	线	2
wkbPolygon	多边形	3
wkbMultiPoint	复合点	4
wkbMultiLineString	复合线	5
wkbMultiPolygon	复合多边形	6
wkbGeometryCollection	几何形状集合	7
wkbNone	无	100
wkbLinearRing	线环	101
wkbPoint25D	2.5 维点	0x80000001
wkbLineString25D	2.5 维线	0x80000002
wkbPolygon25D	2.5 维多边形	0x80000003
wkbMultiPoint25D	2.5 维复合点	0x80000004
wkbMultiLineString25D	2.5 维复合线	0x80000005
wkbMultiPolygon25D	2.5 维复合多边形	0x80000006
wkbGeometryCollection25D	2.5 维几何形状集合	0x80000007

1. 创建点状要素

下面来看一下如何创建一个点。注意，此时只是在内存中将对象创建出来，与文件没有关系。

创建点状要素时使用方法 AddPoint $(x, y, [z])$。其中的 z 坐标一般是省略的，默认值是 0。例如：

```
1  >>> from osgeo import ogr
2  >>> point=ogr.Geometry(ogr.wkbPoint)
3  >>> point.AddPoint(10,20)
4  >>> print(point)
5  POINT (10 20 0)
```

注意，若向 point 中添加多个点，则不会出错，其结果只会是最后添加的点。

2. 创建线状要素

创建线的方法与创建点的方法基本一致。但与点不同的是，线需要添加多个点。

使用 AddPoint(x, y, z) 添加点，使用 SetPoint(index, x, y, z) 更改点的坐标。其中参数 z 是可选的，默认值为 0。

下面这段代码，先使用了两个点来创建线状要素：

```
>>> from osgeo import ogr
>>> line=ogr.Geometry(ogr.wkbLineString)
>>> line.AddPoint(10,10)
>>> line.AddPoint(20,20)
>>> print (line)
LINESTRING (10 10 0,20 20 0)
```

使用线对象的 SetPoint() 修改点坐标，例如：

```
>>> line.SetPoint(0, 1,2)
>>> print (line)
LINESTRING (1 2 0,20 20 0)
```

另外，还有一些其他有用的函数，如统计所有点的数量：

```
>>> print(line.GetPointCount())
2
```

又如，读取 0 号点的 x 坐标和 y 坐标：

```
>>> print(line.GetX(0))
10.0
>>> print(line.GetY(0))
10.0
```

3. 创建线环

创建线环与创建线的方法类似，先创建一个线环对象，然后逐个添加点：

```
>>> ring=ogr.Geometry(ogr.wkbLinearRing)
>>> ring.AddPoint(0,0)
>>> ring.AddPoint(100,0)
>>> ring.AddPoint(100,100)
>>> ring.AddPoint(0,100)
```

在结尾处，用命令 CloseRings 闭合线环，或者设定最后一个点坐标与第一个点相同，来闭合线环：

```
>>> ring.CloseRings()
>>> print(ring)
LINEARRING (0 0 0,100 0 0,100 100 0,0 100 0,0 0 0)
```

可以看出，最后点坐标与起始点坐标是一致的。

4. 创建多边形

创建多边形（polygon）要素与创建点或线的区别较大。创建多边形，首先要创建线环，然后把线环添加到多边形中。下面是创建多边形的例子，它由两层线环构成。先创建外层线环：

```
1  >>> outring=ogr.Geometry(ogr.wkbLinearRing)
2  >>> outring.AddPoint(0,0)
3  >>> outring.AddPoint(100,0)
4  >>> outring.AddPoint(100,100)
5  >>> outring.AddPoint(0,100)
6  >>> outring.AddPoint(0,0)
```

这里将最后点坐标设置得与起始点相同，来闭合线环，然后创建内部线环：

```
1  >>> inring=ogr.Geometry(ogr.wkbLinearRing)
2  >>> inring.AddPoint(25,25)
3  >>> inring.AddPoint(75,25)
4  >>> inring.AddPoint(75,75)
5  >>> inring.AddPoint(25,75)
6  >>> inring.CloseRings()
```

创建完内、外两个线环，接着开始创建多边形对象 polygon：

```
1  >>> polygon = ogr.Geometry(ogr.wkbPolygon)
```

最后依次将外层线环 outring 与内层线环 inring 添加到多边形对象中：

```
1  >>> polygon.AddGeometry(outring)
2  0
3  >>> polygon.AddGeometry(inring)
4  0
```

若查看多边形有几个线环，则可运行下列代码：

```
1  >>> polygon.GetGeometryCount()
2  2
```

对于多边形对象，无法直接输出坐标，而是先获取几何对象，也就是线环。从多边形对象中读取线环，线环索引（index）的顺序与创建多边形时的顺序相同。

```
1  >>> outring2=polygon.GetGeometryRef(0)
2  >>> inring2=polygon.GetGeometryRef(1)
```

```
3  >>> print(outring2)
4  LINEARRING (0 0 0,100 0 0,100 100 0,0 100 0,0 0 0)
5  >>> print(inring2)
6  LINEARRING (25 25 0,75 25 0,75 75 0,25 75 0,25 25 0)
```

5. 创建复合几何形状

运用 AddGeometry 方法，可以将普通的几何形状添至复合几何形状（如 MultiPoint、MultiLineString、MultiPolygon）中：

```
1  >>> multipoint=ogr.Geometry(ogr.wkbMultiPoint)
2  >>> point=ogr.Geometry(ogr.wkbPoint)
3  >>> point.AddPoint(10,10)
4  >>> multipoint.AddGeometry(point)
5  0
6  >>> point.AddPoint(20,20)
7  >>> multipoint.AddGeometry(point)
8  0
```

读取 MultiGeometry 的几何形状，其方法与多边形中读取线环是一样的，因此多边形是一种内置的 MultiGeometry。

注意：不要删除一个已存在的要素几何形状（feature geometry），因为它可能会导致 Python 崩溃。可以删除脚本运行期间创建的几何形状，这个几何形状可能是手动创建的，也可能是调用其他函数自动创建的；就算这个几何形状已经创建了其他要素，还是可以删除它的。

3.3.3 使用 WKT 创建数据集的几何形状

对于创建几何形状来讲，WKT 是比较直观的。WKT 是最简单的字符串格式，而且 Python 提供了大量的函数来处理字符串。使用 WKT 创建矢量数据集与复制创建数据集的基本步骤是一致的。首先创建驱动（driver），按照顺序依次创建数据源、图层、要素。

1. 创建点数据集

要生成点数据集，首先要创建数据源，以及图层：

```
1  >>> from osgeo import ogr
2  >>> import os
3  >>> extfile='xx_data_pt.shp'
4  >>> driver=ogr.GetDriverByName("ESRI Shapefile")
5  >>> if os.access(extfile, os.F_OK):
```

```
6  >>>       driver.DeleteDataSource(extfile)
7  >>> newds=driver.CreateDataSource(extfile)
8  >>> lyrn=newds.CreateLayer('point', None, ogr.wkbPoint)
```

创建了图层后，需要一些基本的设置，如创建字段以保存属性：

```
1  >>> fieldcnstr=ogr.FieldDefn("id", ogr.OFTInteger)
2  >>> lyrn.CreateField(fieldcnstr)
3  >>> fieldf=ogr.FieldDefn("name", ogr.OFTString)
4  >>> lyrn.CreateField(fieldf)
```

然后使用循环语句来生成点状要素数据：

```
1  >>> point_coors_arr = [[1, 0], [2, 0], [3, 0], [4, 0]]
2  >>> for idx, point_coors in enumerate(point_coors_arr):
3  >>>     wkt='POINT (%f %f)' % (point_coors[0],point_coors[1])
4  >>>     geom = ogr.CreateGeometryFromWkt(wkt)
5  >>>     feat = ogr.Feature(lyrn.GetLayerDefn())
6  >>>     feat.SetField('id', idx)
7  >>>     feat.SetField('name', 'ID{0}'.format(idx))
8  >>>     feat.SetGeometry(geom)
9  >>>     lyrn.CreateFeature(feat)
10 >>> newds.Destroy()
```

2. 创建线数据集

再继续看一下创建线数据集的代码：

```
1  >>> extfile = 'xx_data_line.shp'
2  >>> driver = ogr.GetDriverByName("ESRI Shapefile")
3  >>> if os.access(extfile, os.F_OK):
4  >>>     driver.DeleteDataSource(extfile)
5  >>> newds = driver.CreateDataSource(extfile)
6  >>> lyrn = newds.CreateLayer('line', None, ogr.wkbLineString)
7  >>> lyrn.CreateField(fieldcnstr)
8  >>> lyrn.CreateField(fieldf)
```

然后同样使用循环语句来创建线要素。注意下面代码第 3 行的坐标格式：不同点坐标之间用“,”隔断，坐标的不同维度用空格隔断。

```
1  >>> point_coors_arr=[[0, 0, 1, 2, 3, -2, 6, 0]]
2  >>> for idx, point_coors in enumerate(point_coors_arr):
```

```
3   >>>        wkt='LINESTRING(%f %f, %f %f, %f %f, %f %f)' % (
4   >>>            point_coors[0], point_coors[1], point_coors[2],
5   ...            point_coors[3], point_coors[4], point_coors[5],
6   >>>            point_coors[6], point_coors[7])
7   >>>        geom=ogr.CreateGeometryFromWkt(wkt)
8   >>>        feat=ogr.Feature(lyrn.GetLayerDefn())
9   >>>        feat.SetField('id', idx)
10  >>>        feat.SetField('name', 'line_one')
11  >>>        feat.SetGeometry(geom)
12  >>>        lyrn.CreateFeature(feat)
13  >>> newds.Destroy()
```

3. 创建多边形数据集

创建多边形数据集，首先也要建立数据源、图层及相应字段。注意代码第 6 行为创建多边形图形。

```
1   >>> extfile='xx_data_poly.shp'
2   >>> driver=ogr.GetDriverByName("ESRI Shapefile")
3   >>> if os.access(extfile, os.F_OK):
4   >>>     driver.DeleteDataSource(extfile)
5   >>> newds=driver.CreateDataSource(extfile)
6   >>> lyrn=newds.CreateLayer('polygon', None, ogr.wkbPolygon)
7   >>> lyrn.CreateField(fieldcnstr)
8   >>> lyrn.CreateField(fieldf)
```

然后建立 3 个多边形的 WKT 表达式，分别生成多边形要素：

```
1   >>> wkt_poly_1='POLYGON((2 1, 12 1, 12 4,2 4,2 1))'
2   >>> wkt_poly_2='POLYGON((4 1, 8 1, 8 3, 4 3, 4 1))'
3   >>> wkt_poly_3='POLYGON((8 4, 10 4, 10 5, 8 5, 8 4))'
4   >>> point_coors_arr=[wkt_poly_1, wkt_poly_2, wkt_poly_3]
```

通过 CreateGeometryFromWkt() 来创建一个矩形形状，并放入要素中，最后调用 Destroy() 函数，将数据写入磁盘，这样就构成了一个矩形的数据集：

```
1   >>> for idx, point_coors in enumerate(point_coors_arr):
2   >>>     wkt=point_coors
3   >>>     geom=ogr.CreateGeometryFromWkt(wkt)
4   >>>     feat=ogr.Feature(lyrn.GetLayerDefn())
5   >>>     feat.SetField('id', idx)
```

```
6  >>>      feat.SetField('name', 'poly_{idx}'.format(idx=idx))
7  >>>      feat.SetGeometry(geom)
8  >>>      lyrn.CreateFeature(feat)
9  >>> newds.Destroy()
```

3.3.4　使用 OGR 复制方法创建新的 Shapefile

前面介绍了使用 OGR 创建数据的一般方法。在实际使用时很多情况下是使用已有的数据来创建新的数据。使用 OGR 复制方法创建新的矢量数据集与数据读取的顺序相关。

在 OGR 的矢量数据模型中，矢量数据包括数据源、图层、要素三个层次。在这三个层次上，OGR 均有不同的复制数据的方法。

1. 在数据源层次复制数据

以世界各国边界的数据作为示例，运用下列语句来创建完全相同的另一套数据。首先建立要生成的 Shapefile：

```
1  >>> from osgeo import ogr
2  >>> import os,math
3  >>> inshp='/gdata/GSHHS_c.shp'
4  >>> ds=ogr.Open(inshp)
5  >>> driver=ogr.GetDriverByName("ESRI Shapefile")
6  >>> outputfile='/tmp/xx_GSHHS_copy1.shp'
7  >>> if os.access(outputfile, os.F_OK):
8  ...      driver.DeleteDataSource(outputfile)
```

这里使用了 CopyDataSource() 的方法来对数据进行复制。这个函数的第一个参数是要进行复制的数据源，第二个参数是要生成的数据路径，并且返回一个指针。为了将数据写入磁盘，必须使用 Release() 函数来释放此数据。

```
1  >>> pt_cp=driver.CopyDataSource(ds, outputfile)
2  >>> pt_cp.Release()
```

2. 在图层层次复制数据

下面在图层层次来完成复制数据的工作。同样先建立要生成的 Shapefile，已经存在的话则先删除掉：

```
1  >>> outputfile = '/tmp/xx_GSHHS_copy2.shp'
2  >>> if os.access(outputfile, os.F_OK):
3  >>>      driver.DeleteDataSource(outputfile)
```

　　　若想对图层进行复制，首先得有数据源。使用 newds 的 CopyLayer() 方法对图层进行复制，来创建 newds 数据源。CopyLayer() 的第一个参数是 OGR 的图层对象，第二个参数是要生成图层的名称。对于 Shapefile 来说，这个名称是没有用的，但必须给这个字符串赋值。下面是 CopyLayer() 的具体代码：

```
1 >>> newds = driver.CreateDataSource(outputfile)
2 >>> layer = ds.GetLayer()
3 >>> pt_layer = newds.CopyLayer(layer, 'abcd')
4 >>> newds.Destroy()
```

　　　看一下结果：

```
1 >>> dir(pt_layer)
2 ['AlterFieldDefn', 'Clip', 'CommitTransaction', 'CreateFea ...]
```

　　　3. 在要素层次复制数据

　　　下列语句是在要素层次复制数据的方法，要素数据需要在获取图层后进行遍历。先建立要生成的 Shapefile，要写入的数据对象，以及新的图层：

```
1 >>> outputfile='/tmp/xx_GSHHS_copy3.shp'
2 >>> if os.access( outputfile, os.F_OK ):
3 ...       driver.DeleteDataSource( outputfile )
4 >>> newds=driver.CreateDataSource(outputfile)
5 >>> layernew=newds.CreateLayer('worldcopy',None,
6 ... ogr.wkbLineString)
```

　　　然后对要素进行遍历，逐个复制到要写入的图层中：

```
1 >>> layer=ds.GetLayer()
2 >>> feature=layer.GetNextFeature()
3 >>> while feature is not None:
4 ...       layernew.CreateFeature(feature)
5 ...       feature=layer.GetNextFeature()
6 >>> newds.Destroy()
```

3.3.5　OGR 属性字段的定义与使用

　　　GIS 数据除了有图形要素，还有更重要的属性数据。其实 GIS 数据的属性可以理解为关系型数据库。只不过在这个关系型数据库中，有一列特定的索引值，且数据库中的记录与图形对象也是一一对应的。

1. 在 OGR 中定义属性字段与赋值

OGR 定义字段与数据库类型时，首先需要看一下都有哪些字段类型（表 3.3）。

表 3.3 OGR 中定义的字段类型

枚举值	类型	位数	编码值
OFTInteger	整型	32 位整型	0
OFTIntegerList	整型列表	32 位整型	1
OFTReal	实数型	双精度浮点型	2
OFTRealList	实数型列表	双精度浮点型	3
OFTString	字符串	ASCII 字符	4
OFTStringList	字符串列表	ASCII 字符串数组	5
OFTWideString	宽字符串	不再使用	6
OFTWideStringList	宽字符串列表	不再使用	7
OFTBinary	二进制型	原始的二进制数据	8
OFTDate	日期型	—	9
OFTTime	时间型	—	10
OFTDateTime	日期时间型	—	11

给矢量数据添加属性，首先定义表头，也就是定义字段，需要强调的是，定义一个字段需要先定义其字段描述（包括字段的名称与类型），然后将这个字段描述创建到图层中。有了表头，就可以使用 SetField() 方法在输入要素时添加属性表内容。若使用中文的字段值，请注意字符串字段的宽度，若超出宽度，则显示内容就会出现问题。

2. 定义矢量数据字段

创建的要素定义中没有要素的时候才可以调用 SetField 方法。下面看一下具体的代码来了解一下过程。

首先创建数据源，如果存在则先删除掉：

```
1 >>> import os
2 >>> from osgeo import ogr
3 >>> driver=ogr.GetDriverByName("ESRI Shapefile")
4 >>> extfile='/tmp/rect3.shp'
5 >>> if os.access(extfile, os.F_OK):
6 ...     driver.DeleteDataSource(extfile)
```

然后创建数据源与图层：

```
1 >>> newds=driver.CreateDataSource(extfile)
2 >>> layernew=newds.CreateLayer('rect3',None,ogr.wkbPolygon)
```

上面部分在前面都介绍过了，接下来声明两个字段定义。一个是字符串型的，字段名称为 name；一个是浮点型的，字段名称为 area。

```
1  >>> fieldcnstr=ogr.FieldDefn("name",ogr.OFTString)
2  >>> fieldcnstr.SetWidth(36)
3  >>> fieldf=ogr.FieldDefn("area",ogr.OFTReal)
```

在声明了字段定义之后，就可以通过 CreateField() 函数来给矢量数据添加字段。通过 GetLayerDefn() 函数获取图层定义，可以了解一些信息，如字段数目：

```
1  >>> layernew.CreateField(field_name)
2  >>> layernew.CreateField(field_area)
3  >>> laydef=layernew.GetLayerDefn()
4  >>> laydef.GetFieldCount()
5  2
```

上面的结果表明矢量数据中已经有了两个字段。若此时查看这个 Shapefile，可以看出输出的图层属性表中并无内容。需要最后通过下面的语句关闭数据以将内存中的操作写入文件。

```
1  >>> newds.Destroy()
```

3.3.6   OGR 中投影的处理方法

上述 CreateLayer 的第二个参数是 None，它是一个空间参考（spatial reference）。添加了空间参考，才能依据这些数字在地图上定位。

1. 获取投影

在 Python 中，投影定义在 SpatialReference 类。可以从图层和几何要素中读取投影（projections）：

```
1  >>> from osgeo import ogr
2  >>> ds = ogr.Open('/gdata/region_popu.shp')
3  >>> layer = ds.GetLayer(0)
4  >>> spatialRef = layer.GetSpatialRef()
5  >>> print(spatialRef)
6  PROJCS["WGS 84 / Pseudo-Mercator",
7      GEOGCS["WGS 84",
8          DATUM["WGS_1984",
9              SPHEROID["WGS 84",6378137,298.257223563,
10                 AUTHORITY["EPSG","7030"]],
11             AUTHORITY["EPSG","6326"]],
```

```
12      PRIMEM["Greenwich",0,
13          AUTHORITY["EPSG","8901"]],
14      UNIT["degree",0.0174532925199433,
15          AUTHORITY["EPSG","9122"]],
16      AUTHORITY["EPSG","4326"]],
17  ... ...
```

Shapefile 的投影信息一般存储在.prj 文件中，如果没有这个文件，则上述函数生成结果为 None。

2. 创建投影

建立一个新的投影的方法如下：首先导入 OSR 库，使用 osr.Spatial-Reference() 创建 SpatialReference 对象，再向 SpatialReference 对象传递投影信息。

创建空间参考最简单的办法是用 ImportFromWkt() 方法导入 WKT 格式的字符串。假设已有 WKT，创建一个空间参考：

```
1  >>> from osgeo import osr
2  >>> wkt=spatialRef.ExportToWkt()
3  >>> spatial=osr.SpatialReference()
4  >>> spatial.ImportFromWkt(wkt)
5  0
```

最后用 spatial 代替 CreateLayer() 的第二个参数 None，完成建立空间参考的矢量数据投影。

3. 对矢量数据进行投影变换

对矢量数据的几何要素进行投影变换，首先定义目标投影：

```
1  >>> targetSR=osr.SpatialReference()
2  >>> targetSR.ImportFromEPSG(4326) #Geo WGS84
3  0
```

接着再创建一个 CoordinateTransformation 对象用于投影变换。类方法 CoordinateTransformation() 调用了源投影与目标投影两个参数。

```
1  >>> coordTrans=osr.CoordinateTransformation(spatial, targetSR)
```

然后获取图层的几何要素：

```
1  >>> feature=layer.GetFeature(0)
2  >>> geom=feature.GetGeometryRef()
```

```
3  >>> geom.ExportToWkt()
4  'POLYGON
       ((12988232.1 5018258.5,12988331.2 5018252.6,12988401.2 ...
```

使用几何要素的 `Transform()` 方法进行投影变换，参数是前面定义的投影变换对象。最后将坐标结果输出，可以看到几何坐标变换到经纬度坐标的范围内。

```
1  >>> geom.Transform(coordTrans)
2  0
3  >>> geom.ExportToWkt()
4  'POLYGON ((116.675274091218 41.0401019977527,116.676164321664 ...
5  >>>
```

另外还需要注意：要在适当的时候编辑几何形状，投影变换后最好不要再修改几何要素。若一个数据源里面的所有几何要素都要进行投影变换，则可以用循环语句。

如果需要将投影写入 .prj 文件，那么可以用 `MorphToESRI()` 方法将空间参考转换成字符串，再写入文件：

```
1  >>> targetSR.MorphToESRI()
2  0
3  >>> file=open('/tmp/test.prj', 'w')
4  >>> file.write(targetSR.ExportToWkt())
5  143
6  >>> file.close()
```

3.4　根据条件选择数据

本节介绍如何根据属性与空间关系来选择数据。OGR 中使用 Filter 来表达这种功能。Filter 并没有统一译文，本书将之译为择舍器。

3.4.1　根据属性条件选择与生成要素

根据属性选择数据库记录是数据库应用中必不可少的一项功能。地理数据也是如此，例如，筛选人口在百万以上的城市、面积在百万平方千米以上的国家等。

1. 根据属性条件选择要素

OGR 的图层对象中有 `SetAttributeFilter(<where_clause>)` 方法，可根据属性将图层中符合某一条件的要素选择出来。首先打开数据，并查看原始数据中要素的数目：

```
1  >>> from osgeo import ogr
2  >>> import os
3  >>> shpfile='/gdata/GSHHS_h.shp'
4  >>> ds=ogr.Open(shpfile)
5  >>> layer=ds.GetLayer(0)
6  >>> layer.GetFeatureCount()
7  153113
```

再使用 Filter 选择面积在 180 万平方千米以上的斑块（这里使用了 AREA 字段，这个字段是已经在 Shapefile 中添加完成的）。

```
1  >>> layer.SetAttributeFilter("AREA < 1800000")
2  0
3  >>> lyr_count=layer.GetFeatureCount()
4  >>> print(lyr_count)
5  1790
```

最后输出图层要素数目时，根据筛选后的结果，数据量也随之变少。

2. 根据属性条件生成要素

筛选要素的目的并不是简单地查看一下数目，而是要将此数据保存，以便后期使用。

首先创建新的数据源与图层：

```
1  >>> driver = ogr.GetDriverByName("ESRI Shapefile")
2  >>> extfile = '/tmp/xx_filter_attr.shp'
3  >>> if os.access(extfile, os.F_OK):
4  ...       driver.DeleteDataSource(extfile)
5  ...
6  >>> newds = driver.CreateDataSource(extfile)
7  >>> lyrn = newds.CreateLayer('rect', None, ogr.wkbPolygon)
```

请仔细查看以下代码。注意，它可在不同的层次上生成矢量数据。

设定了 Filter 之后用 GetNextFeature() 方法依次筛选出符合条件的要素，并复制到新的图层对象 lyrn 中。

```
1  >>> feat = layer.GetNextFeature()
2  >>> while feat is not None:
3  ...       lyrn.CreateFeature(feat)
4  ...       feat = layer.GetNextFeature()
5  ... newds.Destroy()
```

图 3.2 是根据筛选结果数据进行制图后的结果。这一幅地图只包含了面积小于 180 万平方千米的图斑。

图 3.2   使用面积属性选择的数据结果

3.4.2   空间择舍器

如果说按照属性筛选要素带有关系型数据库特征，那么根据空间位置的筛选就是 GIS 的空间操作了。OGR 中使用了空间择舍器（spatial filter）这一术语表征这一功能。

OGR 提供的空间择舍器有两种：一种是 SetSpatialFilter(<geom>)，选择某一类型的要素，如参数中的多边形，效用就是选出图层中的所有被多边形覆盖的要素（注意，只要相交即可，不必完全包含）；另外一种是使用 SetSpatialFilter-Rect()，直接在代码中给出矩形框来选择。

1. 使用其他矢量数据进行选择

下面这段代码用了两套数据。GSHHS_h.shp 是全球水陆界线数据，spatial_filter.shp 是覆盖了墨西哥湾东部地区部分岛屿的一个多边形数据。

（1）定义一个根据图层直接生成 Shapefile 的函数，方便后面调用。

```
1  >>> import os
2  >>> from osgeo import ogr
3  >>> def create_shp_by_layer(shp, layer):
4  ...     outputfile=shp
5  ...     if os.access(outputfile, os.F_OK):
6  ...         driver.DeleteDataSource(outputfile)
7  ...     newds=driver.CreateDataSource ( outputfile )
8  ...     pt_layer=newds.CopyLayer ( layer, '' )
9  ...     newds.Destroy ()
```

（2）打开全球水陆界线数据。

```
1  >>> driver=ogr.GetDriverByName("ESRI Shapefile")
2  >>> world_shp='/gdata/GSHHS_h.shp'
3  >>> world_ds=ogr.Open(world_shp)
4  >>> world_layer=world_ds.GetLayer(0)
```

（3）查看一下 Shapefile 中空间要素的数目。

```
1  >>> world_layer.GetFeatureCount()
2  153113
```

（4）打开 spatial_filter.shp 文件，并获取多边形要素。这个多边形用来进行空间选择。

```
1  >>> cover_shp='/gdata/spatial_filter.shp'
2  >>> cover_ds=ogr.Open(cover_shp)
3  >>> cover_layer=cover_ds.GetLayer(0)
4  >>> cover_feats=cover_layer.GetNextFeature()
5  >>> poly=cover_feats.GetGeometryRef()
```

（5）使用多边形 poly 来筛选全球水陆界线数据中的结果。

```
1  >>> world_layer.SetSpatialFilter(poly)
```

（6）查看现在要素的数目。可以发现进行空间选择后，被选中的要素少了很多。

```
1  >>> world_layer.GetFeatureCount()
2  2466
```

（7）根据选择的结果生成 Shapefile 并保存。

```
1  >>> out_shp='/tmp/world_cover.shp'
2  >>> create_shp_by_layer(out_shp, world_layer)
```

结果如图 3.3 所示。

图 3.3　使用空间数据选择的结果

2. 使用矩形参数来选择数据

除了使用矢量数据，还可以直接使用矩形参数来对数据进行空间选择。这个功能用到 SetSpatialFilterRect() 函数，可输入四个坐标作为参数（minx，miny，maxx，maxy）来选择矩形内的要素。

空间选择会对后续操作产生影响，这一点一定要注意。为了避免前面步骤的影响，一种方法是将数据重新打开来使用新的对象进行处理；另外一种方法是将 None 作为参数传递给 SetSpatialFilter() 来清空空间择舍器。

```
1  >>> world_layer.SetSpatialFilter(None)
2  >>> world_layer.GetFeatureCount()
3  153113
```

查看输出图层要素的数目，这与最开始打开数据时查看的是一样的。然后使用函数 SetSpatialFilterRect() 进行空间选择。这里使用的参数与 spatial_filter.shp 的范围是一样的。

```
1  >>> world_layer.SetSpatialFilterRect(-83, 16, -62, 23)
2  >>> world_layer.GetFeatureCount()
3  2466
4  >>> out_shp = '/gdata/world_spatial_filter.shp'
5  >>> create_shp_by_layer(out_shp, world_layer)
```

生成的结果与使用矢量数据来选择是一样的（图 3.3）。

3.4.3　在 OGR 中使用 SQL 语句进行查询

属性与空间的筛选可以看作 OGR 的内置功能，这两种功能可以解决大部分实际应用中的问题。但是也有查询条件复杂的情况。针对这种情况，OGR 也提供了灵活的解决方案，即支持 SQL 查询语句。凭借 SQL 的强大功能，可执行更复杂的任务。

此处用到3.4.2节根据图层创建Shapefile的自定义函数create_shp_by_layer()。

```
1  >>> from osgeo import ogr
2  >>> import os
3  >>> def create_shp_by_layer(shp, layer):
4  ...     outputfile=shp
5  ...     if os.access(outputfile, os.F_OK):
6  ...         driver.DeleteDataSource(outputfile)
7  ...     newds=driver.CreateDataSource(outputfile)
8  ...     pt_layer=newds.CopyLayer(layer, '')
9  ...     newds.Destroy()
```

打开 Shapefile, 并读取图层、要素数目:

```
1  >>> driver=ogr.GetDriverByName("ESRI Shapefile")
2  >>> world_shp='/gdata/GSHHS_h.shp'
3  >>> world_ds=ogr.Open(world_shp)
4  >>> world_layer=world_ds.GetLayer()
5  >>> world_layer.GetFeatureCount()
6  3784
```

注意上面的数目, 这是原始数据中要素的数目。然后使用 SQL 语句进行选择:

```
1  >>> world_layer_name=world_layer.GetName()
2  >>> result=world_ds.ExecuteSQL('''
3  ...      SELECT * FROM {lyr} WHERE AREA > 800000
4  ...      '''.format(lyr=world_layer_name))
5  >>> result.GetFeatureCount()
6  1790
```

上面的数目是使用 SQL 语句选择之后结果中要素的数目。上面使用的 SQL 语句与平常的 SQL 语句并无太大区别, 相同点是使用了 SELECT 语句与 WHERE 条件。

```
1  >>> resultFeat=result.GetNextFeature()
2  >>> out_shp='/tmp/sql_res.shp'
3  >>> create_shp_by_layer(out_shp, result)
4  >>> world_ds.ReleaseResultSet(result)
```

上面代码会生成空间数据, 生成的结果与前面的结果一样 (图 3.2)。

最后一句 ReleaseResultSet(result) 是将查询结果从内存释放, 在执行下一条 SQL 语句之前一定要先释放当前的查询结果, 如果不进行释放, 则后面执行的查询会基于当前的检索结果进行。

注意: ExecuteSQL() 是数据集的方法, 而不是图层, 其参数是简单的 SQL 字符串。

3.5　使用 Fiona 读取矢量数据

本节进一步介绍一些使用 Fiona 库来读取矢量数据的方法, 重点了解 Fiona 中矢量数据的模型。与 OGR 相比, Fiona 更加轻量、简洁, 但也存在一些限制。关于写数据的方法, 在本书中不作介绍, 在理解了 Fiona 数据模型后, 写方法还是很容易掌握的。

Fiona 通过 Python 语言对 OGR 进行了封装，使 API 简洁而又灵活。为了在 Python 中使用 Fiona 的功能，需要先安装 GDAL/OGR 库。

Fiona 的设计简单且可靠，在 Python IO 标准风格中它侧重于对数据的读取与写入，且依赖于熟悉的 Python 类型和协议等（如文件、字典、映射、迭代器），而不是特定的 OGR 类。Fiona 能通过多图层 GIS 格式和压缩的虚拟文件系统来读取与写入实际的数据，能与其他 Python GIS 软件，如 PyProj、R-tree、Shapely 较为方便地集成。

3.5.1　Fiona 简介

1. Fiona 的技术特点

Fiona 主要针对矢量数据，它读取的是 GeoJSON 类映射数据记录文件，并以同种映射记录写入。Fiona 理解与使用起来非常简单。Fiona 不分层，没有游标（cursor），没有几何操作，也没有坐标系统之间的转换，不能远程调用，这样的设计旨在避免不必要的错误。

Fiona 用内存与速度换来了简单性和可靠性。在 Python 的 osgeo.ogr 模块使用 C 指针来访问数据，而 Fiona 会复制 Python 对象的数据源，使其在用时更简单、安全、合理，但也会导致系统可用内存减少，使系统资源变得紧张。只是访问一个记录字段，或只是想投影或选择数据文件，Fiona 的性能也会较慢，这种情况下最好还是使用 ogr2ogr 程序。但是如果想要访问记录的所有字段和坐标，则 Fiona 比 Python 更合适些。Fiona 对数据进行复制受到内存大小的限制，但是它可以简化程序。使用 Fiona 时开发者无须追踪内存对象的引用来避免程序的崩溃，可以利用熟悉的 Python 映射访问来处理矢量数据。如果不清楚如何选择 Fiona 或 OGR，那么可以先不考虑性能问题，从 Fiona 用起，毕竟"过早的优化是万恶之源"。

2. 安装 Fiona

Fiona 支持 Python 2.6 以上版本，GDAL/OGR 1.8 以上版本。Fiona 依赖于模块 six、cligj、munch、argparse 和 ordereddict（后两个模块在 Python 2.7 以上版本中为标准模块）。

在 Debian 或 Ubuntu 中安装 Fiona：

```
# aptitude install fiona python3-fiona
```

其中 fiona 是命令行工具。

3. Fiona 命令行接口的使用

Fiona 新的命令行接口程序命名为"fio"。

```
1  Usage: fio [OPTIONS] COMMAND [ARGS]...
2
3    Fiona command line interface.
4
5  Options:
6    -v, --verbose  Increase verbosity.
7    -q, --quiet    Decrease verbosity.
8    --version      Show the version and exit.
9    --help         Show this message and exit.
10
11 Commands:
12   bounds   Print the extent of GeoJSON objects
13   buffer   Buffer geometries on all sides by a fixed distance.
14   cat      Concatenate and print the features of datasets
15   collect  Collect a sequence of features.
16   distrib  Distribute features from a collection
17   dump     Dump a dataset to GeoJSON.
18   env      Print information about the fio environment.
19   filter   Filter GeoJSON features by python expression
20   info     Print information about a dataset.
21   insp     Open a dataset and start an interpreter.
22   load     Load GeoJSON to a dataset in another format.
```

它的开发使用的是 Click 包[①]。

3.5.2 读取矢量数据

本节来看一下如何使用 Fiona 读取矢量数据，并看一下 Fiona 的一些高级特征。

读取 GIS 矢量文件时，可用 Fiona 的 fiona.open() 函数，使用 'r' 参数打开。其中，'r' 为默认参数。返回类型为 fiona.collection.Collection。

```
1  >>> import fiona
2  >>> c=fiona.open('/gdata/GSHHS_c.shp', 'r')
3  >>> c.closed
4  False
```

---

① Click 是 Flask 的团队 Pallets 开发的优秀开源项目，它为命令行工具的开发封装了大量方法，让开发者只需要专注于功能实现。

fiona.open() 方法类似于 Python 的 file，但它返回的是迭代器，而不是文本行。迭代器中的对象可以用 next() 函数访问：

```
1  >>> next(c)
2  {'geometry': {'type': 'Polygon', 'coordinates': [[(107.54 ...
3  >>> len(c)
4  1765
```

对于遍历过的迭代器，不支持查找前面的对象，必须重新打开集合，才可以返回初始部分。

1. 通过索引访问数据

在 Fiona 中可通过索引访问数据。为了更好地展示结果，这里使用了 pprint 模块。pprint 模块提供了可以按照某种格式显示 Python 已知类型数据的方法，这种格式可被解析器解析，并且易于阅读。

```
1  >>> from pprint import pprint
2  >>> with fiona.open('/gdata/GSHHS_c.shp') as src:
3  ...        pprint(src[1])
4  ...
5  {'geometry':
6      {'coordinates': [[(-175.25674999999998, 67.65877800000004),
7          (-173.94502799999998, 66.14458300000007),
8          ... ...
9          (-175.25674999999998, 67.65877800000004)]],
10         'type': 'Polygon'},
11   'id': '1',
12   'properties': OrderedDict([('id', '0-W'),
13                              ('level', 1),
14                              ('source', 'WVS'),
15                              ('parent_id', -1),
16                              ('sibling_id', 0),
17                              ('area', 50654050.6945),
18                              ('Shape_Leng', 35.449657588),
19                              ('Shape_Area', 23.4436324542)]),
20   'type': 'Feature'}
```

2. 关闭文件

fiona.collection.Collection 包含外部资源，除非用 with statement 明确

关闭对象，否则不能保证资源会被释放。当打开的对象处于上下文管理器时，无论发生什么（是否有异常发生），都会被关闭。

```
1   >>> try:
2   ...     with fiona.open('/gdata/GSHHS_c.shp') as c:
3   ...         print(len(list(c)))
4   ... except:
5   ...     print(c.closed)
6   ...     raise
7   ...
8   1765
```

3. 格式驱动与数据属性

除了类似文件的（name, mode, closed）属性，Fiona 对象有一个只读的 driver 属性，这个值是 OGR 读取数据时的格式驱动。

```
1   >>> c=fiona.open('/gdata/GSHHS_c.shp')
2   >>> c.driver
3   'ESRI Shapefile'
```

矢量数据集的 CRS（coordinate reference system ）可通过只读的 crs 属性来访问。由于数据集空间参考的多样性，可能会出现不同的结果。

```
1   >>> c.crs
2   {'init': 'epsg:4326'}
```

crs 属性返回的是将 PROJ.4 参数映射为字典的结果。fiona.crs 模块共有 3 个函数，以协助完成这些映射。fiona.crs.to_string() 函数将字典转换为 PROJ.4 格式的字符串：

```
1   >>> from fiona.crs import to_string
2   >>> to_string(c.crs)
3   +init=epsg:4326
```

fiona.crs.from_string() 函数可以完成逆变换。

```
1   >>> from fiona.crs import from_string
2   >>> from_string(
3   ...     "+datum=WGS84 +ellps=WGS84 +no_defs +proj=longlat")
4   {'datum':'WGS84','proj':'longlat','ellps':'WGS84','no_defs':True}
```

fiona.crs.from_epsg 是 EPSG 代码 CRS 映射的一个快捷方式。

```
1 >>> from fiona.crs import from_epsg
2 >>> from_epsg(3857)
3 {'no_defs': True, 'init': 'epsg:3857'}
```

可通过 Python 的 len() 函数获取数据集中要素的数目。

```
1 >>> len(c)
2 1765
```

数据集的范围（或者是最小外包矩形）可通过只读的 bounds 属性来获取。

```
1 >>> c.bounds
2 (-180.0, -89.99999999999, 180.00000000000, 83.53036100000)
```

3.5.3 Fiona 的数据模型

Fiona 中的数据模型（矢量文件是单一类型记录）可通过只读的 schema 属性访问。它有"几何"和"属性"参数。前者是一个字符串，后者是一个有序的字典类型，且具有相同命令的参数。

```
1  >>> from pprint import pprint
2  >>> import fiona
3  >>> c=fiona.open('/gdata/GSHHS_c.shp')
4  >>> pprint(c.schema)
5  {'geometry': 'Polygon',
6   'properties': OrderedDict([('id', 'str:80'),
7                              ('level', 'int:10'),
8                              ('source', 'str:80'),
9                              ('parent_id', 'int:10'),
10                             ('sibling_id', 'int:10'),
11                             ('area', 'float:19.11'),
12                             ('Shape_Leng', 'float:19.11'),
13                             ('Shape_Area', 'float:19.11')])}
```

Fiona 简化了数据库中记录的模型。记录由字典组成，与数据集相比多了 id 键与 type 键；数据集与单条记录的 properties 键一致。

```
1 >>> rec=next(c)
2 >>> set(rec.keys()) - set(c.schema.keys())
3 {'type', 'id'}
4 >>> set(rec['properties'].keys())==set(
5 ...     c.schema['properties'].keys())
6 True
```

1. 字段类型

在 Fiona 中，字段的命名、类型符合 Python 的设计理念。Fiona 记录的是 Unicode 字符串，其字段类型均为 str。

```
1  >>> type(rec['properties']['source'])
2  <class 'str'>
3  >>> c.schema['properties']['source']
4  'str:80'
```

字符串字段可限制最大宽度。str:80 设置的就是长度不可以超过 80 位。在 Fiona 中默认宽度为 80 个字符，这意味着 str 和 str:80 是一样的。

Fiona 还有一个函数 prop_width() 可获取字符串属性宽度：

```
1  >>> from fiona import prop_width
2  >>> prop_width('str:25')
3  25
4  >>> prop_width('str')
5  80
```

另一个函数 prop_type() 可以获取 Python 属性类型。

```
1  >>> from fiona import prop_type
2  >>> prop_type('int')
3  <class 'int'>
4  >>> prop_type('float')
5  <class 'float'>
6  >>> prop_type('str:25')
7  <class 'str'>
```

以上的例子全都针对 Python 3。在 Python 2 中针对某些字段类型可能会稍有不同。

2. 几何类型

Fiona 支持 GeoJSON 和三维几何类型，几何元素的类型值：点、线、多边形、复合点、复合线、复合多边形、混合数据类型、三维点、三维线、三维面、复合三维点、复合三维线、复合三维面、三维混合数据类型。

后面七个三维类型只适用于集合模式。几何要素类型基本对应的是七个三维类型中的第一个三维类型。

注意，最常见的矢量数据格式 ESRI Shapefile 没有区分"复合线"或"复合多边形"的数据结构。因此，一个 Shapefile "多边形"可以是"多边形"，也可以是

"复合多边形"。

3. 读取记录

Fiona 的数据结构具有自明性，其字段的命名包含在数据结构和字段中，与 GeoJSON 数据结构相似。数值字段的值类型就是 int 和 float，不会用字符串表达，比如下面打印出来的坐标值与属性值。

```
>>> c=fiona.open('/gdata/GSHHS_c.shp')
>>> rec=c.next()
>>> pprint(rec)
{'geometry': {'coordinates': [[(107.544833000, 76.914028000),
                               (106.533222000, 76.499556000),
                               (111.093417000, 76.765389000),
                               (113.934917000, 75.835000000),
        ... ...

                               (160.055556000, 54.737778000)]],
             'type': 'Polygon'},
 'id': '0',
 'properties': OrderedDict([('id', '0-E'),
                            ('level', 1),
                            ('source', 'WVS'),
                            ('parent_id', -1),
                            ('sibling_id', 0),
                            ('area', 50654050.6945),
                            ('Shape_Leng', 2284.13578022),
                            ('Shape_Area', 6280.55928902)]),
 'type': 'Feature'}
```

此条数据记录与本源或其他外部资源的 fiona.collection 无关。它是完全独立的，使用任何方式都很安全。关闭集合并不影响数据记录。

```
>>> c.close()
>>> rec['id']
'0'
```

4. 记录 ID

每一条记录都有 ID 号。根据 GeoJSON 规范，在数据文件中每个字符串都有相对应且唯一的 ID 值（使用 'id' 获取）。

```
1 >>> c=fiona.open('/gdata/GSHHS_c.shp')
2 >>> rec=next(c)
3 >>> rec['id']
4 '0'
```

在 OGR 模型中，ID 号是长整数。因此在记录整数索引时，通常以字符串为表示形式。

5. 记录属性

每条记录都有其属性，其对应值就是一个映射，任一有序的库的映射值都是特别精确的。映射属性与同源属性集的模式相同。

```
1 >>> pprint(rec['properties'])
2 OrderedDict([('id', '0-E'),
3              ('level', 1),
4              ('source', 'WVS'),
5              ('parent_id', -1),
6              ('sibling_id', 0),
7              ('area', 50654050.6945),
8              ('Shape_Leng', 2284.13578022),
9              ('Shape_Area', 6280.55928902)])
```

6. 几何记录

每条记录都有几何属性，其对应值是类型与坐标映射。

```
1 >>> pprint(rec['geometry'])
2 {'coordinates': [[(107.54483300000004, 76.91402800000003),
3                   (106.53322200000008, 76.49955600000004),
4                   ... ...
5                   (160.05555600000002, 54.73777800000005)]],
6  'type': 'Polygon'}
```

Fiona 类似于 GeoJSON 格式，既有方向（正值为东方、北方），又有笛卡儿的平面坐标。坐标的顺序是经–纬，而不是纬–经，与 GeoJSON 规范保持一致。上面出现的元组值 (x, y)，要么是本初子午线的经度、纬度，要么是其他投影坐标系统（东、北）。

第4章 空间参考与坐标转换

一幅地图除了需要画出地物的形状，更重要的是要标识出地物的位置。在 GIS 数据的处理过程中，不可避免地要涉及投影问题。对于测绘、地图制图和 GIS 工作者来说，投影是 GIS 数据处理的基础，投影的正确与否将关系到最终结果是否正确。从概念上来讲，空间参考与投影的问题应该是在处理数据之前的。但是，由于空间参考需要一定的背景知识且理解起来比较复杂，本书用了两章的篇幅来对矢量数据与栅格数据的读取和处理进行说明，甚至还涉及了投影，但是一直没有介绍空间参考的概念。

这样安排是基于两方面考虑的：①假定数据都在同样的坐标系统中进行处理，这种情况下可以将坐标系统理解为笛卡儿坐标系统，此时，可以将坐标系统视为工作空间的一个外在的属性，在进行不涉及投影处理、投影变换时的数据处理时可以不必考虑它，在第 2、3 章都是这样处理的；②空间参考与坐标转换还是比较复杂的，过早地介绍不利于读者的理解。

在开源 GIS 方面，关于投影的处理，使用最广泛的是 PROJ.4 类库及运行环境。另外，作为 GIS 数据处理基础类库的 GDAL，也是基于 PROJ.4 来实现投影处理的相关功能的，包含在 osgeo.osr 模块下面。对于空间参考与坐标转换，本章会介绍这两个工具。

4.1 空间参考与坐标转换原理

本节先来了解一下空间参考在 GIS 中的基本原理与作用，后面再逐渐过渡到计算机中的处理方法。

4.1.1 大地水准面、地球椭球体与基准面

为了便于对事物的理解，首先需要对事物进行抽象处理，在计算机处理过程中也是如此。在地图制图过程中，对于地球的理解也经历了从实物到抽象的过程，并在此过程中形成了诸多的观点与方法。

1. 大地水准面

地球是一个近似球体，其自然表面是一个极其复杂且不规则的曲面。地球上从一个区域到另一个区域会有不同的厚度，因此不同区域会有不同的重力，而重力影

响了地球的形状。

大地测量中用水准测量方法得到的地面上各点的高程是依据一个理想的水准面来确定的，该水准面通常称为"大地水准面"。大地水准面假定海水处于"完全"静止状态，将海水面延伸到大陆之下形成包围整个地球的连续表面；大地水准面所包围的球体称为大地球体。大地水准面上任何一点的铅垂线都与大地水准面正交，而铅垂线的方向又受地球内部质量分布不均匀的影响而有微小变化，导致大地水准面产生微小的起伏。因此，大地球体仍然是一个表面起伏不规则的球体，还不能直接作为投影的依据。

大地水准面是对地球形状的一个抽象、简化的表达。

2. 地球椭球体

地球是一个表面很复杂的球体，人们称假想的平均静止的海水面（大地水准面）所包围的形体为"大地球体"。这个假想的大地球体形状也十分复杂，但从整体来看，它的起伏是微小的，它是一个很接近于绕自转轴（短轴）旋转的椭球体。为了描述和表达地球表面，必须选择一个与地球形状、大小相接近的椭球体来近似代替它。所以在测量和制图中就用旋转椭球体来代替大地球体，这个旋转球体通常称地球椭球体，简称椭球体。

地球椭球体是为了方便数学计算、计算机处理而对大地水准面的进一步简化，可以用一个数学表达式来描述。正是有了地球椭球体，才使得目前计算机处理地理空间数据有了可能，在后面探讨中所涉及的只有地球椭球体这个概念。

地球椭球的两个主要参数为长轴半径 a、短轴半径 b，以及三个派生参数：椭圆的扁率为 α、第一偏心率为 e、第二偏心率为 e'。计算公式如下：

$$\begin{cases} \alpha = \dfrac{a-b}{a} \\ e = \dfrac{a^2 - b^2}{a} \\ e' = \dfrac{a^2 - b^2}{b} \end{cases} \tag{4.1}$$

3. 常用的地球椭球体参数

一个多世纪以来，各国学者与工程人员对地球进行了众多研究与测量，并提出了多组地球椭球体参数。由于卫星大地测量技术的发展，自 1970 年以后的椭球参数都采用了卫星大地测量资料。由于不同的地方变形规律不同，因此各个国家根据具体位置采用适合本国的投影的椭球体。

表 4.1 是中华人民共和国成立后我国使用的坐标系统采用的地球椭球体参数，其中 IUGG 为国际大地测量与地球物理联合会（International Union of Geodesy and Geophys）。

表 4.1　我国使用的椭球体参数

坐标系名称	椭球体名称	长半轴/m	短半轴/m
中国 1952 年以前坐标系	海福特椭球	6378388	6356911.9461
北京 1954 坐标系	克拉索夫斯基椭球	6378245	6356863.0188
西安 1980 坐标系	1975 年 IUGG 推荐椭球	6378140	6356755.2881
WGS84,GPS 坐标系	WGS84 椭球	6378137	6356752.3142
中国 2000 大地坐标系	—	6378137	6356752.3141

4. 基准面

地图学对地球的抽象，第一次抽象为水准面（等重力面）；第二次抽象为椭球体（ellipsoid）；第三次抽象是将椭球体进行定位之后，所确定的具有明确方向的椭球体，也就是基准面。基准面的定义需要满足地区地图制作的要求。椭球体模型有一个适用范围，定位之后能够给地球上不同区域的投影以最优的结果。总之，能够得到一个用于局部定位的、足够准确的基准。

在同一基准面上，基于数学公式的代数计算结果进行投影变换是可行的。但是在不同基准面之间，无法使用统一的数学公式来进行投影变换。基准面上空间位置的确定是测绘工作的成果，不同基准面之间空间位置的对应关系转换必须由同名地物点对应拟合来确定。

4.1.2　PROJ.4、osgeo.osr 模块及投影表示方法简介

1. PROJ.4 介绍

PROJ.4 是开源 GIS 最著名的地图投影库，它专注于地图投影的表达和转换，许多开源 GIS 软件的投影都直接使用 PROJ.4 库的文件。GDAL 中的投影变换函数（类 CoordinateTransformation 中的函数）同样调用该库的动态函数。该库遵循 MIT 许可，用 C 语言编写，由美国地质调查局（United States Geological Survey, USGS）的 Evenden 在 1980 年创立并一直维护直到其退休，后由 Warmerdam 进行维护[1]。

PROJ.4 不仅是一些应用程序的集合，更是一个库，可以被编程语言调用，从而进行更高级的开发和应用。在 PROJ.4 安装上之后，它本身作为库，可以被 C/C++ 调用。PROJ.4 也具有 Python 的接口，也就是 pyproj 软件包（MIT 许可）。

PROJ.4 的主要功能是经纬度坐标与地理坐标的转换、坐标系的转换和基准变换等。地图投影的表达方式有多种，因为 PROJ.4 采用了一种非常简单明了的投影表达，所以 PROJ.4 比其他的投影定义简单，而且很容易就能看到各种地理坐标系和地图投影的参数，同时它强大的投影变换功能也是非常吸引人的。

---

[1] Warmerdam 于 2008 年 5 月把 PROJ.4（http://trac.osgeo.org/proj）纳入，成为 MetaCRS 的一部分，现在已经加入 OSGeo 项目中。

2. osgeo.osr 模块介绍

在 GDAL 工具中有 osgeo.osr 模块，这个模块处理空间参考。前面章节，包括 GDAL 与 OGR 的使用中，都用到了这个模块，但是没有展开说明。osgeo.osr 模块底层使用了 PROJ.4，其更加关注数据层面的投影与投影变换。

3. 计算机中的地图投影的表示方法

在计算机中，地图投影表达坐标系的方式包括 OpenGIS 的 WKT、PROJ.4 表达式、EPSG 编码、USGS 格式、ESRI 在 Shapefile 中使用的.prj 文件等方式，不同的软件或工具可能有不同的实现方式，支持的格式也不完全相同。

下面对 PROJ.4 中地图投影定义的常用格式进行一下说明。

（1）NAD27/NAD83/WGS84/WGS72: 这些是命名的常用空间坐标系统，很多软件能够直接识别。

（2）EPSG 编码方式：坐标系统（投影或者地理坐标）可以通过 EPSG 编码来选择。例如，EPSG 7700 是英国国家网格。一系列的 EPSG 坐标系统可以在 GDAL 数据文件 gcs.csv 和 pcs.csv 中找到[①]。

（3）PROJ.4 定义：一个 PROJ.4 字符串可以用坐标系统定义。注意在命令行中要保持 PROJ.4 字符串整体作为一个单独的参数（一般用双引号引起来）。例如，"+proj=utm +zone=11 +datum=WGS84"。

（4）OpenGIS 的 WKT：OpenGIS 标准定义了一个文本格式来描述坐标系统，这是"简单要素规范"的一部分。这个格式是 GDAL 中使用的坐标系统的内部工作格式。包含 WKT 坐标系统描述的文件名可以用来作为坐标系统参数，或者坐标系统元素本身也可以用来作为命令行参数。

（5）ESRI 知名文本：ESRI 在其 ArcGIS 产品中使用了一种经过精简的 OGC WKT 格式（如果是 Shapefile，会存成.prj 文件），而且这个格式被用在一个和 WKT 相似风格的文件中。但是文件名要被加以 ESRI:: 前缀。

例如，ESRI::NAD 1927 StatePlane Wyoming West FIPS 4904.prj。

上面这些不同的表达方式可能会在不同的软件或数据中看到。

4.1.3　在 PROJ.4 中了解椭球体与基准面

大地水准面是一个略有起伏的不规则曲面。在 GIS 中为了建模方便，一般只使用规则的椭球体与基准面两个概念。

本节介绍如何安装 PROJ.4 工具，将通过实际用法对 4.1.1 节提到的椭球体、基准面等概念进行展示。

---

① 在 Debian Buster 中，这两个文件的路径分别为/usr/share/gdal/gcs.csv 与/usr/share/gdal/pcs.csv。在其他系统中，可以通过 Linux 的 locate 命令尝试查找。

1. 安装投影工具与模块

osgeo.osr 模块会在安装 python3-gdal 时一起安装好。这里只说明 PROJ.4 工具与 pyproj 模块的安装。

pyproj 原来托管在 Google Code 中，后来迁移到 GitHub，网址为 https://github.com/jswhit/pyproj。pyproj 在 Windows 和 Linux 下都很容易安装。在 Debian / Ubuntu 中，可以在终端输入：

```
# apt-get install proj-bin python3-pyproj
```

其中 proj-bin 为 PROJ.4 的命令行工具，实现了在 Linux 下的 Shell 环境中进行地图投影处理的功能；python3-pyproj 则是在 Python 3 中的实现。pyproj 包里包括两个类，Proj 类和 Geod 类。

安装完成后，使用下面的语句导入 Proj 类：

```
>>> from pyproj import Proj
```

在导入 pyproj 后可以用其内部的 test() 函数进行测试：

```
>>> import pyproj
>>> pyproj.test()
```

上面语句的运行结果很长，里面也有很多具体的使用方法，在这里就不列出结果了，读者可以自行运行并查看。

2. 使用 proj 命令查看椭球体参数

proj 命令是对地球经纬度进行地图投影的，即将经纬度坐标转换为地理坐标。当然也可以将地理坐标转换为经纬度坐标，即在终端下输入：

```
$ proj
Rel. 4.7.1, 23 September 2009
usage: proj [-beEfiIlormsStTvVwW [args]] [+opts[=arg]] [files]
```

上面显示出了 proj 程序的用法，包括参数设置、可选项和输入文件。

3. 显示参数

可以使用 proj 命令来显示 PROJ.4 里内置的有关地图投影的参数。

首先看一下投影类型：

```
$ proj -l | wc -l
126
$ proj -l
aea: Albers Equal Area
```

```
5  aeqd: Azimuthal Equidistant
6  .....
7  wintri: Winkel Tripel
```

在 Debian 7 中，一共有 126 个投影类型，在 Debian 8 中一共有 132 个，在 Debian 9 中一共有 140 个，在 Debian 10 中一共有 154 个。为缩减篇幅，只列出部分投影。

PROJ.4 支持许多长度单位，可以通过参数 -lu，看到支持的单位：

```
1  $  proj -lu | wc -l
2  21
3  $ proj -lu
4          km 1000.                    Kilometer
5           m 1.                       Meter
6       ... ...                        ...
7     ind-ch 20.11669506              Indian Chain
```

同样地，还有参数 -le，显示支持的椭球体信息，以及各个椭球体向 WGS84 椭球体的转换参数。

```
1  $ proj -le | wc -l
2  42
3  $ proj -le
4    MERIT a=6378137.0  rf=298.257   MERIT 1983
5    SGS85 a=6378136.0  rf=298.257   Soviet Geodetic System 85
6    ... ... ...
7    sphere a=6370997.0  b=6370997.0 Normal Sphere (r=6370997)
```

注意：上面代码最后一行（第 7 行）是一个球体（长、短轴是一样的），而不是椭球。

参数 -ld 显示 PROJ.4 支持的基准面（datum）信息。

```
1  $proj -ld
2  __datum_id__ __ellipse___ __definition/comments_____...
3        WGS84 WGS84 towgs84=0,0,0
4        GGRS87 GRS80 towgs84=-199.87,74.79,246.62
5                    Greek_Geodetic_Reference_System_1987
6        ... ... ...
7        OSGB36 airy  towgs84=446.448,-125.157,542.060,0.1502,0.2...
8                    Airy 1830
```

可以看到，WGS84 是目前最常用的椭球体，且其他椭球体都是相对 WGS84 的参数进行定义的（towgs84）。

4.2　PROJ.4 命令行工具的使用

本节介绍 PROJ.4 命令行工具的一些用法。GDAL 的命令行工具是使用 GDAL/OGR 的基础类库开发的一些实用的工具，这些工具只使用了部分类库的功能，所以前面介绍时，以类库的开发为主。但是 PROJ.4 则有所不同，PROJ.4 的命令行工具基本实现了投影处理的所有功能，然后为了方便使用，又允许其他语言调用其接口。相当于命令行工具与开发程序同步地实现了所有的功能。在下面介绍时，也是先对 PROJ.4 的命令行工具进行较为详细的介绍，然后简要说明如何在 Python 中调用 PROJ.4，以及如何使用 Python 开发 GDAL/OGR 的投影处理功能。

在 PROJ.4 里集成了许多制作地图用的投影参数，并且实现了一些命令行程序，从而方便进行地图投影、投影变换以及其他投影相关的操作。

（1）proj 程序仅限于同一基准的地理坐标与投影坐标之间的变换。

（2）invproj 程序逆向制图投影变换，即 proj 的逆变换。

（3）cs2cs 程序与上面两个程序类似，允许任意地图投影坐标系统之间的转换，包括不同基准面之间的转换。

（4）nad2nad 程序提供 NAD27 与 NAD83 坐标系统之间的变换（同样的功能在 cs2cs 中已经实现了，但是这个更加方便）。

（5）geod 程序提供了地球表面上大圆[①]计算的功能。

4.2.1　proj 命令的用法

proj 是投影处理的主要命令，重点来看一下此命令的用法。proj 是使用交互方式进行投影变换的，当使用命令行设定投影空间参考环境后，交互地输入经纬度坐标，会产生在此空间参考下投影后的空间坐标。proj 命令有多种参数，本书会对主要的使用方法进行说明。详尽的参数说明可以参见相关文档。

1. PROJ.4 中投影的定义

要进行投影变换，首先要定义好投影的参数。PROJ.4 支持 EPSG 的定义，这应该是最简单的定义方法。例如，长春位于 UTM 投影 51 带，可以使用下面的定义方法：

```
1   +init=epsg:32651
```

---

① 把地球看作一个球体，通过地面上任意两点和地心做一平面，平面与地球表面相交得到的圆周就是大圆。

还有很多投影没有成为国际标准，当然也没有纳入 EPSG 数据库中，如中国常用的 Albers 投影。因为等积投影没有面积变形，所以在土地调查、植被盖度分类等涉及面积统计的情况下，中国的全国性地图大多采用此方法。Albers 投影是一种国际上常用的圆锥等积投影。中国所使用的 Albers 投影的参数是双标准纬线的 25°N 与 47°N，中央经线为 105°E，椭球体为 Krassovsky 椭球体。用 PROJ.4 表示为：

```
1  +proj=aea +ellps=krass +lon_0=105 +lat_1=25 +lat_2=47
```

2. 对经纬度进行投影

下面将使用中国的 Albers 投影来进行简单的投影变换，命令的作用是将经纬度坐标转换为定义好的坐标系统中的坐标。

```
1  $proj +proj=aea +ellps=krass +lon_0=105 +lat_1=25 +lat_2=47
2  105 36
3  0.00 3847866.97
4  104d30' 36d30'
5  -43977.163904491.79
6  104.5N 36.5E
7  -43977.163904491.79
```

上面命令中的第 1、2、4、6 行都是输入的命令，第 3、5、7 行是程序返回的结果。第 1 行说明要进行投影转换（经纬度至地理坐标），并给出了相关的参数（也就是 PROJ.4 投影表示方法）。然后下面每一行输入两个数值，且数值之间使用空格分隔。数据输入可以用 DMS（度、分、秒）格式表示，也可以用十进制（单位为度）表示，并且可以指定南纬、北纬与东经、西经。

同样也可以进行反转，即将 Albers 转为经纬度，只要在命令中加入参数 -I 。

```
1  $ proj +proj=aea +ellps=krass +lon_0=105 +lat_1=25 +lat_2=47 -I
2  102064.08 2503934.26
3  106dE   24dN
```

3. 经纬度的反转输入与输出

在这里，转换的过程中始终是按经度、纬度 (x, y) 的顺序输入的。如果输入时想调转，可以在命令中加 -r；如果输出时想调转，可以在命令中加 -s 。例如：

```
1  $ proj +proj=aea +ellps=krass +lon_0=105 +lat_1=25 \
2        +lat_2=47 -r -s
3  36 105
```

```
4   3847866.97    0.00
5   33 104
6   3509623.92    -91933.97
```

4. 进行批量坐标转换

PROJ.4 是一个典型的 UNIX/Linux 程序，除了最基本的用法，还可以使用 Linux 的管道工具（如 <<）来简化（加强）输入与输出。这里使用了 EOF（end of file）来表示输入结束。如果没有输入 EOF，则 proj 命令会继续接受输入而不开始投影变换，从而实现多行坐标批量转换。

```
1   $ proj +proj=aea +ellps=krass +lon_0=105 +lat_1=25 \
2       +lat_2=47 <<EOF
3   > 105 36
4   > 104 36
5   > 106 24
6   > EOF
7   0.00 3847866.97
8   -88522.43 3848312.80
9   102064.08 2503934.26
```

5. 使用文件来进行批量处理

PROJ.4 同样可以通过使用文件来进行批量转换，对于文本文件 lat_lon.test，其内容如下：

```
1   105dE 36dN
2   104dE 36dN
3   106dE 24dN
```

使用下面的命令进行转换：

```
1   $ proj +proj=aea +ellps=krass +lon_0=105 +lat_1=25 +lat_2=47 \
2       ~/lat_lon.test > alberst.test
```

生成的 alberst.test 内容如下：

```
1   0.00 3847866.97
2   -88522.43 3848312.80
3   102064.08 2503934.26
```

同时，可以在文件中（文件名为 lat_lon.test）加注释和对坐标点进行说明（使用 # 符号），在转换后仍可以保留：

```
1  #it's just a test for convert file format
2  105dE 36dN not Lanzhou
3  104dE 36dN Lanzhou
4  106dE 24dN Unknow place
```

运行如下命令。命令中的 `lat_lon.test` 是当前目录下的输入文件。"`>`"是重定向符号，指向输出文件。

```
1  $ proj +proj=aea +ellps=krass +lon_0=105 +lat_1=25
2  +lat_2=47 ~/lat_lon.test >albers.test
```

生成的 albers.test 内容如下：

```
1  #it's just a test for convert file format
2  0.00 3847866.97 not Lanzhou
3  -88522.43 3848312.80 Lanzhou
4  102064.08 2503934.26 Unknow place
```

6. 地图投影中的单位

PROJ.4 的默认单位为米（meter），设置参数 +units 来控制输入的坐标单位。可以将输入或输出的数据的单位改为其他：

```
1  $ proj +proj=aea +ellps=krass +lon_0=105 +lat_1=25 \
2         +lat_2=47 +units=km -I <<EOF
3  > 0 3847.86697
4  > -88.52243 3848.31280
5  > 102.06408 2503.93426
6  > EOF
7  105dE    36dN
8  104dE    36dN
9  106dE    24dN
```

4.2.2　地图投影设置

在前面介绍的过程中已经用到了一些投影参数。例如，进行投影的逆变换，使用的是 -I。中国等积投影是：

```
1  proj +proj=aea +ellps=krass +lon_0=105 +lat_1=25 +lat_2=47 +units
     =km
```

其中有许多参数前边都加了前缀 +，后面是对地图投影进行设置的值，proj 命令也将按这个规定来进行转换。这种参数的形式是通过表达式 +param=value 为

param（参数）来给定一个 value（值），这个值可以是一个 DMS 的格式，也可以是
浮点数、整数格式，甚至可以是一个 ASCII 字符串。需要注意的是拼错了的参数
名不会被处理，如果一个参数输入了两次，则第一次输入的将会被使用，所以在执
行前要将参数检查好。另一个很有用的特点是，proj 命令会自动决定中央经线并
且追加一个 +lon_0 参数到定义中。

1. 选择投影与椭球体

选择投影使用的参数是 +proj=name。PROJ.4 中实现了不少投影而且还在不
断增加，可惜的是我国常用的投影并不多。

```
1  $proj -l
```

上面的命令得到了内置的投影类型。虽然投影已经选定了，但是还要确定椭球
体。选择椭球体有两种方法：一种是选择内置的一些椭球体。使用下面的命令显示
出内置的椭球体：

```
1  $proj -le
```

以下是我国经常用的椭球体：

```
1  clrk66 a=6378206.4      b=6356583.8       Clarke 1866
2  krass a=6378245.0       rf=298.3          Krassovsky, 1942
3  WGS84 a=6378137.0       rf=298.257223563 WGS 84
```

另一种就是自定义一个椭球的参数。上面的三个椭球体的代码上就包含了定
义一个椭球体的参数。定义椭球体时 $+a = A$ 这个参数是必须有的，表示椭球的赤
道半径（半长轴）。除此，还需要给出下列参数中的一个。

（1）$+b = B$ 为椭球的极半径（短半轴）。

（2）$+f = F$ 为椭球的扁率，即 $F = \dfrac{A-B}{A}$。

（3）$+rf = RF$ 为椭球的反扁率，即 $RF = \dfrac{1}{F}$。

（4）$+e = E$ 为偏心率。

（5）$+es = ES$ 为偏心率的平方（E^2）。

例如，指定 Clarke 1866 椭球体作为中国等积投影的参数，可以这样设置：

```
1  $proj +proj=aea +ellps=clrk66 +lon_0=105 +lat_1=25+lat_2=47
2  105 36
3  0.00 3850517.66
4  104 36
5  -88731.89 3850957.52
6  106 24
```

```
7   102046.72 2507997.23
```

上面的投影结果可以和前面设置成 Krassovsky 椭球体的结果比较一下。上面的定义，同样可以使用指定椭球体参数的自定义方式：

```
1   $ proj +proj=aea +a=6378206.4 +es=.006768658 \
2        +lon_0=105 +lat_1=25+lat_2=47
```

或：

```
1   $ proj +proj=aea +a=6378206.4 b=6356583.8 +lon_0=105 +lat_1=25 +
2        lat_2 =47
```

得到的结果都是一样的。如果只指定了一个 $+a$ 参数，则会得到一个球体，而不是椭圆体。例如：

```
1   proj +a=1
```

会定义一个半径 $R = 1$ 的单位球体。

2. 定义其他参数

根据惯例，在 UTM 投影参数设置时，为确保每个带中的点都为正，需要在北半球将坐标从每带的中央经线西移 500km；而南半球为了保证 Y 轴为正，不得不向南移。这两个参数在 proj 中可以用两个参数 $+x\_0$ 和 $+y\_0$ 来确定。例如，在 UTM 投影定义中：

```
1   +x_0=500000 +y_0=0
```

第四个参数 lat_0=0 用于指定几个投影的 Y 轴原点。最后一个参数 +lon_0 用于指定中央经线，在 UTM 投影和 Albers 投影中要设置。上边的四个参数是可选的，如果没有将会默认为 0。有一个例外是 +lon_0，它会根据投影的设置自动计算，默认值不一定为 0。

设置好各个参数后就完成了一个投影的完整定义。

3. 一些实例

再来看一些常用地图投影的定义方法。如定义 UTM 投影，需要指定带号（+zone=48）：

```
1   $proj +proj=utm +zone=48
2   105 36
3   500000.00 3983948.45
```

根据上面的结果可以看出横坐标向西移动了 500km。UTM 48 带的中央经线为 105°，如果没有偏移，则横坐标应该是 0。

高斯–克吕格投影也是非常常见的，定义的方法为：

```
$proj +proj=tmerc +lon_0=105
```

上边没设置带号，可以简单地算出每个带的中央经线的度数：带号乘 6 减 3。

4. 自定义 proj 参数文件

有时会需要将常用的地图投影的定义放到文件中，在需要时将其导入即可。这点有利于团队合作时信息的统一。PROJ.4 也提供了这个功能，通过设置 +init 参数来进行。首先将地图投影保存到文件中，保存地图投影的文件格式为 proj.dat。

在安装 PROJ.4 的路径下，有一个默认的文件夹来指示初始化文件名称以及投影的默认文件 proj_def.dat。环境变量 PROJ_LIB 可以用来指定一个其他的文件夹。

4.2.3 cs2cs 程序的用法

cs2cs 根据一些输入的点进行原坐标系统和目标坐标系统之间的转换。既能够进行地理坐标与投影坐标的转换，又能够实现不同基准面之间的转换。

1. cs2cs 工具用法说明

下面是命令的用法：

```
cs2cs [-eEfIlrstvwW [args]] [+opts[=arg]]
      [+to [+opts[=arg]]] file[s]
```

关于各个参数的详细意义，可以查看相关文档。

cs2cs 程序的运行需要两个投影系统的定义。第一个坐标系统的定义根据在 +to 之前出现的投影参数；所有在 +to 后的投影参数都被看作第二个投影系统的定义。如果没有第二个投影系统的定义，那么就会假定与原坐标系统的基准面和椭球体相同。原系统和新系统都是地理坐标系统，都可以进行投影，但它们之间可能有不同的基准面。

输入的地理数据必须是 DMS 格式，输入的笛卡儿数据单元必须与椭球的主轴和所求半径单元一致。输出的地理坐标为 DMS 格式，且输出值精确到 0.001。零值的分秒数据会被删除。

2. cs2cs 用法实例

下面以长春（使用经纬度为 (125d21′E, 43d53′N) 表达，这里用 d 表示度）为例进行投影变换的说明。首先将长春的坐标投影到全国 Albers 投影下面：

```
1  proj +proj=aea +ellps=krass +lon_0=105 +lat_1=25 +lat_2=47<<EOF
2  125d21'E  43d53'N
3  EOF
4  1607835.31      4902669.03
```

将上面的坐标 (1607835.31, 4902669.03) 投影变换到 UTM 51 带：

```
1  cs2cs +proj=aea +ellps=krass +lon_0=105 +lat_1=25 +lat_2=47\
        +to +init=epsg:32651 << EOF
2  1607835.31      4902669.03
3  EOF
4  688780.11      4861599.48 0.00
```

坐标 (688780.11, 4861599.48, 0.00) 为长春经纬度在 UTM 51 带中的坐标（第三个值为 z 方向坐标, 在这里可以忽略）。

下面对比看一下直接将长春经纬度投影到 UTM 51 带的坐标：

```
1  proj +init=epsg:32651 << EOF
2  125d21'E      43d53'N
3  EOF
4  688780.10      4861599.48
```

可以看到其与投影变换后的坐标基本一样, 只在 x 方向有 0.01m 的差别。

4.2.4　geod 程序的用法

geod 工具用于对地球球面上两点的测地线（大圆）进行计算。geod 工具有两个可执行的命令, geod 进行直接测地计算, invgeod 进行间接测地计算。在正向计算中, 需要的参数为初始点的纬度、经度, 以及相对于目的点的方位角和距离; 在间接计算中, 需要的参数为初始点与目的点的纬度与经度。

1. geod 工具参数说明

下面是 geod 和 invgeod 用法：

```
1  geod  +ellps=<ellipse> [-afFIlptwW [args]] [+args] file[s]
2  invgeod +ellps=<ellipse> [-afFIlptwW [args]] [+args] file[s]
```

表 4.2 是程序运行的参数说明, 且参数能够以任何顺序出现。

命令运行时需要声明椭球体。参数和大地参数一起用于定义椭球体, 这些参数的完整列表可以参考 PROJ.4 文档。选项从左到右运行, 如果前面出现的值是有效的, 则后面重复给出的参数值将会被忽略。

表 4.2　geod 命令的参数

参数	说明
-I	指定逆向测地线计算, 这种情况与使用 invgeod 命令是一样的
-a	初始点和终点的经度与纬度
-ta	表示不处理则控制线就会通过
-le	给出所有椭球的列表
-lu	给出所有单位的列表
-[f|F]	格式
-[w|W]n	小数点保留位数
-p	产生方位值, 0~360

输入的地理坐标和方位数据必须是 DMS 格式, 且输入的距离数据必须与椭球的主轴和球的半径单位一致; 输出地理坐标是 DMS 格式, 且输出的距离数据与椭球的轴和球的半径单位相同。

2. 逆向计算测地线

invgeod(或 geod-I)可以用来确定沿两地点间测地线的方位角与距离。在这两种情况下, 必须指定两个地点的坐标。

以下脚本确定了从拉萨到长春测地线的方位和距离:

```
geod +ellps=krass -I +units=km <<EOF
29d36'N 91dE 43d53'N 125d21'E
EOF
```

得到了以下结果:

```
52d53'16.011"    -105d59'58.696" 3419.167
```

其中前两个值是从拉萨到长春的方位角及反方位角, 最后的值是从拉萨到长春的距离。

这里有个问题要特别注意, 根据定义, 反方位角为原方位角加(减)180° 所得的水平夹角, 但是上面结果中的方位角与反方位角绝对值之和要比 180° 小。理解这个问题的关键是要区分经纬度与笛卡儿平面直角坐标系。在平面几何中, 两点间直线距离最小, 但是根据经纬度计算的测地线(大圆), 在投影之后是曲线(图 4.1)。

3. 正向计算测地线

使用 geod 进行正向计算, 必须按照纬度、经度、方位和距离的顺序, 输出依次是纬度、经度和总站点方位。

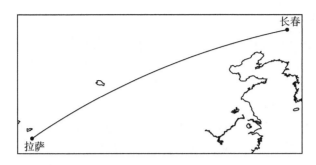

图 4.1　拉萨到长春的测地线

正向测地线的例子是使用拉萨的位置，并以方位角和距离来确定长春的位置：

```
1  geod +ellps=krass <<EOF +units=km
2  29d36'N 91dE    52d53'16.011" 3419.167
3  EOF
```

注意上面输入的 +units=km 在 <<EOF 之后，说明 geod 命令的参数可以分成多行输入。运行结果：

```
1  43d52'59.999"N  125d20'59.994"E -105d59'58.7"
```

上面结果中，前两个值是长春的纬度与经度，最后一个值是反方位角。注意，由于计算机浮点计算舍入的问题，得到的结果与 4.2.3 节中给出的长春坐标有点差异。而距离值的精度并不会影响长春位置的精度。

4.3　在 Python 中使用 PROJ.4 的功能

pyproj 是 PROJ.4 的 Python 封装，主要有两个类，一个是 pyproj.Proj，另一个是 pyproj.Geod。

Proj 类实现了前面所说的 proj 的功能，可以进行地图投影的变换，即从经纬度转换为平面投影坐标，或者进行反转；也可以在不同的地图投影之间转换。

Python 中的 Geod 类相当于前面介绍的 proj 里的一个应用程序 geod。Geod 类可以很方便地计算地球上任意两点的大圆距离，以及它们的相对方位；同时，可根据方位和大圆距离来反算出另一点的经纬度。其处理的输入坐标可以是 Python 列表、元组或者 NumPy 数组。

下面来介绍一下 Proj 类和 Geod 类，以及 transform() 函数。

4.3.1　Proj 类

Proj 类主要是进行经纬度与地图投影坐标之间的转换以及反向换算,可以参考前面对 proj 的介绍。当初始化一个 Proj 类的实例时,地图投影的参数设置可以用关键字/值的形式,也可以用字典或关键字参数,或者一个 PROJ.4 格式的字符串(与 proj 命令兼容)。

如果可选的关键字 errcheck 为真(默认为假),则运行有问题时会抛出一个异常;如果为假,那么即使转换无效,异常也不会抛出,会返回一个无效值 1.e30。

1. 地图投影转换

首先看一下如何转换成平面坐标:

```
1  >>> from pyproj import Proj
2  >>> p=Proj('+proj=aea +lon_0=105 +lat_1=25 +lat_2=47 +ellps
           =krass')
3  >>> x,y=p(105,36)
4  >>> print('%.3f,%.3f' %(x,y))
5  0.000,3847866.973
```

PROJ.4 投影控制参数必须由字典或关键字参数给定。

```
1  >>> Proj(proj='utm',zone=10,ellps='WGS84')
2  >>> Proj('+proj=utm +zone=10 +ellps=WGS84')
3  >>> Proj(init="epsg:32667")
4  >>> Proj("+init=epsg:32667",preserve_units=True)
```

当调用一个经纬度的 Proj 类的实例时,会把十进制的经纬度转换成地图投影后的坐标。上面程序代码第 1 行导入 Proj 类;第 2 行则使用 PROJ.4 格式初始化一个投影(中国等积投影);第 3 行则进行转换。

2. 地图投影逆变换

```
1  >>> lon,lat=p(x,y,inverse=True)
2  >>> print('%.3f,%.3f' %(lon,lat))
3  105.000,36.000
```

如果可选的关键字 inverse 为真(默认为假),则进行投影逆变换。代码第 1 行重新进行变换;第 2 行则是打印输出变换的结果。从结果来看,变换结果与最开始的输入结果是一致的。

3. 弧度变换

除了使用度作为单位输入,pyproj.Proj 类还接受弧度作为单位的输入:

```
1  >>> import math
2  >>> x,y=p(math.radians(105),math.radians(36),radians=True)
3  >>> print( '%.3f,%.3f' %(x,y) )
4  0.000,3847866.973
```

上面的代码使用了 math 模块，将度转换为弧度。如果关键字 radians 为真（默认为假），则经纬度的单位是弧度，而不是度。

4. 使用数组进行批量投影

除了进行单个值的处理，pyproj.Proj 类还接受数组的输入，进行批量转换。这个在实际的开发中是非常实用的。

```
1  >>> lons=(105,106,104)
2  >>> lats=(36,35,34)
3  >>> x,y=p(lons,lats)
```

将经纬度放入元组中，其输出类型为元组。

```
1  >>> print('%.3f,%.3f,%.3f' %x)
2  0.000,89660.498,-90797.784
3  >>> print('%.3f,%.3f,%.3f' %y)
4  3847866.973,3735328.476,3622421.811
5  >>> type(x)
6  <class 'tuple'>
```

可以将经纬度分别存入不同的列表或数组，这样可以进行更高效率的转换。输入的值应当是双精度（如果输入的不是双精度值，那么它们将会被转为双精度）。

PROJ.4 可以与 NumPy 和常规 Python 数组对象、Python 序列及标量进行批量转换，但是使用 NumPy array 对象速度更快一些。

5. 使用关键字定义投影

除了支持使用 PROJ.4 字符串进行投影的定义，pyproj 还支持使用关键字来定义投影。下面用关键字定义一个投影 utm。

```
1  >>> utm=Proj(proj='utm',zone=48,ellps='WGS84')
```

又如：

```
1  >>> x,y=utm(105,36)
2  >>> x,y
3  (499999.99999999773, 3983948.4533356656)
```

6. 其他函数

（1）is_geocent()：返回 True，当投影为地心坐标系时。

（2）is_latlong()：返回 True，当投影为地理坐标系经纬度时。

由于 pyproj 模块进行了较大更新，在不同的系统中下面代码可能无法运行：

```
1  >>> utm.is_geocent()
2  False
3  >>> utm.is_latlong()
4  False
5  >>> latlong=Proj('+proj=latlong')
6  >>> latlong.is_latlong()
7  True
8  >>> latlong.is_geocent()
9  False
```

4.3.2 投影变换

transform() 函数可以进行两个不同投影的变换。相当于 PROJ.4 工具程序里的 cs2cs 子程序。用法如下：

```
1  transform(p1, p2, x, y, z=None, radians=False)
2  x2, y2, z2=transform(p1, p2, x1, y1, z1, radians=False)
```

这里 p1 与 p2 都是 Proj 对象。在 p1、p2 两个投影之间进行投影变换，把 p1 坐标系下的点 (x_1, y_1, z_1) 变换到 p2 所定义的投影中，z_1 是可选的，默认值为 0，并返回 x_2、y_2。使用这个函数的时候要注意不要进行基准面的变换（datum）。关键字 radians 只有在 p1、p2 中有一个为地理坐标系时才起作用，并且是把地理坐标系的投影的值当作弧度。判断是否为地理坐标系可以用 p1.is_latlong() 和 p2.is_latlong() 函数。输入的 (x, y, z) 可以分别是数组或序列的某一种形式。例如：

```
1  >>> from pyproj import Proj
2  >>> albers=Proj(
3  ...  '+proj=aea +lon_0=105 +lat_1=25 +lat_2=47 +ellps=krass')
4  >>> albers_x,albers_y=albers(105,36)
5  >>> albers_x,albers_y
6  (0.0, 3847866.972516728)
```

下面再看一下 UTM 投影的变换结果：

```
1  >>> utm=Proj(proj='utm',zone=48,ellps='krass')
```

```
2   >>> utm_x,utm_y=utm(105,36)
3   >>> print(utm_x,utm_y )
4   499999.99999999773 3984019.058813517
```

记住上面的变量名称与结果，将 Albers 投影完的结果变换到 UTM 投影下，结果与上面基本一样，小数有一点差别。这种差别是由计算机在数值计算过程中舍入造成的。

```
1   >>> from pyproj import transform
2   >>> to_utm_x,to_utm_y=transform(albers,utm,albers_x ,albers_y)
3   >>> print(to_utm_x,to_utm_y )
4   499999.99999999773 3984019.058813516
```

4.3.3　Geod 类的使用

Geod 类主要用来计算地球大圆两点间的距离和相对方位，以及相反的操作，也可以在两点间插入等分点。该类主要包括三个功能：正变换、逆变换与弧线等分。

初始化一个 Geod 类实例：使用关键字参数来定义一个椭球体，椭球体为 PROJ.4 中支持的任何一个。

```
1   >>> from pyproj import Geod
2   >>> g=Geod(ellps='krass')
```

同时可以指定 a、b、f、rf、e、es 来设定地球椭球体。定义的单位为米。

```
1   >>> miniearth=Geod(a=2,b=1.97)
```

下面使用了与 4.2.4 节相同的示例（使用拉萨与长春）进行说明。有一点区别要注意，在 Python 中经纬度坐标的输入、输出值都是浮点型（单位为度）。

1. 正变换

fwd() 函数可以进行正变换，根据起点及第二个点与起点的相对方位、距离，返回第二个点所在的位置（经纬度）。如果弧度为真，则把输入的经纬度单位当作弧度，而不是度。距离单位为米。

```
1   fwd(self,lons,lats,az,dist,radians=False)
```

参数为经度、纬度、相对方位、距离。

```
1   >>> g.fwd(91, 29.6, 52.88778703659133,3419167.0426993747)
2   (125.35 , 43.88333000000001, -105.99963245807416)
```

2. 逆变换

inv() 函数可以进行逆变换，已知两点经纬度，返回其前方位角、后方位角以及距离。

```
inv(self, lons1, lats1, lons2, lats2, radians=False)
```

下面看一下实例，计算拉萨到长春的测地线的方位角与距离。

```
>>> g.inv(91, 29.6, 125.35, 43.88333)
(52.88778703659133, -105.99963245807415, 3419167.0426993747)
```

3. 弧线等分

npts() 函数可以进行弧线等分。给出一个始点 (lon1, lat1) 和终点 (lon2, lat2) 以及等分点数目 npts:

```
npts(self, lon1, lat1, lon2, lat2, npts, radians=False)
```

下面看一个实例，对两个点之间的弧线进行等分，首先定义 Krassovsky 椭球体，并指定拉萨和长春的经度、纬度。

```
>>> g = Geod(ellps='krass')
>>> lasa_lat = 29.6; lasa_lon = 91
>>> cc_lat = 43.88333; cc_lon = 125.35
```

在拉萨和长春之间找到四个等间距的点（图 4.2）：

```
>>> lonlats = g.npts(lasa_lon,lasa_lat,cc_lon,cc_lat,4)
>>> for lon,lat in lonlats: print('%6.3f  %7.3f' % (lat, lon))
...
33.193    96.847
36.486   103.170
39.415   110.018
41.906   117.418
```

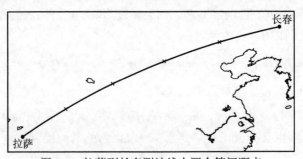

图 4.2　拉萨到长春测地线上四个等间距点

4.4　osgeo.osr 的使用方法

下面介绍 osgeo.osr 如何对空间参考信息进行处理。

4.4.1　osr 简介

osr.SpatialReference 和 osr.CoordinateTransformation 类提供了用来描绘坐标系统（投影和基准面）以及坐标系统相互转换的服务。这些服务在 OpenGIS 坐标转换文档中有模型，并且有对应的 WKT 描述。

坐标系统的一些标准规范信息可以在 OGC 官方网站进行查看，在 EPSG 网站[①]也可以找到一些有用的资源。

OSGeo 中投影变换接口的实现是建立在 PROJ.4 库之上，Python 绑定在 osr.py 模块中。一些 C++ 的方法在 C 和 Python 绑定中没有定义。

4.4.2　定义空间参考系统

地理坐标系被封装进了 osr.SpatialReference 类，这也是 osr 模块的主要类。有几种办法来初始化 osr.SpatialReference 对象以形成一个合法的坐标系统。主要有两种坐标系统：一种是地理坐标（用经纬度表示）；另一种是投影坐标（如 UTM 投影，用米等长度单位表示）。

1. 定义地理坐标系统

一个地理坐标包含基准面（它包含了由长半轴描述的椭球体和反扁率）、本初子午线（一般是格林尼治子午线）和一个角度单位（一般是度）。下面就是初始化一个地理坐标系的代码。它提供了围绕用户定义名字的地理坐标系的所有信息，使用的是函数 SetGeogCS()。

```
1  >>> from osgeo import osr
2  >>> osrs=osr.SpatialReference()
3  >>> osrs.SetGeogCS("My geographic coordinate system",
4  ...     "WGS_1984",
5  ...     "My WGS84 Spheroid",
6  ...     osr.SRS_WGS84_SEMIMAJOR, osr.SRS_WGS84_INVFLATTENING,
7  ...     "Greenwich", 0.0,
8  ...     osr.SRS_UA_DEGREE_CONV)
9  0
```

---

① 从 http://www.epsg.org/ 获取。

在这些值中，"My geographic coordinate system"、"My WGS84 Spheroid" 和 "Greenwich" 不是关键字，是易于阅读的文本表达。基准面名 WGS_1984 却经常被用来定义基准面。osr.SRS_WGS84_SEMIMAJOR、osr.SRS_WGS84_INVFLATTENING、osr.SRS_UA_DEGREE_CONV 是在 osr 模块中定义的一些经常用在地图投影中的常量。

除了上面这种写法，gdal.osr 空间参考还支持一些标准的坐标系统。例如，"NAD27"、"NAD83"、"WGS72" 和 "WGS84"。要构造它们只要用一个 SetWellKnown -GeogCS() 函数即可。

```
>>> osrs.SetWellKnownGeogCS("WGS84")
0
```

如果 EPSG 数据库存在，则所有 EPSG 中的地理坐标系都可以用 GCS 编码来表示。

```
>>> osrs.SetWellKnownGeogCS("EPSG:4326")
0
```

在各种坐标系统表达方式中，WKT 是个纽带，通过它可以互换各种表达方式。一个空间参考（osr.ogr.SpatialReference 对象）可以用一个 WKT 来初始化，或者转换成 WKT 表达。

```
>>> wkt=osrs.ExportToWkt()
>>> wkt
'GEOGCS["WGS 84",DATUM["WGS_1984",SPHEROID["WGS 84",6378137, ...
```

另外，空间参考还可以进行格式排版，输出的结果更方便阅读。

```
>>> wkt2=osrs.ExportToPrettyWkt()
>>> print(wkt2)
GEOGCS["WGS 84",
    DATUM["WGS_1984",
        SPHEROID["WGS 84",6378137,298.257223563,
            AUTHORITY["EPSG","7030"]],
        AUTHORITY["EPSG","6326"]],
    PRIMEM["Greenwich",0,
        AUTHORITY["EPSG","8901"]],
    UNIT["degree",0.0174532925199433,
        AUTHORITY["EPSG","9122"]],
    AUTHORITY["EPSG","4326"]]
```

使用 WKT 初始化空间参考用到的 ImportFromWkt() 方法，在大多数场景中是非常有用的。

2. 定义一个投影系统

一个投影坐标系统（如 UTM 投影等）是基于一个地理坐标系统进行定义的，便于在线性单位和经纬度坐标之间进行转换。下面的代码定义了一个在 WGS84 基准面下空间参考为 UTM 17 带的投影坐标系统：

```
1  >>> sr=osr.SpatialReference()
2  >>> sr.SetProjCS('UTM 17 (WGS84) in northern hemisphere.')
3  0
4  >>> wkt=sr.ExportToWkt()
5  >>> wkt
```

下面进一步设置地理坐标系统：

```
1  >>> sr.SetWellKnownGeogCS('WGS84')
2  0
3  >>> wkt=sr.ExportToWkt()
4  >>> wkt
```

下面使用 SetUTM() 函数进行设置：

```
1  >>> sr2=osr.SpatialReference()
2  >>> sr2.SetUTM(17, True)
3  0
4  >>> sr2.SetWellKnownGeogCS('WGS84')
5  0
```

调用 SetProjCS() 设置一个定义用户名字的投影坐标系统并确定系统被投影过。SetWellKnownGeogCS() 分配一个地理坐标系统，SetUTM() 设置投影变换参数细节，调用完成这两个函数才能创建一个空间参考的合法定义。应注意定义对象时的步骤和顺序。

将上面定义的空间参考打印出来，注意 UTM 17 投影被解析扩展成横轴墨卡托定义的 UTM 分带的参数。

```
1  >>> wkt2=sr2.ExportToPrettyWkt()
2  >>> print(wkt2)
3  PROJCS["UTM Zone 17, Northern Hemisphere",
4      GEOGCS["WGS 84",
5          DATUM["WGS_1984",
```

```
6      SPHEROID["WGS 84",6378137,298.257223563,
7           AUTHORITY["EPSG","7030"]],
8         AUTHORITY["EPSG","6326"]],
9      PRIMEM["Greenwich",0,
10          AUTHORITY["EPSG","8901"]],
11      UNIT["degree",0.0174532925199433,
12          AUTHORITY["EPSG","9122"]],
13      AUTHORITY["EPSG","4326"]],
14    PROJECTION["Transverse_Mercator"],
15    PARAMETER["latitude_of_origin",0],
16    PARAMETER["central_meridian",-81],
17    PARAMETER["scale_factor",0.9996],
18    PARAMETER["false_easting",500000],
19    PARAMETER["false_northing",0],
20    UNIT["Meter",1]]
```

4.4.3　空间参考对象的使用

osr.SpatialReference 建立起来后，就可以查询多种坐标系统信息。用 IsProjected() 函数和 IsGeographic() 函数还可以判断是投影坐标还是地理坐标。

```
1    >>> from osgeo import osr
2    >>> sr=osr.SpatialReference()
3    >>> sr.SetProjCS('UTM 17 (WGS84) in northern hemisphere.')
4    0
5    >>> sr.SetWellKnownGeogCS('WGS84')
6    0
7    >>> sr.SetUTM(17, True)
8    0
9    >>> sr.IsGeographic()
10   0
11   >>> sr.IsProjected()
12   1
```

空间参考对象还有很多方法：GetSemiMajor()、GetSemiMinor() 和 GetInv-Flattening() 可以获取椭球体信息；GetAttrValue() 可以用来获取 PROJCS、GEOGCS、DATUM、SPHEROID 和 PROJECTION 的名字表达字符串；GetProjParm() 可以用来获取投影参数；GetLinearUnits() 可以用来获取线性单位，并转换成米。

　　下面的代码来自于 osr 的测试程序，示范了 GetProjParm()、GetAttrValue() 的用法。已经定义的投影参数（如 SRS_PP_CENTRAL_MERIDIAN）应该在 GetProjParm() 获取投影参数的时候使用。

```
1  >>> srs=osr.SpatialReference()
2  >>> from osgeo import gdal
3  >>> srs.ImportFromUSGS(8, 0,
4  ...    (0.0, 0.0,
5  ...    gdal.DecToPackedDMS(47.0), gdal.DecToPackedDMS(62.0),
6  ...    gdal.DecToPackedDMS(45.0), gdal.DecToPackedDMS(54.5),
7  ...    0.0, 0.0, 1.0, 0.0, 0.0, 0.0, 0.0, 0.0, 0.0),
8  ...    15)
9  0
10 >>> srs.GetProjParm(osr.SRS_PP_STANDARD_PARALLEL_1)
11 47.0
12 >>> srs.GetProjParm(osr.SRS_PP_STANDARD_PARALLEL_2)
13 62.0
14 >>> srs.GetProjParm(osr.SRS_PP_LATITUDE_OF_CENTER)
15 54.5
16 >>> srs.GetProjParm(osr.SRS_PP_LONGITUDE_OF_CENTER)
17 45.0
18 >>> srs.GetProjParm(osr.SRS_PP_FALSE_EASTING)
19 0.0
20 >>> srs.GetProjParm(osr.SRS_PP_FALSE_NORTHING)
21 0.0
```

4.4.4　从文件中获取投影信息

1. 从栅格数据中读取投影信息

```
1  >>> from osgeo import gdal
2  >>> from osgeo import osr
3  >>> dataset=gdal.Open("/gdata/geotiff_file.tif")
```

　　从数据集中获取空间参考并且建立一个 SpatialReference 对象：

```
1  >>> sr=dataset.GetProjectionRef()
2  >>> osrobj=osr.SpatialReference()
3  >>> osrobj.ImportFromWkt(sr)
4  0
```

　　输出格式：

```
1  >>> osrobj.ExportToWkt()
2  'PROJCS["Transverse_Mercator_6FD_22D",GEOGCS["WGS 84",DATUM["WGS_
       1984", ...'
3  >>> osrobj.MorphToESRI()
4  0
```

重点：转成 ESRI 的 WKT 格式。

注意下面，与上面第 1 行的语句一样，但是输出不同了：

```
1  >>> osrobj.ExportToWkt()
2  'PROJCS["Transverse_Mercator_6FD_22D",GEOGCS["GCS_WGS_1984" ...
```

看一下相关信息：

```
1  >>> osrobj.IsGeographic()
2  0
3  >>> osrobj.IsProjected()
4  1
```

再获取一个进行比较：

```
1  >>> dataset2=gdal.Open("/gdata/lu75c.tif")
2  >>> sr2=dataset2.GetProjectionRef()
3  >>> osrobj2=osr.SpatialReference()
4  >>> osrobj2.ImportFromWkt(sr2)
5  0
6  >>> osrobj2.IsSame(osrobj)
7  0
```

创建一个地理坐标系，然后和已有的坐标系统进行比较：

```
1  >>> osrobj3=osr.SpatialReference()
2  >>> osrobj3.SetWellKnownGeogCS("WGS84")
3  0
4  >>> osrobj3.IsSame(osrobj2)
5  0
6  >>> osrobj3.IsSame(osrobj)
7  0
8  >>> osrobj3.ExportToWkt()
9  'GEOGCS["WGS 84",DATUM["WGS_1984",SPHEROID["WGS 84",6378137 ...'
10 >>> osrobj3.IsGeographic()
11 1
```

2. 从矢量数据中读取空间参考

再看一下从常见的矢量数据 Shapefile 中读取空间参考信息。

```
1  >>> from osgeo import ogr, osr
2  >>> driver = ogr.GetDriverByName('ESRI Shapefile')
3  >>> dataset = driver.Open('/gdata/GSHHS_c.shp')
4  >>> layer = dataset.GetLayer()
5  >>> spatialRef = layer.GetSpatialRef()
```

有了空间参考对象之后，除了可以使用 ExportToWkt() 方法查看，另外还有 ExportToPCI()、ExportToUSGS() 与 ExportToXML() 等方法输出成其他格式。

```
1  >>> spatialRef.ExportToWkt()
2  'GEOGCS["GCS_WGS_1984",DATUM["WGS_1984",SPHEROID["WGS_84",  ...
3  >>> spatialRef.ExportToPCI()
4  ['LONG/LAT    D000', 'DEGREE', (0.0, 0.0, 0.0, 0.0, 0.0,     ...
5  >>> spatialRef.ExportToUSGS()
6  [0, 0, (0.0, 0.0, 0.0, 0.0, 0.0, 0.0, 0.0, 0.0, 0.0, 0.0,    ...
7  >>> spatialRef.ExportToXML()
8  '<gml:GeographicCRS gml:id="ogrcrs1">\n  <gml:srsName>GCS_W ...
```

4.4.5 不同坐标系统之间转换坐标

osr.CoordinateTransformation 类可用在不同坐标系统之间转换坐标。坐标转换服务可以处理 3D 点，并且会根据椭球体和基准面上的高程差异调节高程。如果没有 z 值，则假设点都在大地水准面上（高程值都为 0）。

下面的代码展示了从 EPSG 2927 到 EPSG 4326 的投影变换，最后的结果显示的是经纬度结果。

```
1  >>> from osgeo import osr
2  >>> source=osr.SpatialReference()
3  >>> source.ImportFromEPSG(2927)
4  0
5  >>> target=osr.SpatialReference()
6  >>> target.ImportFromEPSG(4326)
7  0
8  >>> transform=osr.CoordinateTransformation(source, target)
9  >>> transform.TransformPoint(609000,4928000)
10 (-125.78842316274, 58.64356676983545, 0.0)
```

下面进一步看一下如何从 WKT 格式进行转换：

```
1  >>> from osgeo import ogr
2  >>> point=ogr.CreateGeometryFromWkt(
3  ...      "POINT (1120351.57 741921.42)")
4  >>> point.Transform(transform)
5  0
6  >>> point.ExportToWkt()
7  'POINT (-122.598135130878 47.3488013802885)'
```

第5章 矢量数据的空间分析：使用 Shapely

数据空间分析方面的内容很丰富，任务也很艰巨，由于 GIS 技术应用目标的复杂性和计算机发展水平的限制，以及人们对空间统计分析理论和技术方法的掌握还不够充分，其目前尚未得到充分的应用。严格上说，空间分析指的并不是一种技术，而是一系列使用不同的分析手段并应用于各个领域的技术，许多方面尚在探索阶段。目前空间分析主要的应用是在 GIS 中分析地理数据。

由于空间分析的论题太过宽泛，本书不可能涉及所有的方面。因此，本书选择了空间分析中最核心的空间关系分析进行介绍。

前面介绍的 OGR 可以对矢量数据中的属性和数值进行处理，在 Python 中，如果要进一步进行数据的几何处理，如二维拓扑分析，则可以使用一个名为 Shapely 的软件包。

本章对 Shapely 常用的一些功能进行介绍。有些部分，如平行移位、仿射地理变换等，用得较少，使用复杂，涉及的概念也比较多，本书就不做说明了。

5.1 Shapely 介绍

Shapely 使用面向对象的设计，其部分地实现了 OGC 简单要素访问规范（OGC's simple feature access specification，OGC SFS）的接口。这些类在 shapely.geometry 模块下使用类似的名称来定义：点定义在 point，复合多边形定义在 multipolygon。这些类从 shapely.geometry.base.BaseGeometry 中继承。BaseGeometry 中的简单要素方法调用在类变量 impl 中注册的函数。例如，BaseGeometry.area 函数调用 BaseGeometry.impl['area']。

默认的注册表在 shapely.impl 模块中，它的项目是操作单个几何对象或几何对象集合的类，目的是实现插件的设计。

Shapely 技术体系主要包括 4 个层次。

（1）在 shapely.geometry 中实现了 Python 的几何对象类。

（2）实现注册表：一个抽象层，允许更换几何对象引擎，甚至是混合的几何对象引擎。默认是在 shapely.impl 中。

（3）在 shapely.geos 中注册 GEOS 中实现的方法。

（4）底层是 libgeos，一个 C++ 的类库。

5.1.1　JTS、GEOS 与 Shapely

JTS、GEOS 与 Shapely 关系密切。简单地说，JTS 使用 Java 语言实现了地理空间对象的空间操作；GEOS 则使用 C++ 语言重新进行了实现；而 Shapely 则提供了 GEOS 的 Python 接口。

对于 Python 开发来讲，使用 Shapely 是最方便的。但是要理解空间分析的概念与术语，还是需要查看 JTS 的网站，而不是 GEOS。

下面分别对 JTS、GEOS、Shapely 进行介绍，重点对 JTS 进行一些说明。

1. JTS 简介

JTS 是由加拿大的 Vivid Solutions[①]有限公司开发的 Java API 开放源代码套件。它提供了一套空间数据操作的核心算法，并为在兼容 OGC 标准的空间对象模型中进行基础的几何操作提供了二维空间谓词 API。JTS 是一个用 Java 语言描述的几何拓扑套件，它遵循 OpenGIS 的简单要素接口规范（simple feature interface specification，SFS），封装了二维几何类型和非常多的空间分析操作，而且包含了不少常见的计算几何算法。JTS 解决了对象与对象之间拓扑关系的判定和计算，并提供了很多有用的算法来解决对象的面积和长度等问题。

JTS 广泛地应用在开源 GIS 软件中，是 GeoTools 和基于 GeoTools 的 GeoServer 与 uDig 的底层库。

2. GEOS 简介

GEOS 是一个集合形状的拓扑关系操作实用库，简单地说，GEOS 就是判断两个几何形状之间的关系，并可以对两个几何形状进行操作产生新的几何形状的库。在官方声明中指出，GEOS 是 JTS 的 C++ 实现（独立于 JTS 运行），其目的是使用 C++ 完成所有 JTS 功能，包括所有的 OpenGIS 简单要素模型的 SQL 空间谓词函数与空间运算符，以及一些 JTS 增强的拓扑函数。

3. Shapely 简介

Shapely 是对 GEOS 库的一个 Python 封装。Python 使用 ctypes 实现了使用 Python 直接调用 GEOS 的功能。Shapely 不支持坐标系统转换，所有两个或多个对象的操作都假定特征在同一个直角平面坐标系统中。

5.1.2　Shapely 中的空间数据模型

1. 数据模型的一些特点

由 Shapely 提供的几何对象的基本类型包括点、线和面。从集合论的角度看，

---

① 参见 http://www.vividsolutions.com。

一个要素（点、线或面的实例）的内部、边界、外部都是相互独立的，并且它们的并集与整个平面重合。

下面从集合论角度对点、线、面要素进行简要描述。

（1）点的内部有一个点，边界没有点，点的外部包括其他所有点。点的拓扑维数是 0。

（2）曲线由在线上的无穷多个点组成的内部集，包括两个端点的边界集，其他所有点组成曲线的外部集。曲线的拓扑维数是 1。

（3）曲面有一个包含无穷个点的内部集，存在一个由一个或多个曲线组成的边界和包含所有其他点的外部集。曲面在表面可能存在有洞，曲面的拓扑维数是 2。

上面的解释用到了数学中拓扑学的最基本的概念，有助于理解 Shapely 空间谓词的含义。

2. Shapely 中的数据模型

在 Shapely 的具体实现中，点是由点类实现的，曲线是由直线和环线类实现的，曲面是由多边形类实现的，Shapely 不包含平滑的（即有连续的切线）曲线，所有的曲线都必须近似线性样条曲线，所有的圆斑都必须近似线性样条范围内的地区。

3. 空间关系

空间数据模型有一组与自然语言对应的几何对象相互关系，如包含、相交、重叠、交叉等；对于更复杂的关系（难以用语言表达），则有 DE 九交模型来进行关系判断（见 5.3.3 节）。

Shapely（也可以说是 GEOS）主要支持的操作和计算如下。

（1）相等（equals）：表示几何形状拓扑上相等。

（2）脱节（disjoint）：表示几何形状没有共有的点。

（3）相交（intersects）：表示几何形状至少有一个共有点（与脱节相逆）。

（4）接触（touches）：表示几何形状有至少一个公共的边界点，但是没有内部点。

（5）交叉（crosses）：表示几何形状共享一些但不是所有的内部点。

（6）内含（within）：表示几何形状 A 的点都在几何形状 B 内部。

（7）包含（contains）：表示几何形状 B 的点都在几何形状 A 内部（与内含的主宾关系是相反的）。

（8）重叠（overlaps）：表示几何形状共享一部分点但不是所有的公共点，而且相交处形成曲面。

以上的运算都通过谓词判断，在 Shapely 中有相应的实现（见 5.3.2 节），返回的都是"是（True）"或者"否（False）"。

4. 构建新要素的方法

除了判断关系，Shapely 还能对空间对象进行计算或操作，常用的方法有下面几个，这些方法通常会产生新的要素。

（1）缓冲区分析（buffer）：包含所有的点在一个指定距离内的多边形或多个多边形。

（2）凸包分析（convexhull）：包含几何形体的所有点的最小凸包多边形。

（3）交叉分析（intersection）：交叉操作就是多边形 AB 中所有共同点的集合。

（4）联合分析（union）：AB 的联合操作就是 AB 所有点的集合。

（5）差异分析（difference）：AB 形状的差异分析就是 A 里有 B 里没有的所有点的集合。

（6）对称差异分析（symdifference）：AB 形状的对称差异分析就是位于 A 中或者 B 中但不同时在 AB 中的所有点的集合。

另外，Shapely 还支持多边形概化、连接有向线段、压出节点等操作。

5.1.3　Shapely 的基本使用方法

1. 在 Python 中使用 Shapely

操作系统中 Shapely 的版本、GEOS 库的版本和 GEOS 的 C 语言 API 的版本均可通过 Shapely 访问。在 Python 中首先要导入 shapely 模块，可以查看当前 Shapely 的版本：

```
1  >>> import shapely
2  >>> shapely.__version__
3  '1.6.3'
```

也可以查看其封装的 GEOS 库的版本、C 语言接口版本：

```
1  >>> import shapely.geos
2  >>> shapely.geos.geos_version
3  (3, 6, 2)
4  >>> shapely.geos.geos_capi_version
5  (1, 10, 2)
6  >>> shapely.geos.geos_version_string
7  '3.6.2-CAPI-1.10.2 4d2925d6'
```

2. 性能

Shapely 通过使用 GEOS 库来完成所有的操作。GEOS 是使用 C++ 来完成的，并且得到了广泛的应用。

shapely.speedups 模块包含用 C 编写的性能优化功能。在安装过程中 Python 访问编译器与相关类库头文件时，加速功能会自动安装。模块的 available 属性可以查看加速功能是否可用。

```
1  >>> from shapely import speedups
2  >>> speedups.available
3  True
```

可以调用 enable() 函数来启用加速功能，也可以使用 disable() 函数来禁用加速功能。

```
1  >>> speedups.disable()
2  >>> speedups.enable()
```

5.2　Shapely 中的几何对象

本节将讨论几何对象的一些固有特性，后面会介绍相关的操作。

点、线、线环的实例中，最重要的属性是具有一个能够决定其内部、边界和外部点集的有限序列的坐标。当构建实例时，第三维 Z 坐标可能用到，但在 Shapely 中对几何分析没有任何影响。Shapely 所有操作均在二维平面上进行。在所有的构造函数中，数值会被转换成浮点型。这意味着点 (0,0) 和点 (0.0,0.0) 会产生等同的几何实例。

当构建实例时，Shapely 不会自动检查实例的简单性或者有效性，也不保证结果是否有效。可以通过 is_valid 谓语对几何要素的有效性进行检查。

5.2.1　通用属性与方法

下面是 Shapely 几何对象的通用属性与方法，假设 object 为一几何对象。

（1）object.area 返回对象的面积。

（2）object.bounds 返回一个元组 (minx,miny,maxx,maxy)，即对象的边界，也就是最小外包矩形。

（3）object.length 返回对象的长度。

（4）object.geom_type 返回一个字符串，按照 OpenGIS 的格式标准指定对象的几何类型。

（5）object.wkt 返回几何对象的 WKT 表达方式。在后面部分查看生成的结果时会经常用到。

下面来看一下点的实例，代码输出点（0,0）的几何类型。

```
1  >>> from shapely.geometry import Point
2  >>> Point(0,0).geom_type
3  'Point'
```

object.distance(other) 返回到其他类型几何对象之间的浮点型最短距离。

```
1  >>> Point(0,0).distance(Point(1,1))
2  1.4142135623730951
```

object.representative_point() 返回一个在几何对象内的点。这个点是标记点，在计算的时候依照计算量最小而定，只要在几何对象内部即可，并不代表几何对象的质心。

```
1  >>> donut=Point(0, 0).buffer(2.0).difference(
2  ...       Point(0, 0).buffer(1.0))
3  >>> donut.centroid.wkt
4  'POINT (-2.26143213395106e-17 -3.945215842382012e-17)'
5  >>> donut.representative_point().wkt
6  'POINT (-1.5 4.119267568565299e-15)'
```

下面来看一个针对点状要素进行缓冲操作的实例，缓冲操作是 GIS 中的典型空间分析功能。

```
1  >>> from shapely.geometry import Point
2  >>> point=Point(10, 10)
3  >>> pt_buf=point.buffer(5)
4  >>> pt_buf.wkt
5  POLYGON((15 10, 14.97592363336098 9.509914298352198 , ...
```

对一个点进行距离为 5 个单位的缓冲，结果是一个半径为 5 个单位的圆，在 Shapely 中表示为多边形。

5.2.2　Shapely 中的几何要素

Shapely 中点的使用方法在 5.2.1 节已经介绍过。本节会对线与多边形几何对象的一些操作进行介绍，其中很多属性与方法都是通用的，当然不同几何对象的属性值会不同，方法的参数也可能会有差别。具体介绍中不会对每个都重复说明，只对有差异的地方进行重点说明。

1. Shapely 中的线状几何要素

在 Shapely 中，将线状几何要素分为简单线与复杂线，区别在于复杂线是自相交的。图 5.1 显示了简单线与复杂线。

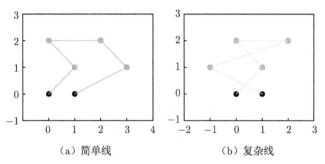

（a）简单线　　　　　　　　　（b）复杂线

图 5.1　简单线与复杂线

线（LineString）的构造采用线性序列，一般采用两个或者多个 $(x, y[, z])$ 点元组。构造的 LineString 对象代表点与点之间的一个或多个直线样条。

```
1  >>> from shapely.geometry import LineString
2  >>> line=LineString([(0, 0), (1, 1)])
3  >>> line.area
4  0.0
5  >>> line.length
6  1.4142135623730951
```

线的面积为 0，但长度不为 0。线的边界是一个 (minx,miny,maxx,maxy) 元组。

```
1  >>> line.bounds
2  (0.0, 0.0, 1.0, 1.0)
```

通过 coords 属性来定义线的坐标属性值，coords 属性并非列表，但可以使用 list() 函数转换为列表；另外 coords 属性也支持切片操作，返回结果为列表。

```
1  >>> len(line.coords)
2  2
3  >>> list(line.coords)
4  [(0.0, 0.0), (1.0, 1.0)]
5  >>> line.coords[1:]
6  [(1.0, 1.0)]
```

线的构造也接受另一个线的实例，从而得到另一个副本。

```
1   >>> line_copy = LineString(line)
```

不能以点 Point 的实例序列作为参考来构建线状要素。线由点来描述，但不是由点的实例组成。

2. Shapely 中的线环几何要素

线环（LinearRings）与线非常类似，但线环是闭合的。线环的构造需要一个有序序列 (x, y, z) 的点元组，其中第一个点与最后一个点的坐标值是相同的；如果不相同，则会自动将第一个点复制为最后一个点来将线环闭合。线环与线一样，重复点在有序序列中是被允许的，但可能会导致性能损失，应该尽量避免。一条线环不能自相交，并且不能在一个单点接触。图 5.2 所示为一个有效线环与一个无效线环。

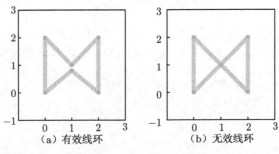

图 5.2　有效与无效线环

```
1   >>> from shapely.geometry import LinearRing
2   >>> ring=LinearRing([(0, 0), (1, 1), (1, 0)])
3   >>> list(ring.coords)
4   [(0.0, 0.0), (1.0, 1.0), (1.0, 0.0), (0.0, 0.0)]
```

注意上面第 2 行的定义与第 4 行的结果：线环自动补充了一个结束节点。

线环的定义也可以用线或线环对象作为参数。

3. Shapely 中的多边形几何要素

多边形构造需要两个位置参数。第一个位置参数是 $(x, y[, z])$ 点元组的有序序列，是有效的线环。第二个位置参数是可选的，位于第一个参数指定的线环内部，用于声明洞的边界的环状序列，也由线环组成。

下面先定义一个多边形：

```
1   >>> from shapely.geometry import Polygon
2   >>> polygon=Polygon([(0, 0), (1, 1), (1, 0)])
```

这个多边形的内部要素是空的，当然不是指内部的点，而是其他几何要素：

```
>>> list(polygon.interiors)
[]
```

进一步建立线环作为参数构造另一个多边形：

```
>>> coords=[(0, 0), (1, 1), (1, 0)]
>>> r=LinearRing(coords)
>>> s=Polygon(r)
>>> s.area
0.5
```

下面添加第二个数据，来构建有洞的多边形。首先通过缓冲操作来构造环形：

```
>>> t=Polygon(s.buffer(1.0).exterior, [r])
>>> t.area
6.5507620529190325
```

组成的环通过内部环和外部环的属性获得，多边形的构造函数同样接受以线和环的实例作为参数。

一个有效的多边形的环不能相互交叉，但可以在一个单点接触。同样，Shapely 不会阻止无效要素的创建，但是当他们运行时，可能会有异常。

图 5.3（a）是一个有效的多边形，因为它的内部环和一个外部环接触于一点；图 5.3（b）是无效的多边形，因为它的内部环与外部环多于一个点接触；图 5.3（c）多边形是无效的，因为它的外部环和内部环相触于一条线。

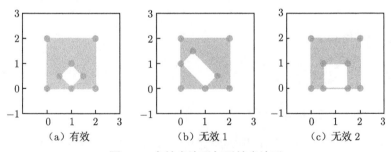

图 5.3 有效多边形与无效多边形

4. 矩形几何要素

矩形是多边形，在 Shapely 中提供了 shapely.geometry.box() 函数更方便地进行构建。生成的矩形默认使用逆时针顺序。

box() 函数使用 4 个参数，分别为 minx、miny、maxx、maxy；第 5 个参数是可选的，可以声明是逆时针方向还是顺时针方向。

```
1  >>> from shapely.geometry import box
2  >>> b = box(0.0, 0.0, 1.0, 1.0)
3  >>> list(b.exterior.coords)
4  [(1.0, 0.0), (1.0, 1.0), (0.0, 1.0), (0.0, 0.0), (1.0, 0.0)]
```

5. 空要素

一个空要素是指一个点集是空集（set()），而不是 None。各种几何要素的构造函数都可以产生空值要素。

```
1  >>> line=LineString()
2  >>> line.is_empty
3  True
4  >>> line.length
5  0.0
6  >>> line.bounds
7  ()
8  >>> line.coords
9  []
```

可以对一个空值要素变量赋值，在这之后几何坐标不再是空的。

```
1  >>> line.coords=[(0, 0), (1, 1)]
2  >>> line.is_empty
3  False
4  >>> line.length
5  1.4142135623730951
6  >>> line.bounds
7  (0.0, 0.0, 1.0, 1.0)
```

5.2.3 Shapely 中的几何集合

Shapely 的一些操作可能会出现多项几何对象的集合（collections），从而影响一些 Shapely 操作。

1. 两条线相交产生的几何集合

假设有两条线沿着某个方面在一个点相交。为了表示这类结果，Shapely 提供了几何对象的几何集合。几何集合可能是同质的（复合点等），也可能是异质的（点与线的几何集合）。

看一下下面的两条线，这两条线在某些地方是重合的：

```
1  >>> from shapely.geometry import LineString
2  >>> a=LineString([(0, 0), (1,1), (1,2), (2,2)])
3  >>> b=LineString([(0, 0), (1,1), (2,1), (2,2)])
4  >>> c=a.intersection(b)
5  >>> len(c)
6  2
7  >>> c.wkt
8  'GEOMETRYCOLLECTION (POINT (2 2), LINESTRING (0 0, 1 1))'
```

线 a 与线 b 进行相交（intersection()）操作，结果是 Shapely 的几何集合，里面有两个元素。

图 5.4 中，(a) 与 (b) 分别是线，(c) 是相交生成的结果。

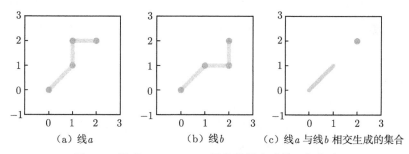

(a) 线 a　　　　　　(b) 线 b　　　　(c) 线 a 与线 b 相交生成的集合

图 5.4　图形 intersection 操作结果生成的几何集合

几何集合的成员可以通过访问 geoms 属性，或通过枚举接口进行遍历：

```
1  >>> for g in c: print(g.wkt)
2  ...
3  POINT (2 2)
4  LINESTRING (0 0, 1 1)
5  >>> for g in c.geoms: print(g.wkt)
6  ...
7  POINT (2 2)
8  LINESTRING (0 0, 1 1)
```

几何集合的成员也可以通过切片操作来获取里面的单个对象：

```
1  >>> c.geoms[0].wkt
2  'POINT (2 2)'
3  >>> c[1].wkt
4  'LINESTRING (0 0, 1 1)'
```

几何集合可以分为好几部分，并生成同一个类型的新对象。下面的复合点、复合线、复合多边形都是这样。

2. 复合点

复合点的构建需要点元组 $(x, y[, z])$ 序列。复合点面积为 0，且长度也为 0。

```
1  >>> from shapely.geometry import MultiPoint
2  >>> points=MultiPoint([(0.0, 0.0), (1.0, 1.0)])
3  >>> points.area
4  0.0
5  >>> points.length
6  0.0
7  >>> points.bounds
8  (0.0, 0.0, 1.0, 1.0)
```

3. 复合线

复合线是指由多个部分（各部分都为线状要素）组成的几何要素，其构建需要线性元组序列或对象。

图 5.5（a）是一个简单的、不连接的复合线；图 5.5（b）是一个有连接的复合线。复合线的面积为 0，但长度不为 0。

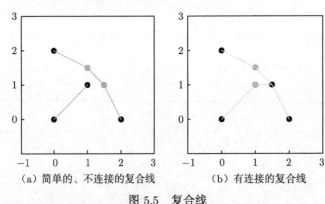

(a) 简单的、不连接的复合线   （b）有连接的复合线

图 5.5   复合线

下面是构造复合线，以及相关属性的代码：

```
1  >>> from shapely.geometry import MultiLineString
2  >>> coords=[((0, 0), (1, 1)), ((-1, 0), (1, 0))]
3  >>> lines=MultiLineString(coords)
4  >>> lines.area
5  0.0
```

```
6   >>> lines.length
7   3.414213562373095
8   >>> lines.bounds
9   (-1.0, 0.0, 1.0, 1.0)
10  >>> len(lines.geoms)
11  2
```

4. 复合多边形

复合多边形的构建需要外部线环和内部线环（洞）两组序列元组，构造函数同样接受线实例的无序序列，从而得到一个副本。

```
1   >>> polygon=[(0, 0), (1,1), (1,2), (2,2),(0,0)]
2   >>> s=[(10, 0), (21,1), (31,2), (24,2),(10,0)]
3   >>> t=[(0, 50), (1,21), (1,22), (32,2),(0,50)]
4   >>> from shapely.geometry import Polygon
5   >>> p_a, s_a, t_a=[Polygon(x) for x in  [polygon, s, t]]
6   >>> from shapely.geometry import MultiPolygon
7   >>> polygons=MultiPolygon([p_a, s_a, t_a])
8   >>> len(polygons.geoms)
9   3
10  >>> len(polygons)
11  3
12  >>> polygons.bounds
13  (0.0, 0.0, 32.0, 50.0)
```

图 5.6（a）是一个有效的有两个成员的复合多边形；图 5.6（b）是一个无效的复合多边形，因为它的成员沿着一条线有无数多个点接触。

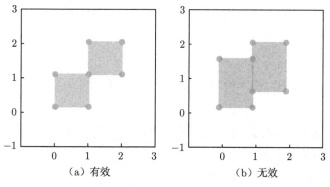

(a) 有效　　　　　　　　(b) 无效

图 5.6　有效与无效复合多边形

5.3 Shapely 中谓词与关系

Shapely 中的几何对象提供标准的谓词,包括一元谓词(属性)与二元谓词(方法)。无论一元还是二元谓词都返回 True 或 False。

5.3.1 一元谓词

Shapely 中几何对象的一元谓词作为只读属性实现,下面通过例子来具体看一下。

object.has_z: 如果要素不是二维对象,而是三维的,则返回为 True。

```
1  >>> from shapely.geometry import Point
2  >>> Point(0, 0).has_z
3  False
4  >>> Point(0, 0, 0).has_z
5  True
```

object.is_ccw: 如果坐标是逆时针的,则返回为 True(用正面标记的面积来框定区域)。这种方法仅适用于线性对象。

```
1  >>> from shapely.geometry import LinearRing
2  >>> LinearRing([(1,0), (1,1), (0,0)]).is_ccw
3  True
```

非预期方向的环可以通过下面代码反转:

```
1  >>> ring=LinearRing([(0,0), (1,1), (1,0)])
2  >>> ring.is_ccw
3  False
4  >>> ring.coords=list(ring.coords)[::-1]
5  >>> ring.is_ccw
6  True
```

object.is_empty: 如果要素的内部与边界(在点集方面)为空集,则返回为 True。

```
1  >>> from shapely.geometry import Point
2  >>> Point().is_empty
3  True
4  >>> Point(0, 0).is_empty
5  False
```

注意：使用 Python 内置模块 operator[①]的 attrgetter() 函数，一元谓词如 is_empty 能够轻松地用作 Python 内置函数 filter()[②]的谓词，来对列表中的对象进行批量判断、过滤。

```
1  >>> from operator import attrgetter
2  >>> empties=filter(attrgetter('is_empty'),
3  ...      [Point(), Point(0, 0)])
4  >>> for g in empties: print(g.wkt)
5  ...
6  GEOMETRYCOLLECTION EMPTY
```

object.is_ring：如果要素是闭合的，则返回为 True。is_ring 属性适用于线（LineString）和线环（LinearRing）实例，对于其他几何类型是无意义的。

```
1  >>> from shapely.geometry import LineString
2  >>> LineString([(0, 0), (1, 1), (1, -1)]).is_ring
3  False
4  >>> from shapely.geometry import LinearRing
5  >>> LinearRing([(0, 0), (1, 1), (1, -1)]).is_ring
6  True
```

object.is_simple：如果要素是自相交的，则返回为 False，如下面代码。

```
1  >>> LineString([(0, 0),(1, 1),(1, -1),(0, 1)]).is_simple
2  False
```

object.is_valid：如果一个要素是有效的，则返回为 True。基于无效要素进行的操作可能会失败。

几何对象的有效性通过这些原则进行判断：一个有效的线环不能交叉或者在一个单点接触；一个有效的多边形不能与任何外部线环或内部线环重叠；一个有效的复合多边形不会与任何多边形重叠。

下面的示例代码中两点相互靠近，缓冲区操作产生的多边形将会重叠，生成的多边形是无效的。

```
1  >>> from shapely.geometry import MultiPolygon
2  >>> poly=MultiPolygon([Point(0, 0).buffer(2.0),
3  ...      Point(1, 1).buffer(2.0)])
4  >>> poly.is_valid
5  False
```

① operator 模块是 Python 中内置的操作符函数接口，它定义了一些算术和比较内置操作的函数。operator 模块是用 C 语言实现的，所以执行速度比 Python 代码块。
② filter() 函数用于过滤掉列表中不符合条件的元素，返回由符合条件元素组成的新列表。

　　is_valid 谓词可以用来写一个验证装饰器,可以确保从构造函数中返回的对象是有效的。

　　进一步地,可以用 Shapely 的 validation.explain_validity() 函数返回解释对象有效性或无效性的信息。

```
1  >>> from shapely.validation import explain_validity
2  >>> explain_validity(poly)
3  'Self-intersection [-0.821303165204532 1.82130316520453]'
```

5.3.2　二元谓词

　　在 Shapely 中,标准的二元谓词通过 Python 的方法实现。这些谓词评估拓扑与集合论之间的关系。二元谓词(方法)将另一个几何对象作为参数,且返回为 True 或 False。

　　1. contains() 方法

　　如果对象的内部包含另外一个对象的边界和内部,并且两个对象的边界不接触,则返回为 True。这种谓词适用于所有类型,并且 a.contains(b)==b.within(a) 的表达,常常被评定为 True。

```
1  >>> from shapely.geometry import Point, LineString
2  >>> coords=[(0, 0), (1, 1)]
3  >>> LineString(coords).contains(Point(0.5, 0.5))
4  True
5  >>> Point(0.5, 0.5).within(LineString(coords))
6  True
```

　　线的端点是边界的一部分,因此不包含。例如:

```
1  >>> LineString(coords).contains(Point(1.0, 1.0))
2  False
```

　　注意:与一元谓词类似,但二元谓词可以直接用作 Python 内置函数 filter() 的谓词,来对列表中的对象进行批量判断、过滤。例如:

```
1  >>> line=LineString(coords)
2  >>> contained=filter(line.contains, [Point(), Point(0.5, 0.5)])
3  >>> for g in contained: print(g.wkt)
4  ...
5  POINT (0.5 0.5)
```

2. crosses()**方法**

如果对象的内部与另外对象的内部相交但并不包含它，并且相交的维数少于它本身或另一个维数，则返回为 True。

```
1  >>> LineString(coords).crosses(LineString([(0, 1), (1, 0)]))
2  True
```

一条线不跨越它包含的点。

```
1  >>> LineString(coords).crosses(Point(0.5, 0.5))
2  False
```

3. disjoint()**方法**

如果对象的边界和内部与其他对象也不相交（按集合论，没有任何同样的元素），则返回为 True。

```
1  >>> Point(0, 0).disjoint(Point(1, 1))
2  True
```

这种谓词适用于所有类型，可视为与 intersects() 函数相逆。

4. equals()**方法**

按集合论，如果对象的边界、内部和外部与其他对象对应重合，则返回为 True。

```
1  >>> a=LineString([(0, 0), (1, 1)])
2  >>> b=LineString([(0, 0), (0.5, 0.5), (1, 1)])
3  >>> c=LineString([(0, 0), (0, 0), (1, 1)])
4  >>> a.equals(b)
5  True
6  >>> b.equals(c)
7  True
```

这个谓词不应该被误认为是 Python 的 == 。

5. touches()**方法**

如果对象的边界仅与另一个对象的边界相交，并且不与另一个对象的其他部分相交，则返回为 True。

要注意，如果两个对象是重合的，则 touches() 方法返回值为 False，这一点容易弄错。例如，下面的两条线在点 (1,1) 处相接触，但是并不重合。

```
1  >>> a=LineString([(0, 0), (1, 1)])
2  >>> b=LineString([(1, 1), (2, 2)])
3  >>> a.touches(b)
4  True
```

6. within()方法

如果对象的边界和内部仅与另一个对象的内部（不是边界或者外部）相交，则返回为 True。这个方法适用于所有的类型，并且与 contains() 函数互为逆运算。

7. intersects()方法

如果对象的边界和内部与另外一个对象以任何形式相交，则返回为 True。如何两个对象的 contains()、crosses()、equals()、touches() 或 within() 中的一个为 True，则返回 True。

8. overlaps()方法

英文 overlaps 可译为交叠，指多边形部分重叠。也就是两个对象的 intersects() 为 True，但是相互之间的 within() 为 False，则返回为 True。

5.3.3　DE 九交模型关系

DE 九交模型（dimensionally extended nine-intersection model，DE-9IM）是一种拓扑模型，用于描述两个几何图形空间关系。

5.3.2 节对于几种能与自然语言对应的空间关系进行了说明，JTS 的 Geometry 类也实现了这些方法。由于这些方法不能表示全部的空间位置关系，OGC 的 SFS 和 JTS 都提供了一个 relate() 方法，用来测试指定的 DE 九交模型关系。

几何对象的拓扑空间关系在 GIS 中是一个重要的研究主题。DE 九交模型关系运算是用来检验两个几何对象的特定拓扑空间关系的逻辑方法，几何对象的拓扑空间关系主要是通过几何对象的内部、边界和外部的交集来判断的。在二维空间中，几何对象的边界是比几何对象更低一维的集合，点和复合点的边界为空集。线的边界为线的两个端点，当线闭合时，线的边界为空集。多边形（面）的边界是组成边界的线。

有两个简单实体 A 与 B，$I(A)$ 和 $I(B)$ 表示 A 和 B 的内部（inside）；$B(A)$ 和 $B(B)$ 表示 A 和 B 的边界（border）；$E(A)$ 和 $E(B)$ 表示 A 和 B 的外部。从数学上来讲，该模型可以表示 2^9（512）种可能的关系，但实际上有些关系是不存在的。

$$I(A) \cap I(B) \quad I(A) \cap B(B) \quad I(A) \cap E(B)$$
$$B(A) \cap I(B) \quad B(A) \cap B(B) \quad B(A) \cap E(B)$$
$$E(A) \cap I(B) \quad E(A) \cap B(B) \quad E(A) \cap E(B)$$

上面的九交模型通过空和非空来区分两个目标边界的内部和外部。该方法是有局限性的，需要运用维数扩展法进行扩展，其中 dim 表示取维数符号。

$$\dim(I(A) \cap I(B)) \quad \dim(I(A) \cap B(B)) \quad \dim(I(A) \cap E(B))$$
$$\dim(B(A) \cap I(B)) \quad \dim(B(A) \cap B(B)) \quad \dim(B(A) \cap E(B))$$
$$\dim(E(A) \cap I(B)) \quad \dim(E(A) \cap B(B)) \quad \dim(E(A) \cap E(B))$$

在九交模型中，用的是 3×3 的矩阵，在 Shapely 中，则使用 9 位字符串来对应。每个字符代表内部之间的交集和每一个几何属性的描述。

(1) T 表示 True。

(2) F 表示 False。

(3) * 意味着无关紧要。

(4) 0、1、2 表示交点必须存在，且必须具有相应的维度（一维、二维、三维）。

在 Shapely 中，object.relate(other) 返回在一个对象和另一个几何对象的内部、边界和外部之间的 DE 九交模型关系。上面列出的命名关系谓词（如 contains() 等）通常被当作 relate() 的一种或几种具体情况来实现的。

两个不同的点在它们的矩阵中主要有假值 F（False）属性；它们的外部交集（第九个元素）是一个二维对象平面的其余部分；一个对象的内部和另一个对象外部的交集是零维对象（矩阵中的第 3 个与第 7 个元素）。

```
>>> from shapely.geometry import Point
>>> Point(0, 0).relate(Point(1, 1))
'FF0FFF0F2'
```

一条线和线上点的九交模型矩阵有更多的非 F 值。

```
>>> from shapely.geometry import LineString
>>> Point(0, 0).relate(LineString([(0, 0), (1, 1)]))
'F0FFFF102'
```

对于一些常用的关系，如相等、脱节、相交、接触、交叉、内含、包含、重叠等，皆可用九交模型来判断，这些关系实质上是对 relate() 函数的进一步封装。

对于九模型的理解可以进一步阅读相关文献，但是要注意，对于空间关系的表达上，文献中出现的表达式与 Shapely 中的实现可能并不完全一致。

5.4　使用 Shapely 空间分析方法构建新对象

除了一元谓词（属性）和二元谓词（方法），Shapely 还提供了构建新的几何对象的空间分析方法。

5.4.1　基于集合论方法构建新的几何对象

几乎每一个二元谓词方法都有一个返回新几何对象的副本的方法。从集合论的角度，一个对象的边界则是作为只读属性得到的。

1. 边界与中心

boundary 按集合论的定义返回一个代表对象边界的更低一维度的几何对象。一个多边形的边界是一条线，线的边界是一系列的点，一个点的边界是一个空集。

```
>>> from shapely.geometry import MultiLineString
>>> coords = [((0, 0), (1, 1)), ((-1, 0), (1, 0))]
>>> lines = MultiLineString(coords)
>>> lines.boundary.wkt
'MULTIPOINT (-1 0, 0 0, 1 0, 1 1)'
>>> lines.boundary.boundary.wkt
'GEOMETRYCOLLECTION EMPTY'
>>> lines.boundary.boundary.is_empty
True
```

object.centroid 返回几何对象的质心。

```
>>> from shapely.geometry import LineString
>>> LineString([(0, 0), (1, 1)]).centroid.wkt
'POINT (0.5 0.5)'
```

注意：一个对象的质心可能是组成对象的一个点，但是并不保证所有对象的质心都是这样的。

2. 相减操作

object.difference(other) 返回组成这个几何对象的点的集合，且这些点不在另外一个几何对象中，见图 5.7。

```
>>> from shapely.geometry import Point
>>> a=Point(1, 1).buffer(1.5)
>>> b=Point(2, 1).buffer(1.5)
>>> a.difference(b).wkt
'POLYGON ((1.5 -0.4123059204384313, 1.435427015881695 ...
```

difference() 及后面的空间操作函数只能用于二维对象，不能用在低维对象（如线要素或点状要素）上面。

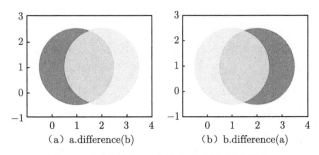

（a）a.difference(b)　　　　　　（b）b.difference(a)

图 5.7　两个近似圆形的多边形的相减操作

3. 相交操作

`object.intersection(other)` 返回一个对象与另一个几何对象交集的代表。

```
1  >>> a=Point(1, 1).buffer(1.5)
2  >>> b=Point(2, 1).buffer(1.5)
3  >>> a.intersection(b).wkt
4  'POLYGON ((2.5 1, 2.492777090008295 0.8529742895056592, ...
```

结果参见图 5.8（a）。

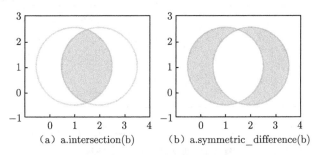

（a）a.intersection(b)　　　　（b）a.symmetric_difference(b)

图 5.8　intersection 与 symmetric_difference 操作

4. 对称差操作

`object.symmetric_difference(other)` 是对称差函数。数学上，两个集合的对称差是只属于其中一个集合，而不属于另一个集合的元素组成的集合。集合论中的这个运算相当于布尔逻辑中的异或运算。下面的代码对两个点进行缓冲，并进行对称差计算，结果返回的是复合多边形，见图 5.8（b）。

```
1  >>> a=Point(1, 1).buffer(1.5)
2  >>> b=Point(2, 1).buffer(1.5)
3  >>> a.symmetric_difference(b).wkt
4  'MULTIPOLYGON (((1.5 -0.41230592043843, 1.5740251485476 ...
```

5. 合并操作

`object.union(other)` 返回这个对象和其他几何对象间的点的集合的合集。

返回对象的类型取决于运算对象之间的关系。例如，多边形的合并，取决于它们是否相交，结果是一个多边形或者是一个复合多边形。

```
1  >>> a=Point(1, 1).buffer(1.5)
2  >>> b=Point(2, 1).buffer(1.5)
3  >>> a.union(b).wkt
4  'POLYGON ((1.5 -0.4123059204384313, 1.435427015881695 ...
```

这些操作的语义随着几何对象类型的不同而变化。例如，比较合并之后多边形的边界（线状要素），与多边形边界的合并结果（复合线）（图 5.9）。

```
1  >>> a.union(b).boundary.wkt
2  'LINESTRING (1.5 -0.4123059204384313, 1.435427015881695 ...
3  >>> a.boundary.union(b.boundary).wkt
4  'MULTILINESTRING ((2.5 1, 2.492777090008 0.8529742895056, ...
```

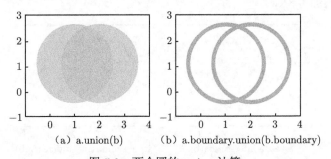

　　（a）a.union(b)　　　　　（b）a.boundary.union(b.boundary)

图 5.9　两个圆的 union 计算

注意：对于较多对象的合并操作，`union()` 计算需要的资源较多，级联合并（`shapely.ops.cascaded_union()`，见 5.5.2 节）则是一个更有效的方法。

5.4.2　构建新对象的方法

5.4.1 节介绍的是根据集合论产生几何对象的方法，如相交、合并、相减等。本节介绍 Shapely 中由几何对象构建新对象的另外一些方法。

1. 缓冲区方法

在 GIS 中，缓冲区操作会在点、线或多边形的周围根据指定的宽度创建一个区域。这个缓冲区也指在更普遍的几何对象（也包括复杂对象，如复合点、复合线等）上的指定宽度的区域。缓冲区操作可以应用于任何类型的几何对象。

　　Shapely 几何对象的 buffer() 方法返回一个几何对象指定长度内所有点的近似代表。长度的值可以为正数，也可以为负数：对于一个对象，正数长度有扩张的效果，在图像处理中称为膨胀（图 5.10 (a)）；负数长度有减少的效果，在图像处理中称为腐蚀（图 5.10 (b)）。可选的参数 resolution 决定了结果的光滑程度。

```
1  >>> from shapely.geometry import LineString
2  >>> line=LineString([(0, 0), (1, 1), (0, 2), (2, 2),
3  ...       (3, 1), (1, 0)])
4  >>> dilated=line.buffer(0.5)
5  >>> eroded=dilated.buffer(-0.3)
```

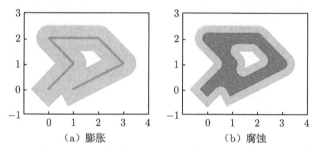

(a) 膨胀　　　　　　　　　(b) 腐蚀

图 5.10　一条线的膨胀和一个多边形的腐蚀

　　计算机表达与数学表达是不一样的。对于一个点进行缓冲，在数学中可以认为是一个圆，但是在计算机中只能使用数值表达，使用多边形来逼近圆。在 Shapely 中，一个点的默认缓冲区（多边形斑块）的面积是相同半径圆面积的 99.8%。

```
1  >>> from shapely.geometry import Point
2  >>> p=Point(0, 0).buffer(10.0)
3  >>> len(p.exterior.coords)
4  66
5  >>> p.area
6  313.6548490545939
```

　　可以通过修改 resolution（分辨率）参数来调整 Shapely 对圆的逼近程度。当 resolution=1 时，缓冲区是一个矩形。例如：

```
1  >>> q=Point(0, 0).buffer(10.0, 1)
2  >>> len(q.exterior.coords)
3  5
4  >>> q.area
5  200.0
```

这里有一个技术，通过设定距离为 0，buffer() 函数可清除自接触或者自交多边形这种拓扑错误。

```
>>> from shapely.geometry import Polygon
>>> coords=[(0, 0), (0, 2), (1, 1), (2, 2), (2, 0), (1, 1),
            (0, 0)]
>>> bowtie=Polygon(coords)
>>> bowtie.is_valid
Ring Self-intersection at or near point 1 1
False
```

这样生成的是无效的多边形。下面对多边形进行值为 0 的缓冲：

```
>>> clean=bowtie.buffer(0)
>>> clean.is_valid
True
```

可以看到现在已经是有效的多边形了。可以进一步查看生成的结果。处理之后，结果是两个多边形。

```
>>> len(clean)
2
>>> list(clean[0].exterior.coords)
[(0.0, 0.0), (0.0, 2.0), (1.0, 1.0), (0.0, 0.0)]
>>> list(clean[1].exterior.coords)
[(1.0, 1.0), (2.0, 2.0), (2.0, 0.0), (1.0, 1.0)]
```

缓冲操作在它们接触的点的地方将多边形一分为二。

2. 凸包方法

关于凸包的概念，中译为"凸包"或"凸壳"。在多维空间中有一群散布各处的点，凸包是包覆在这群点的所有外壳当中，表面积即容积最小的一个外壳，而最小的外壳一定是凸的。至于"凸"的定义是：图形内任意两点的连线不会经过图形外部。"凸"并不是指表面呈弧状隆起，事实上凸包是由许多平坦表面组成的。

最小凸包的概念，可以想象使用弹性条带包围给定物体，固定住条带然后拿走物体时条带呈现出的凸包形状。

convex_hull 返回一个包含对象中所有点的最小凸包，除非对象中点的数量少于三个。对于两个点，凸包退化为一条线；点则退化为一点。

```
>>> Point(0, 0).convex_hull.wkt
'POINT (0 0)'
```

```
3  >>> from shapely.geometry import MultiPoint
4  >>> MultiPoint([(0, 0), (1, 1)]).convex_hull.wkt
5  'LINESTRING (0 0, 1 1)'
6  >>> MultiPoint([(0, 0), (1, 1), (1, -1)]).convex_hull.wkt
7  'POLYGON ((1 -1, 0 0, 1 1, 1 -1))'
```

图 5.11（a）为两个点的凸包，图 5.11（b）为六个点的凸包。

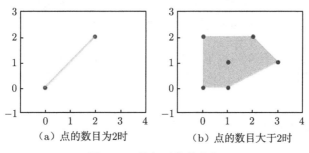

（a）点的数目为2时　　　　（b）点的数目大于2时

图 5.11　几何对象的凸包

3. 最小外包矩形

最小外包矩形（minimum bounding rectangle，MBR）是一个在 GIS 中非常重要的概念，就是包围图形，且平行于 X 轴、Y 轴的最小外接矩形。MBR 也被称为矩形边界框（bounding boxes，BBOX）。

几何对象的 envelope 属性返回那个点或包含那个对象的 MBR。单个点的 MBR 退化为点。

```
1  >>> Point(0, 0).envelope.wkt
2  'POINT (0 0)'
```

如果点恰好分布在水平或垂直方向上，结果看起来是一条线（图 5.12（a）），返回的是多边形数据结构：

```
1  >>> MultiPoint([(0,1), (2, 1), (3, 1)]).envelope.wkt
2  'POLYGON ((0 1, 3 1, 3 1, 0 1, 0 1))'
```

正常情况下，对于复合点，或者是线、多边形等几何图形，会返回一个矩形（图 5.12（b））：

```
1  >>> MultiPoint([(1,0),(3,0.6),(1.5,2),(0,1.4)]).envelope.wkt
2  'POLYGON ((0 0, 3 0, 3 2, 0 2, 0 0))'
```

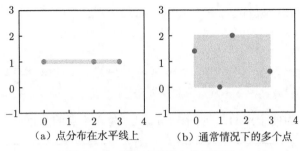

（a）点分布在水平线上　　　（b）通常情况下的多个点

图 5.12　几何对象最小外包矩形

最小外包矩形由 5 个点组成（第一个点与最后一个点是相同的）。需要注意，不同的投影方式同一多边形的最小外包矩形是不一样的（包括形状、空间范围与方向）。

4. 简化几何对象

GEOS 库可以在几何对象上执行简化（或概化）操作，使用的是 Douglas Peuker 算法。Douglas Peuker 算法试图保持线的方向趋势，根据所需的简化量变化，可以使用一个容差值。容差值确定了所需的简化量，大的容差值比小的容差值产生更强的简化。

简化函数只能在线性几何要素上（这也包括多边形的边界）应用，而不能在点或复合点上应用。

在 Shapely 中，simplify() 函数返回一个几何对象的简化形式。简化对象中的所有点将会在原始几何距离的容差内。默认情况下，如果要保留拓扑结构，则会使用运算速度较慢的算法；如果设置保留拓扑结构为假，则会采用更快的算法。注意：无效的几何对象可能在进行概化操作时不保留拓扑关系。

如图 5.13，是一个近圆形的多边形的容差值为 0.2 和 0.5 的简化。

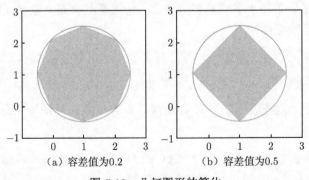

（a）容差值为0.2　　　　（b）容差值为0.5

图 5.13　几何图形的简化

下面看一下代码，对一个点进行缓冲操作，生成一个圆（或者说是一个近似圆的多边形）。

```
1  >>> p=Point(0.0, 0.0)
2  >>> x=p.buffer(1.0)
```

然后看一下相关的属性，如面积、坐标：

```
1  >>> x.area
2  3.1365484905459384
3  >>> len(x.exterior.coords)
4  66
```

下面第一行代码进行了概化操作。再查看相关属性时，发现面积变小了，坐标的数目也减少了。

```
1  >>> s=x.simplify(0.05, preserve_topology=False)
2  >>> s.area
3  3.0614674589207187
4  >>> len(s.exterior.coords)
5  17
```

5.5　Shapely 中其他操作

5.5.1　合并线状要素

相邻接的线序列可以利用 shapely.ops 函数的模块合并成复合线或者复合多边形。

shapely.ops.polygonize(lines) 返回一个由输入的线构成的多边形的迭代。正如 MultiLineString 构造函数，输入的元素可能是任何线性对象。

为了对示例进行说明，先定义 5 条线。

```
1  >>> lines=[((0, 0), (2, 2)),
2  ...        ((0, 0), (0, 2)),
3  ...        ((0, 2), (2, 2)),
4  ...        ((2, 2), (2, 0)),
5  ...        ((2, 0), (0, 0))]
```

5 条线的空间位置如图 5.14（a）所示。

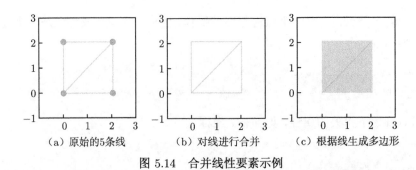

（a）原始的5条线　　　（b）对线进行合并　　　（c）根据线生成多边形

图 5.14　合并线性要素示例

shapely.ops.linemerge(lines) 返回一条线或者复合线，代表线的所有相邻元素的合并。就像在 shapely.ops.polygonize() 中，输入元素可能是任何线性对象。

```
1  >>> from shapely.ops import linemerge
2  >>> the_lines=linemerge(lines)
3  >>> for aline in the_lines:
4  ...        print(aline)
5  ...
6  LINESTRING (2 2, 2 0, 0 0)
7  LINESTRING (0 0, 2 2)
8  LINESTRING (0 0, 0 2, 2 2)
```

上面代码对 5 条线进行了 linemerge 操作，结果生成 3 条线，如图 5.14（b）所示。

最后再来看一下使用 polygonize 函数根据线生成多边形。这个函数运行时有个基本的要求，即线应该是闭合的，不闭合的线无法生成多边形。

```
1  >>> from shapely.ops import polygonize
2  >>> the_polys=polygonize(lines)
3  >>> for apoly in the_polys:
4  ...        print(apoly)
5  ...
6  POLYGON ((0 0, 2 2, 2 0, 0 0))
7  POLYGON ((2 2, 0 0, 0 2, 2 2))
```

上面代码对 5 条线进行了 polygonize 操作，结果生成两个多边形，如图 5.14（c）所示。

5.5.2　级联合并

shapely.ops.cascaded_union(geoms) 返回一个给定几何对象合并的结果。例如，下面的代码缓冲多个多边形：

```
1  >>> from shapely.geometry import Point
2  >>> from shapely.ops import cascaded_union
3  >>> polygons=[Point(i, 0).buffer(0.7) for i in range(5)]
```

缓冲之后的结果如图 5.15 (a) 所示，这是 5 个多边形 (看起来像是圆)，相互之间有重叠。使用 cascaded_union() 函数进行级联合并后，结果如图 5.15 (b) 所示，为一个多边形。

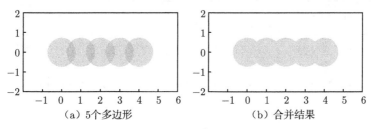

(a) 5个多边形　　　　　　　　　(b) 合并结果

图 5.15　多边形的级联合并

```
1  >>> cascaded_union(polygons)
2  'POLYGON ((0.500000000001 -0.48943023437, 0.494974746830 ...
```

这个功能特别有用。多边形可能会有重置的部分，这在应用逻辑上可能是合理的，但是在统计面积时会重复统计，这时候就可以用 cascaded_union() 函数来处理。例如：

```
1  >>> from shapely.geometry import MultiPolygon
2  >>> m=MultiPolygon(polygons)
3  >>> m.area
4  7.684543801837549
5  >>> cascaded_union(m).area
6  6.610301355116797
```

5.5.3　制备几何操作

Shapely 几何体能够被加工为一种可以支持高效批量操作的形式，称为制备几何操作 (prepared geometry operations)。

下面看一下使用方法，场景为检测大量的点中有哪些落入多边形中。作为示例，变量 points 只设置了三个点。

```
1  >>> from shapely.geometry import Point
2  >>> points=[Point(1,1), Point(2,2), Point(1,0)]
```

prepared.prep() 函数创建并返回制备几何对象。

```
1  >>> polygon=Point(1.0, 1.0).buffer(1.0)
2  >>> from shapely.prepared import prep
3  >>> prepared_polygon=prep(polygon)
```

然后是具体的用法，使用 contains() 函数检测点是否在多边形内部。用 filter() 函数过滤序列，返回由符合条件元素组成的新列表。

```
1  >>> hits=filter(prepared_polygon.contains , points)
2  >>> for x in hits:
3  ...      print(x.wkt)
4  POINT (1 1)
```

制备几何对象有contains()、contains_properly()、covers()与intersects() 等方法。

5.6　Shapely 互操作的接口与使用

Shapely 的内部使用了自己的数据结构与方法，并且偏重于底层的运算。在与其他数据交互方面，Shapely 提供了足够多的互操作方法。

Shapely 支持 WKT 数据格式、NumPy 数据结构，及 __geo_interface__ 接口三种主要的数据互操作方式。其中 WKT 是广泛应用于不同 GIS 软件与工具的交换格式；NumPy 是 Python 科学计算时的基础模块，提供多维数组对象，还包含了多种衍生的对象以及一系列程序；__geo_interface__ 则相当于 Python 自建的接口，在 Python 环境中应用方便。

5.6.1　WKT 格式

任何几何对象的 WKT 或 WKB 表达式都能够通过它的 wkt 或者 wkb 属性获得。这些表达式允许 GIS 程序的相互转换。例如，PostGIS 可以与 16 进制的 WKB 进行交换。

```
1  >>> from shapely.geometry import Point
2  >>> Point(0, 0).wkt
3  'POINT (0 0)'
4  >>> Point(0, 0).wkb
5  b'\x01\x01\x00\x00\x00\x00\x00\x00\x00\x00\x00\x00\x00\x00\x00\x00...
```

可以通过 codecs 库，将上面 WKB 的二进制表达打印出来。

```
1  >>> import codecs
2  >>> codecs.encode(Point(0, 0).wkb, 'hex_codec')
3  b'010100000000000000000000000000000000000000'
```

上面转换成二进制的方法，在 Python 2 中与 Python 3 中是不一样的。另外，还有一个模块 binascii 可以用来实现相同的功能。

```
1  >>> import binascii
2  >>> binascii.hexlify(Point(0, 0).wkb)
3  b'010100000000000000000000000000000000000000'
```

shapely.wkt 和 shapely.wkb 模块提供了 dumps() 与 loads() 功能，这些功能几乎与它们的 pickle 和 simplejson 模块副本的机制一模一样。

用 dumps() 来序列化一个几何对象为一个二进制或者文本字符串；用 loads() 可以反序列化一个字符串来得到一个相同的新的几何对象。

```
1  >>> from shapely.wkb import dumps, loads
2  >>> wkb=dumps(Point(0, 0))
3  >>> loads(wkb).wkt
4  'POINT (0 0)'
```

这些功能支持 Shapely 所有的几何类型。

5.6.2　NumPy 与 Python 列表

所有有坐标序列的几何对象，如点、线、线环都提供了 NumPy 数组接口，也都能被转换为 NumPy 数组。

```
1  >>> from shapely.geometry import Point
2  >>> from numpy import array
3  >>> array(Point(0, 0))
4  array([ 0.,  0.])
5  >>> from shapely.geometry import LineString
6  >>> array(LineString([(0, 0), (1, 1)]))
7  array([[ 0.,  0.],
8         [ 1.,  1.]])
```

array() 函数不会复制坐标值，这会导致对 Shapely 对象坐标的 NumPy 数据访问较慢。要注意的是，NumPy 数组接口并不依赖 NumPy 本身。

通过 xy 属性，同种类型的几何对象坐标能够有 x 和 y 的标准 Python 数组。

```
1  >>> Point(0, 0).xy
2  (array('d', [0.0]), array('d', [0.0]))
3  >>> LineString([(0, 0), (1, 1)]).xy
4  (array('d', [0.0, 1.0]), array('d', [0.0, 1.0]))
```

　　Shapely 的类型转换函数（如下面代码中的 `asPoint`）能够用于转换 NumPy 坐标数组为 Shapely 格式，转换完成的结果能通过使用 Shapely 进行分析，同时保持原始存储。1×2 矩阵可以被采纳为一个点。例如：

```
1  >>> from shapely.geometry import asPoint
2  >>> pa=asPoint(array([0.0, 0.0]))
3  >>> pa.wkt
4  'POINT (0 0)'
```

　　NumPy 数组也可以被调整为 Shapely 的点和线（LineString）。
　　$N \times 2$ 矩阵可以被采纳为一条线。例如：

```
1  >>> from shapely.geometry import asLineString
2  >>> la=asLineString(array([[1.0, 2.0], [3.0, 4.0]]))
3  >>> la.wkt
4  'LINESTRING (1 2, 3 4)'
```

5.6.3　__geo_interface__ 接口与 Shapely 中的实现

　　这里要介绍 `__geo_interface__` 接口，用来进行地理数据访问。

　　1. __geo_interface__ 接口介绍

　　Python 的 `__geo_interface__` 接口依照 Python 内建函数（如 `__str()__`）来简化地理数据的访问接口，在实现方法上参考了 NumPy 数组的接口。为了避免重新发明轮子，使用了 Python 的映射机制，并且借用了 GeoJSON 格式来实现映射的结构。接口返回的数据类型为 Python 字典，可用的键包括 `type`、`bbox`、`properties`、`geometry` 和 `coordinates`。

　　`__geo_interface__` 接口使用起来很方便，所以 ArcPy、descartes、geojson、PySAL 以及 Shapely 等 Python 工具都对这个接口进行了实现。

　　2. Shapely 中的 __geo_interface__ 实现

　　任何 Python 类库的 `__geo_interface__` 接口返回的类 GeoJSON 对象都可以通过 `shapely.geometry.asShape()` 或者 `shapely.geometry.shape()` 函数转换成 Shapely 几何对象。

shapely.geometry.asShape(content) 将 content 转化为几何接口，坐标仍然保存于 content 中；shapely.geometry.shape(content) 则返回一个新的、独立的几何体，其坐标是从 content 复制的。

例如，对一个字典对象进行转换：

```
>>> from shapely.geometry import asShape
>>> d={"type": "Point", "coordinates": (0.0, 0.0)}
>>> shape=asShape(d)
>>> shape.geom_type
'Point'
>>> tuple(shape.coords)
((0.0, 0.0),)
>>> list(shape.coords)
[(0.0, 0.0)]
```

下面进一步说明，先建立一个类 GeoThing。这个类接收字典参数，并通过 __geo_interface__ 属性返回。

```
>>> class GeoThing(object):
...     def __init__(self, d):
...         self.__geo_interface__=d
```

以上面的点 d 为参数进行实例化，生成 thing 对象，用 asShape() 函数进行转换并查看结果：

```
>>> thing=GeoThing(d)
>>> shape=asShape(thing)
>>> shape.geom_type
'Point'
>>> tuple(shape.coords)
((0.0, 0.0),)
>>> list(shape.coords)
[(0.0, 0.0)]
```

通过 shapely.geometry.mapping() 函数可以将 __geo_interface__ 属性转换为类 GeoJSON 的几何对象（数据类型为 Python 字典）。从某种程度上，mapping() 函数可以视为 asShape() 或 shape() 函数的逆运算。

例如，同样用上面的点 d 作为输入数据进行转换：

```
>>> from shapely.geometry import mapping
>>> thing=GeoThing(d)
```

```
3  >>> m=mapping(thing)
4  >>> type(m)
5  <class 'dict'>
6  >>> m['type']
7  'Point'
```

第6章 使用 SpatiaLite 空间数据库

本章来了解一下空间数据库的基本概念与机制。对于 GIS 来讲，数据库可以视为一种单独的数据结构。这一点对于其他的数据存储也是一样的，但是理解起来，可能没有这么明显。由于数据库的独立性，使用数据库技术的 GIS 自成系统，存储于数据库中的 GIS 数据，具有其独特的方法。这不仅仅包括 GIS 数据读取与写入等操作，也包含了地图投影与空间分析。

空间数据库在 GIS 的发展中具有重要的地位，区别于简单的文件格式数据（如Shapefile），数据库的约束、关系特征使得空间数据具备更强大的完整性、拓扑性功能。在 GIS 发展的初期，各主要 GIS 开发商都实现了自己的空间数据库引擎，如 ESRI 的 Coverage 格式、开源 GRASS GIS 分析系统的数据格式，但是也使用成熟的数据库引擎来进行扩展，或直接开发空间存储与操作的功能。作为开源地理空间数据库，MySQL、PostgreSQL 都具有空间扩展的功能，而且 PostgreSQL的 PostGIS 尤其著名。但是考虑到这些数据库本身就比较复杂，其空间功能也非常丰富，难以使用单独的章节来实现，本章选择轻量级的，但同样具有重要地位的 SpatiaLite 来进行介绍。这样展开说明，一方面会阐述足够的信息，来说明在Python 中如何使用空间数据库的特征；另一方面，也会在核心知识之外，省略很多额外的与数据库相关的信息，从而避免读者陷入 GIS 知识与技术之外的无关细节中。

在掌握了 SpatiaLite 的用法后，基本就会接触到空间数据库的核心内容了，这样再进一步使用 PostGIS 或具有空间扩展的 MySQL，也会事半功倍的。

本章主要涉及的是如何在 Python 中使用 SpatiaLite 空间数据库，其内容主要包括以下几方面。

（1）空间数据库的概念。

（2）SpatiaLite 的基本用法与空间索引的概念。

（3）在 Python 中使用 SpatiaLite 进行数据管理。

（4）SpatiaLite 中的几何类型介绍。

（5）使用 SpatiaLite 连接其他格式的数据源。

（6）使用 SpatiaLite 的空间关系与空间运算。

本章尤其要注意循序渐进地进行，后面的内容会用到前面生成的数据。

6.1　开源空间数据库的概念

在处理地理空间数据时，空间数据库是一个非常强大的工具。通过使用空间索引及其他优化机制，空间数据库可以快速执行空间检索以及空间操作。

空间数据库有三种类型的标准，分别为 ISO SQL/MM、ISO/TC 211 标准以及 OGC SFSQL 规范。这些标准根据对模型不同的理解和应用目的而设定，其命名和术语方面均有所不同。ISO/TC 211 标准规定各组成部分应该被整合为一个应用架构以定义一个数据产品，另外两个标准则定义了 SQL 环境下使用的通用类型。

几乎所有的数据库都可以用来存储空间数据，可以简单地将几何图形转换为 WKT 格式（或其他通用/专用的格式），并将结果存储在文本列。但是这样做对查询没有任何的帮助，在需要使用几何对象的时候只能先从 WKT 进行转换。

一个具有空间功能的数据库具有更加显著的空间意义，允许使用空间对象以及空间的概念。具体而言，一个具有空间功能的数据库可以实现下列功能：① 使用几何字段（列、属性），直接在数据库中存储空间数据类型，如点、线、面等；② 在数据库内执行空间查询，如选择距离"北京"10km 之内的所有加油站；③ 在数据库内执行空间链接，如通过空间链接城市与省份，选择城市及其所在的省份（城市在省份里面）；④ 使用空间操作来创建新的空间对象，如将"防洪区"与"城市区"进行叠加，生成"危险区域"的空间数据。

6.1.1　SQLite 与 SpatiaLite 介绍

本节介绍 SQLite、SpatiaLite 及其基本功能。

1. SQLite 介绍

SQLite 的第一个 Alpha 版本诞生于 2000 年 5 月，目前最常用的版本为 SQLite 3。SQLite 是遵循 ACID[①]的轻量型数据库管理系统，其核心是由相对较少的 C 代码实现的，具有简单、稳定、易于使用和真正的轻量等特点。它占用的资源非常少，在嵌入式设备中，可能只需要几百 KB 的内存就够了。SQLite 没有独立的维护进程，所有的维护都来自于程序本身。程序是跨平台的，其数据库文件也是跨平台的，能够支持 Windows/Linux/UNIX 等主流的操作系统，同时能够跟很多程序语言相结合，如 Python、PHP、Java、C#、Tcl 等，还有开放数据库互联（open database connectivity，ODBC）接口。比起 MySQL、PostgreSQL 这两款开源世界著名的数据库管理系统，SQLite 的处理速度更快。每个 SQLite 数据库都是一个简单文件，用户可以方便地复制、压缩，并通过网络进行传输和交换。由于 SQLite 的

---

① ACID，指数据库事务正确执行的四个基本要素的缩写，包含原子性（atomicity）、一致性（consistency）、隔离性（isolation）和持久性（durability）。

强大功能与嵌入式设计，它被集成到许多系统与平台中，Python 2.5 及以上版本中就默认带有 SQLite 模块。

2. SpatiaLite 介绍

本章以 SpatiaLite 来进行空间数据库的应用介绍。SpatiaLite 是 SQLite 数据的空间数据引擎，SpatiaLite 很多方面的实现都是依照 PostGIS 的，其支持 OGC 规范的空间数据处理函数①。为了使 SQLite 能够处理空间数据，需要在 SQLite 中加载空间扩展。

3. SpatiaLite 的功能

SpatiaLite 对 SQLite 进行扩展，以使其能够兼容 OGC 的空间数据规范。主要包括下面一些功能。

（1）可以处理大多数的图形数据，包括点、线、多边形、点集合、线集合、多边形集合和几何对象集合。

（2）每个几何要素都有一个空间参考标识符（spatial reference identifier，SRID），来标识其空间参考。

（3）支持几何对象在不同空间参照系间转换，以及平移、缩放或旋转几何对象。

（4）支持几何对象在常用的 WKT 和 WKB 格式、Shapefile 之间进行转换。

（5）支持几何操作的函数，如面积量算、多边形和线简化、几何对象的距离量算、几何对象集合计算（九交模型），以及缓冲区生成等。

（6）遵循 OpenGIS 规范完全支持空间元数据格式。

（7）采用 PROJ.4 和 EPSG 支持坐标系的投影变换。

（8）采用 GNU libiconv 支持各语言字符编码。

（9）基于 SQLite 的 R-tree 扩展真正地实现了空间索引。另外还实现了使用 MBR 缓存实现空间索引的机制。

（10）支持用最小外包矩形来快速计算空间关系，并支持用几何对象自身的空间关系运算（九交模型，如相等、接触和交叉等）。

（11）VirtualShape 扩展使得 SQLite 访问 Shapefile 就像操作虚拟表一样。用户可以对外部 Shapefile 进行标准 SQL 查询操作，且无须导入或者转换 Shapefile。

（12）VirtualText 扩展使得 SQLite 访问带分隔符的文本文件就像操作虚拟表一样。用户可以对外部带分隔符的文本文件进行标准 SQL 查询操作，而无须导入或者转换带分隔符的文本文件。

---

① 如果想进一步了解，可以在 OGC 的网站查看 OGC 相关的规范。

虽然 SpatiaLite 是一种轻量型数据库，但功能惊人。对于小型应用而言，SpatiaLite 可能是基于 Python 语言的地理空间项目的最佳选择。

6.1.2　安装与基本使用

Python 使用 pysqlite 模块来与 SQLite 通信。在 Python 2.5 以上版本中，标准库模块 sqlite3 包含已绑定的 pysqlite，但是，此模块可能与 SpatiaLite 不匹配。Mac 用户的 SQLite 3 工具已包含 pysqlite，所以可以忽略这部分。如果想验证 Python 是否包含可用的 sqlite3 模块，则在 Python 命令行输入如下代码：

```
1  >>> import sqlite3
2  >>> con=sqlite3.connect(":memory:")
3  >>> con.enable_load_extension(True)
```

如果有错误出现，那么说明当前版本的 SQLite 3 不支持扩展，则必须下载并安装其他版本，现在的通用操作系统一般不存在这个问题。

1. 安装 SpatiaLite

libspatialite 是 SpatiaLite 的核心库，必须首先安装。在网址为 http://www.gaia-gis.it/gaia-sins 的页面，包含了 Caia-SINS 的项目集合、源代码，以及 Linux、Windows 下面的二进制安装包。Windows 用户可根据需求，直接下载并执行；Mac OS 系统中，安装后一般已经是完整的环境，不需要单独安装配置；Linux 用户可以下载二进制包，或者编译安装。Python 3 中已经集成了 SQLite 的功能，所以不需要再安装 SQLite，SpatiaLite 是 SQLite 的扩展，是在 Python 运行时动态加载的，只需要安装类库就行。

在 Debian /Ubuntu 中使用下面的命令安装运行环境（需要管理员权限）：

```
1  # apt install libspatialite7 libsqlite3-mod-spatialite
2    spatialite-bin
```

libspatialite7 就是 SpatiaLite 的核心库，spatialite-bin 是命令行工具。其实还有一个窗口软件 spatialite-gui，本书不作介绍，有兴趣的读者可以自行试用。注意，这里并没有专门安装与 Python 相关的类库，SQLite 3 默认集成在 Python 3 中，所以不必再单独安装 Python 相关工具。

2. Python 连接 SpatiaLite 数据库

所有的类库已安装完毕，可以通过 Python 来连接 SpatiaLite 数据库。

```
1  >>> import sqlite3
2  >>> con=sqlite3.connect(":memory:")
3  >>> con.enable_load_extension(True)
```

```
4   >>> con.execute('SELECT load_extension("mod_spatialite.so.7")')
```

对于 Linux 用户来说，需要保证 libspatialite 扩展的命名正确，也许还要改变导入的 `libspatialite` 模块的文件名，这取决于其版本。上面给出的代码是在 Debian 9/Debian 10 中的加载方式，文件名是 `mod_spatialite.so.7`；对于 Debian 8，其文件名是 `libspatialite.so.5`；Debian 7 文件的名称是 `libspatialite.so.3`。Linnx 发行版众多，文件名或版本号都可能会不一致，具体名称要根据实际情况来定。

6.2 在命令行中使用 SpatiaLite Shell

要使用 SpatiaLite 的功能，可以使用 Python 来调用，也可以使用 SQLite 的 Shell（也称为命令行方式）来调用。尽管本书主要讨论 Python 的用法，但是了解基本的命令行方式对于理解 SpatiaLite 有重要的作用，所以本节介绍 SpatiaLite 的命令行用法，让读者快速了解 SpatiaLite 的基本功能。

在 Debian /Ubuntu 中，命令行用法由软件包 `spatialite-bin` 提供，它实现了基于命令行方式来调用 SpatiaLite 核心功能的效果。

6.2.1 开始运行 SpatiaLite 命令行

SpatiaLite 命令行有两种运行方式：一种是使用 sqlite 命令，打开数据库之后，需要加载其空间扩展；另一种是使用 spatialite 命令打开数据库，这种方式会自动加载 SpatiaLite 扩展文件，不需要再导入任何扩展文件，开始运行之后就可以直接使用空间 GIS 特性了。

这两种方式运行命令的唯一区别是命令行提示符的不同：前者的提示符是 `sqlite>`，后者的提示符是 `spatialite>`。

下面假设使用的数据库名称为 `aha.db`，这个文件现在是不存在的。

1. 使用 spatialite 命令打开数据库

首先，直接使用 `spatialite` 命令打开数据库：

```
1   spatialite aha.db
```

其次，生成下面的欢迎信息，并进入 SpatiaLite 交互环境：

```
1   bk@g:/opt/gdata$ spatialite aha.db
2   SpatiaLite version ..: 4.1.1 Supported Extensions:
3       - 'VirtualShape'    [direct Shapefile access]
4       - 'VirtualDbf'      [direct DBF access]
5       - 'VirtualXL'       [direct XLS access]
6       - 'VirtualText'     [direct CSV/TXT access]
```

```
7    - 'VirtualNetwork'   [Dijkstra shortest path]
8    - 'RTree'            [Spatial Index - R*Tree]
9    - 'MbrCache'         [Spatial Index - MBR cache]
10   - 'VirtualSpatialIndex' [R*Tree metahandler]
11   - 'VirtualXPath'     [XML Path Language - XPath]
12   - 'VirtualFDO'       [FDO-OGR interoperability]
13   - 'SpatiaLite'       [Spatial SQL - OGC]
14   PROJ.4 version ......: Rel. 4.8.0, 6 March 2012
15   GEOS version ........: 3.4.2-CAPI-1.8.2 r3921
16   SQLite version ......: 3.8.7.1
17   Enter ".help" for instructions
18   SQLite version 3.8.7.1 2014-10-29 13:59:56
19   Enter ".help" for instructions
20   Enter SQL statements terminated with a ";"
21   spatialite>
```

当 SQLite 开始执行一个新的任务时,如果数据库不存在(即现在使用的 aha.db),则它将创建一个新的数据库。

再次,查看这个新的数据库中有哪些表,这里使用了 .tables 命令:

```
1    spatialite> .tables
2    the SPATIAL_REF_SYS table already contains some row(s)
3    SpatialIndex                    vector_layers_auth
4    geom_cols_ref_sys               vector_layers_field_infos
5    geometry_columns                vector_layers_statistics
6    geometry_columns_auth           views_geometry_columns
7    geometry_columns_field_infos    views_geometry_columns_auth
8    geometry_columns_statistics     views_geometry_columns_field_infos
9    geometry_columns_time           views_geometry_columns_statistics
10   spatial_ref_sys                 virts_geometry_columns
11   spatialite_history              virts_geometry_columns_auth
12   sql_statements_log              virts_geometry_columns_field_infos
13   vector_layers                   virts_geometry_columns_statistics
```

.tables 命令使 SQLite 列出目前数据库中包含的所有表。正如上面结果所示,这是一个全新的数据库,但里面已经初始化了一些与地理空间相关的表,这些表提供了空间数据库的元信息,如地理空间参考等。

2. 使用 sqlite 命令打开空间数据库

通过 spatialite 命令启动的运行环境完全支持 SQLite。 但是有时候，可能需要使用 sqlite 命令来打开数据库。在这种情况下，想使用数据库的空间特性，则需要加载 SQLite 的空间扩展模块。

首先删除刚才生成的 aha.db，其次使用 sqlite3，执行以下命令：

```
1  sqlite3 aha.db
```

应该收到如下信息，表示 SQLite 开始运行，并连接到了 aha.db 数据库。

```
1  $ sqlite3 aha.db
2  SQLite version 3.8.7.1 2014-10-29 13:59:56
3  Enter ".help" for usage hints.
4  sqlite>
```

要使用空间 GIS 特性，则要进一步导入 SpatiaLite 扩展文件，可以使用 SQLite 的内置命令加载文件，然后会看到与直接使用 spatialite 命令一样的信息。

```
1  sqlite> .load 'libspatialite.so.7'
```

也可以使用 SQL 语句来进行加载：

```
1  sqlite> SELECT load_extension('libspatialite.so.7');
```

3. SQLite 的内置命令

不管用什么方式打开空间数据库，都可以使用 SQLite 的一些内置命令。

使用下面的语句设置输出的格式：

```
1  sqlite> .nullvalue NULL
2  sqlite> .headers on
3  sqlite> .mode list
```

这里是 SQLite 的一些常规的操作选项，将 SQLite 的输出模式定义为 list，也可以修改成其他的选项。想了解更多，可以输入：

```
1  spatialite> .help
```

上面的命令会显示很多信息，可以找自己关心的信息具体来了解。

SQLite 中，所有的命令都是以英文句号 "." 开始的，因此 SQLite 将 .mode 或 .headers 识别为 "内置命令" 而不是 SQL 表达式。内置命令通常只是为 SQLite 设置选项或模式，不涉及数据处理。

6.2.2　SpatiaLite 中的基本 SQL 数据库查询用法

本节介绍基本的 SQL 语句用法。对于初次接触 SQL 的读者，可能需要先了解一下 SQL 的知识，并掌握 SQL 的基本使用方法。

1. 导入数据

首先要准备一下数据，使用最通用的 Shapefile 作为源数据，生成实验使用的 SpatiaLite 数据库文件。转换的时候，使用的是 GDAL/OGR 的工具 ogr2ogr，这里并没有用到 SpatiaLite 的功能。6.2.4 节会重新使用 SpatiaLite 的导入功能导入数据。

```
$ ogr2ogr -f SQLite -dsco SPATIALITE=YES spalite.db \
    /gdata/region_popu.shp -nlt multipolygon
```

2. 使用 SQL 命令进行查询

现在开始使用 SQLite 的命令行工具，先连接数据库：

```
$ spatialite spalite.db
spatialite> .headers on
```

.headers on 是 SQLite 的内置命令，将字段名称显示在查询结果的第一行。然后在 spalite.db 数据库上执行第一条 SQL 查询语句。

```
spatialite> select * from region_popu limit 5;
ogc_fid|code4|name|code2|pname|popu|GEOMETRY
1|1101|北京市|11|北京市|1638.3|
2|1201|天津市|12|天津市|1293.8|
3|1301|石家庄市|13|河北省|1016.4|
4|1302|唐山市|13|河北省|757.7|
5|1303|秦皇岛市|13|河北省|298.8|
```

SELECT 是 SQL 中最常用的查询语句，上面的命令表示从数据表 region_popu 中，获取了最开始的 5 条（limit 5）记录的所有字段（*）的信息。需要注意，所有的 SQL 语句必须以半角分号结束，还需要注意，上面字段 GEOMETRY 输出的结果是空的，后面会进一步解释。

现在开始执行第二条 SQL 查询语句：

```
spatialite> SELECT name AS Region , popu as Population
...> FROM region_popu ORDER BY popu DESC LIMIT 5;
Region|Population
重庆市|2884.62
```

```
5  上海市 | 2301.7
6  北京市 | 1638.3
7  成都市 | 1404.8
8  天津市 | 1293.8
```

　　SQL 的关键词是不区分大小写的。进行选择的时候可以选择要获取的列，并定义列的顺序，还可以使用 AS 子句来命名输出的字段。SQL 可以使用 ORDER 子句来对获取的记录进行排序，默认情况是按增序排列，添加 DESC 关键词可以按降序排序。

　　3. SQL 的条件查询

　　下面的查询语句中使用了条件选择：

```
1  spatialite> select name, popu from region_popu WHERE popu>1200;
2  name | popu
3  北京市 | 1638.3
4  天津市 | 1293.8
5  上海市 | 2301.7
6  广州市 | 1270.1
7  重庆市 | 2884.62
8  成都市 | 1404.8
```

　　在 SQL 中可以使用 WHERE 子句对查询进行条件限制，只有满足逻辑表达或条件的记录才会被选择出来。在上面的例子中，人口数目超过 1200 万人的地区会被选择出来。

　　SQL 语句可以写到多行中。SQLite 会把分号（;）前面的语句当成一条指令来执行。可以在 SQL 查询中使用函数，如 COUNT()、SUM()、MIN()、MAX()。

　　注意，有效的 SQL 查询由简单的表达式和函数组成。请看下面的例子：

```
1  spatialite>  SELECT (10-11)*2 AS number, ABS((10-11)*2)
2     ...>  AS absolution ;
3  number | absolutevalue
4  -2 | 2
```

　　上面代码中 (10-11)*2 是表达式；ABS() 是绝对值函数。这样，在查询中可以进行计算，通过对 SUM() 和 COUNT() 作除法得到平均值。

　　4. 查询几何要素的属性

　　现在，稍作一下调整，然后再次执行与前面类似的查询，其中 HEX(GEOMETRY) 的结果并没有完全被打印出来。

```
1  spatialite> select name,popu,HEX(GEOMETRY) from region_popu
2    ...> WHERE popu>1200 ORDER BY popu DESC;
3  name|popu|HEX(GEOMETRY)
4  重庆市|2884.62|0001110F0000666666660D5B6641686666A63DF24841666 ...
5  上海市|2301.7|0001110F0000CCCCC6CF4A86941000008023694B410000 ...
6  北京市|1638.3|0001110F0000CCCCCCC81816841303333B30A4152416666 ...
7  成都市|1404.8|0001110F0000CCCCCC0C06DE6541D0CCCC8C78D24A416666 ...
8  天津市|1293.8|0001110F00009A9999E95DC76841000000C0EDC451413433 ...
9  广州市|1270.1|0001110F0000CCCCC0C98FB6741000000090AD43410000 ...
```

GEOMETRY 字段保存了几何要素的坐标信息，使用二进制大对象（binary large object，BLOB）的方式存储以提高效率，并由 SpatiaLite 进行内部编码。这个字段直接选择输出看起来像是空的，现在通过使用 HEX() 函数可以知道里面包含了二进制数据。HEX() 函数返回二进制大对象的十六进制表达。

SQLite 本身无法识别 GEOMETRY 字段，且无法进行操作。只有通过 SpatiaLite 扩展才能识别 GEOMETRY。

前面熟悉了基本的 SQL 操作，想退出当前的 SQLite 交互模式，请输入 .quit 或简写的 .q：

```
1  spatialite> .quit
```

6.2.3　导出 GIS 数据

6.2.2 节将 Shapefile 转换成 SpatiaLite 数据库 spalite.db，然后介绍了一些使用方法。现在了解一下如何导出 SpatiaLite 中的数据。首先启动 SpatiaLite 的交互环境，连接数据库文件：

```
1  spatialite spalite.db
```

一个 SpatiaLite 数据库中可能存在多个地理空间数据表，在导出的时候，需要指明导出的表名及数据几何类型。

```
1  spatialite>.dumpshp region_popu Geometry xpopu utf-8 MULTIPOLYGON
2  ========
3  Dumping SQLite table 'region_popu' into shapefile at 'xpopu'
4  Exported 349 rows into SHAPEFILE
5  ========
```

SpatiaLite 的 .dumpshp 宏命令将整个地理空间数据（具有几何属性列）[1]导出成 Shapefile，这个宏命令具有位置参数，意义如下。

---

① 指数据表中存储几何属性的列，或者字段。

（1）第一个参数是要导出的地理空间数据表的名称。

（2）第二个参数表示要导出的数据的几何字段的名称，这个不一定是前面给出的 GEOMETRY。

（3）第三个参数表示要生成的 Shapefile 的路径，为相对路径或绝对路径。这个名称不能带有 .shp、.shx 或 .dbf 的后缀。

（4）第四个参数是导出 Shapefile 的字符串型属性时需要指明的字符名称（charset_name）。上面导出的时候使用了 utf-8，在 Windows 10 中可以正常识别；简体中文 Windows 的编码页（code page）一般是 cp936。

（5）第五个参数是可选项，指明要输出的几何类型。如果声明的话，那么可以是 POINT、LINESTRING、POLYGON 或更多的复合类型。

在输出的路径中执行 ls 命令，可以查看生成的结果文件。现在可以使用桌面 GIS 软件，如 QGIS 查看一下地理空间数据，这样看到的是图形数据，而不是数据库输出的 WKB 或 WKT 内容。

6.2.4　创建 SpatiaLite 数据库

前面使用 OGR 工具将 Shapefile 转换成 SpatiaLite 数据库，然后又用 SpatiaLite 命令行工具的宏命令将数据库导出为 Shapefile。本节还是要实现导入数据的功能，但是过程不一样，先从头开始创建一个全新的、空的数据库，然后再将 Shapefile 中的数据导入里面。导入的过程在 SQLite 环境中实现，这个过程相当于对现有的数据库追加一项空间数据。

创建一个新的 SQLite 数据库非常简单，首先确定当前路径中没有 new_db.sqlite 文件，然后启动一个新的 SQLite 会话，并输入下面的命令连接数据库：

```
1  spatialite new_db.sqlite
```

进行一些设置，生成一个新的 SpatiaLite 数据库，并初始化一些与地理空间相关的表。

```
1  spatialite> .nullvalue NULL
2  spatialite> .headers on
3  spatialite> .mode list
```

1. 导入数据

现在可以试着导入之前的 Shapefile 来填充该数据库：

```
1  spatialite> .loadshp xpopu  new_region utf-8
2  ========
3  Loading shapefile at 'xpopu' into SQLite table 'new_region'
```

```
4
5  BEGIN;
6  CREATE TABLE "new_region" (
7  "PK_UID" INTEGER PRIMARY KEY AUTOINCREMENT,
8  "ogc_fid" INTEGER,
9  "code4" INTEGER,
10 "name" TEXT,
11 "code2" INTEGER,
12 "pname" TEXT,
13 "popu" DOUBLE);
14 SELECT AddGeometryColumn('new_region', 'Geometry', -1, '
     MULTIPOLYGON', 'XY');
15 COMMIT;
16
17 Inserted 349 rows into 'new_region' from SHAPEFILE
18 ========
```

根据程序运行的结果可知上面的命令主要有两个步骤。第一步是根据 Shapefile 的字段创建新的表；第二步是将数据文件导入表里面。

SpatiaLite 的 .loadshp 宏命令导入整体 Shapefile 来创建一个数据库表，这个宏命令使用下面的位置参数。

（1）第一个参数是要导入 Shapefile 的路径。和导出的时候一样，这个 Shapefile 不能带有 .shp、.shx 或 .dbf 的后缀。

（2）第二个参数指明了要创建的表的名称。在导入之前的数据库中不应该有这个表。

（3）第三个参数声明 Shapefile 中字符串型字段的字符编码。

（4）第四个参数是可选的，指明数据的 SRID 的值。如果不指明，则这个值默认是 -1。

（5）第五个参数是可选的，表示几何字段的名称，默认的时候使用 Geometry。

这个宏命令调用了一系列的 SQL 语句，运行的过程在终端会显示出来。CREATE TABLE SQL 命令用来创建一个新的表，并定义其字段。向数据表中插入新的数据行的时候使用 INSERT INTO 命令。几何要素字段需要使用 SpatiaLite 的 AddGeometry Column() 函数来单独定义。BEGIN 与 COMMIT SQL 命令定义了一个事务[①]。

---

① 单个（事务）的目的是定义一个不可分割的操作，整体的事务将成功或失败。如果由于任何原因出现错误，则数据库将保持不变。

2. 查看导入的结果

运行 .tables 命令可以看到数据库中已经有了 new_region 的数据表。运行 PRAGMA table_info(new_region) 指令会列出指定的表的所有字段的信息，返回下面的结果，请注意原始列名可能会被截断。

```
spatialite> PRAGMA table_info(new_region);
cid|name|type|notnull|dflt_value|pk
0|PK_UID|INTEGER|0|NULL|1
1|ogc_fid|INTEGER|0|NULL|0
2|code4|INTEGER|0|NULL|0
3|name|TEXT|0|NULL|0
4|code2|INTEGER|0|NULL|0
5|pname|TEXT|0|NULL|0
6|popu|DOUBLE|0|NULL|0
7|Geometry|MULTIPOLYGON|0|NULL|0
```

有了新的数据，执行下面的检索，使用 GeometryType() 函数查看数据表中的几何类型及对应的数目。

```
spatialite> SELECT count(*), GeometryType(Geometry) FROM new_region
    ...> GROUP BY GeometryType(Geometry);
count(*)|GeometryType(Geometry)
349|MULTIPOLYGON
```

6.2.5　SpatiaLite 中管理空间表

前面介绍了数据的导入、导出功能，这样就可以实现 GIS 空间数据与 SpatiaLite 数据库的数据交换，是开始使用 SpatiaLite 的基础。在空间数据方面，我们已经了解了几何属性列的基本用法。本节进一步查看空间信息。首先还是连接数据库，并进行一些设置：

```
spatialite new_db.sqlite
spatialite> .nullvalue NULL
spatialite> .headers on
spatialite> .mode list
```

1. 重新导入空间空间数据

重新导入 Shapefile，将要生成的表命名为 new_region2。这次的导入命令添加了一些额外的参数。

```
1  spatialite> .loadshp xpopu new_region2 utf-8 3857 geom
```

这里中间结果就不再显示了。

这一次运行 `.loadshp` 指令使用了 5 个参数, 为其指定了 SRID 和几何属性列名称 geom。运行过程中 `.loadshp` 宏命令使用了 `AddGeometryColumn()` 函数来创建几何属性列 geom 以替代缺省的名称 geometry。

2. 表 spatial_ref_sys 与 geometry_columns 的说明

6.2.1 节提到 SpaitiaLite 数据库初始化后会生成一些表, 其中包括 `spatial_ref_sys` 和 `geometry_columns`, 下面进行说明。

表 `spatial_ref_sys` 记录了预定义的空间参考, 如 `.loadshp` 使用的 SRID 参数 3857, 可以通过下面语句查询出来:

```
1  spatialite> SELECT * FROM spatial_ref_sys WHERE Srid=3857;
2  srid|auth_name|auth_srid|ref_sys_name|proj4text|srtext
3  3857|epsg|3857|WGS 84 / UTM zone 32N|+proj=utm +zone=32 ...
```

然后在表 `geometry_columns` 中进行查询。

```
1  spatialite> SELECT * FROM geometry_columns;
2  f_table_name|f_geometry_column|geometry_type|coord_dimension|...
3  new_region|geometry|6|2|-1|0
4  new_region2|geom|6|2|3857|0
```

可以看到里面有两条记录, 分别是 6.2.4 节导入的数据表(new_region)以及本节导入的数据表(new_region2)。表中的字段有表名称、几何属性列名称、几何类型、坐标维度、SRID 和是否开启空间索引。关于空间索引的问题, 在 6.3 节会专门进行介绍。

根据空间元数据返回的信息, 表 new_region2 中有一个几何属性列(geom)并且这个列包含编码为 3857 的 SRID。

3. 表 geom_cols_ref_sys 与表 sqlite_master 的说明

SpaitiaLite 数据库初始化后会生成的表还包括 `geom_cols_ref_sys`。查询表 geom_cols_ref_sys, 可以看到导入的两个表的信息。这个表与 `geometry_columns` 类似, 但是缺少 `spatial_index_enabled` 字段, 多了其他几个字段。

```
1  spatialite> SELECT * FROM geom_cols_ref_sys;
2  f_table_name|f_geometry_column|geometry_type|coord_dimension| ...
3  new_region|geometry|6|2|-1|NONE|-1|Undefined - Cartesian||  ...
4  new_region2|geom|6|2|3857|epsg|3857|WGS 84 / Pseudo-Mercator| ...
```

　　每一个 SQLite 数据库都有一个叫 sqlite_master 的表, 它存储了数据库的数据结构。关于 geom_cols_ref_sys 表, 可以进一步查询 sqlite_master 表来了解一下。

```
1  spatialite> SELECT * FROM sqlite_master WHERE
2     ...>        name='geom_cols_ref_sys';
3  type|name|tbl_name|rootpage|sql
4  view|geom_cols_ref_sys|geom_cols_ref_sys|0|CREATE VIEW ...
5  SELECT f_table_name, f_geometry_column, geometry_type,
6  coord_dimension, spatial_ref_sys.srid AS srid,
7  auth_name, auth_srid, ref_sys_name, proj4text, srtext
8  FROM geometry_columns, spatial_ref_sys
9  WHERE geometry_columns.srid=spatial_ref_sys.srid
```

　　根据上面返回的信息可以看出, geom_cols_ref_sys 看上去是表, 但实际上是一个视图（view）[①]。定义视图是一个用来简化数据库查询的非常有用的方式, 例如:

```
1  spatialite> SELECT * FROM sqlite_master WHERE type='trigger'
2     ...> AND tbl_name='new_region2';
```

　　上面代码的结果没有列出, 有兴趣的读者可以自行查看。

　　SQLite 支持触发器, 所以 SpatiaLite 在通过 AddGeometryColumn() 创建一个新的几何属性列时, 定义了四个相关的触发器, 以确保该列中包含的几何形状具有相同的几何类型, 并且它们的 SRID 都是相同的。触发器在 INSERT 和 UPDATE 语句执行时均会被触发, 在 SpatiaLite 中执行相关操作时这些强约束条件与空间元数据表是数据有效的保障。

4. 关联空间数据库

　　SpatiaLite 也能解除数据表与几何属性列的关联。解除关联的情况不多, 可以使用 DiscardGeometryColumn() 函数。

```
1  spatialite> select DiscardGeometryColumn('new_region2', 'geom');
2  DiscardGeometryColumn('new_region2', 'geom')
3  1
4  spatialite> SELECT * FROM geometry_columns;
```

[①] 一个视图实际上是一个虚拟的表, 并且在内部定义为一个 SQL 查询, 可以直接在 SQLite 中查询它, 但是插入、更新或者删除是被禁止的。视图是在基本表的抽象和逻辑意义上建立的新关系, 它的结构（所定义的列）和内容（所有数据行）都来自基本表, 它依据基本表的存在而存在。一个视图可以对应一个基本表, 也可以对应多个基本表。

```
5  f_table_name|f_geometry_column|geometry_type|coord_dimension|...
6  new_region|geometry|6|2|-1|0
7  spatialite> SELECT * FROM sqlite_master WHERE type = 'trigger'
8    ...> AND tbl_name='new_region2';
```

　　解除了数据表与几何属性列的关系，在表 geometry_columns 中就自动删除了字段 f_table_name 值为 new_region2 的记录，并且也失去了触发器的功能。

　　数据表与几何属性列的关联是可以恢复的，现在重新建立几何属性列的关联。

　　首先，必须为 new_region2 表中的几何要素设定一个明确的 SRID 值。否则，任何试图关联空间数据的尝试都将失败，然后为了关联需要的列，可以试着使用 RecoverGeometryColumn() 功能。这个功能将会扫描整个表来检查是否在几何列的任何值都满足需要的类型和 SRID。如果这些条件都正确，则这个几何列将与空间列关联，并且触发器也被创建。

```
1  spatialite> update new_region2 set geom=SetSrid(geom, 3857);
2  spatialite> SELECT RecoverGeometryColumn('new_region2',
3    ...> 'geom',3857, 'MULTIPOLYGON', 2);
4  RecoverGeometryColumn('new_region2',
5  'geom',3857,  'MULTIPOLYGON', 2)
6  1
```

　　可以运行下面的语句重新查询来查看效果，结果就不再给出了。

```
1  spatialite> SELECT * FROM geometry_columns;
2  spatialite> SELECT * FROM sqlite_master WHERE type='trigger'
3    ...> AND tbl_name='new_region2';
```

6.3 空间索引的概念与使用

　　空间数据库的定义性特征之一是能够创建特殊的空间索引，从而加快基于几何图形的搜索。空间索引是指依据空间对象的位置和形状或空间对象之间的某种空间关系生成的按一定顺序排列的一种数据结构，其中包含空间对象的元信息，如对象的标识、外接矩形及指向空间对象实体的指针。

　　本节在 SQL 环境中进行介绍，SQL 的语句更加简洁，有助于对概念的理解。

6.3.1 空间索引的概念

　　与很多其他的数据库管理系统一样，SQLite 实现了索引机制，并可作为一种快速取回选择数据的方式。

对于一个包含百万行记录的表，如电话号码数据库，如果使用全表扫描，则取回拥有特定电话号码的用户姓名是一个非常慢的操作。

在电话号码列上实现索引后，可以实现非常快的检索。数据库管理系统引擎可以简单地读取这个索引，并能马上找到需求的记录，没有必要执行冗长的全表扫描过程。

注意：如果一个表只包含有限数目的记录（可以认为是 5000 或 20000），则实现索引没有任何实际的效果。

在 SQLite 中执行全表扫描的操作也很快。如果数据表中包含有大量的记录（假设多于 10 万条），则具备索引会在执行检索的时候显著地提升速度。实现索引具有明显的好处。

6.3.2　空间索引：在 SQLite 中使用 R-Tree

本节介绍在 SQLite 中使用 R-Tree 实现空间索引的功能。在开始之前，先了解一下常规索引的使用方法。

1. SQLite 中的常规索引

首先来看一下 SQLite 支持的常规的索引，在终端输入命令连接数据库。

```
1  spatialite new_db.sqlite
```

要使用 SQLite 的索引功能，可以通过 CREATE 语句创建：

```
1  spatialite> CREATE INDEX idx_region ON new_region2(name);
```

CREATE INDEX SQL 语句为数据表 name 创建索引（表）idx_region。创建了索引后，当进行插入、更新或删除数据记录时，索引也相应地进行更新，以避免出现不一致的情况；在执行检索的时候，如果索引可以加速检索，则会自动应用。

如果不再需要，则可以使用 DROP INDEX SQL 语句将索引删除：

```
1  spatialite> DROP INDEX idx_region;
```

但是要注意，SQLite 的索引不能在几何属性列上应用。这是因为使用 CREATE INDEX 创建的索引，具体实现时使用的是 B-Tree（二叉树），B-Tree 对于数值及字符串是有用的，但是并不能应用在几何对象上。

2. R-Tree 索引介绍

对于几何图形，其需要一种类型完全不同的索引，即 R-Tree（矩形树）。R-Tree 索引是空间数据库最强大的功能之一，关于 R-Tree 有很多的学术文章与报告来说明其算法与实现，值得花些时间来熟悉它们是如何工作的。R-Tree 通过利用每个几何体的 MBR 表达其在空间位置上的几何形状来实现数据库的快速搜索。

从 v.3.6.0 版本开始，SQLite 支持一个稳定的 R-Tree 实现。SQLite 的 R-Tree 非常可靠，并且非常有效，所以 SpatiaLite 也用其来实现空间索引，在具体使用过程中只需要建立索引即可。

```
1  spatialite> SELECT * FROM geometry_columns;
2  f_table_name|f_geometry_column|geometry_type|coord_dimension| ...
3  new_region|geometry|6|2|-1|0
4  new_region2|geom|6|2|3857|0
```

在 6.2.5 节介绍 SpatiaLite 中的表时，表 geometry_columns 有一列的名称为 spatial_index_enabled，其用来标识一个几何属性列是否具有空间索引。

```
1  spatialite> SELECT CreateSpatialIndex('new_region2', 'geom');
2  CreateSpatialIndex('new_region2', 'geom')
3  1
4  spatialite> SELECT * FROM geometry_columns;
5  f_table_name|f_geometry_column|geometry_type|coord_dimension| ...
6  new_region|geometry|6|2|-1|0
7  new_region2|geom|6|2|3857|1
```

与前面结果相比较，表 new_region2 的字段 spatial_index_enabled 值变为 1 了。

3. 理解空间索引

在 SQLite 中，R-Tree 是作为虚拟表实现的，一个 R-Tree 需要四个表。创建空间索引时会生成一些新的表，新表的名称由原表名称及几何属性列的名称加上 idx 组合而成，如上面创建空间索引后生成的主表名称为 idx_new_region2_geom，另外三个表分别在主表名称后加上 _node、_parent、_rowid 后缀进行命名。

其中最关键的是 idx_new_region2_geom 表。这个表存储了索引的几何图形的 MBR（BBOX）。

下面先来看一下表结构：

```
1  spatialite> PRAGMA table_info(idx_new_region2_geom);
2  cid|name|type|notnull|dflt_value|pk
3  0|pkid||0|NULL|0
4  1|xmin||0|NULL|0
5  2|xmax||0|NULL|0
6  3|ymin||0|NULL|0
7  4|ymax||0|NULL|0
```

进一步查看表中的记录，其中 pkid 列包含标识索引表相应行的值。xmin、xmax、ymin 和 ymax 列用于表示 MBR。

```
spatialite> SELECT * FROM idx_new_region2_geom LIMIT 5;
pkid|xmin|xmax|ymin|ymax
205|12207830.0|12352669.0|2299499.5|2506290.25
223|12117132.0|12219738.0|2380233.0|2502092.5
206|12280981.0|12431941.0|2436486.0|2596635.0
224|11964682.0|12086074.0|2451526.25|2556564.5
212|12387420.0|12508413.0|2451922.5|2594944.5
```

SpatiaLite 实现了三个触发器，从而确保可以将主表之间的几何对象与对应的空间索引完全同步。每次在主表中插入、更新或删除一行时，其索引信息也被正确地更新。触发器可以根据下面的命令来查看：

```
spatialite> SELECT name, tbl_name, sql FROM sqlite_master
    ...> WHERE name LIKE 'gi%';
```

4. 在 SQLite 中使用空间索引技术

R-Tree 只是集成到 SQLite 的查询引擎中，还需要明确的声明来使用这个功能。不能假设 SpatiaLite 会自动使用一些空间索引来加快查询过程。

先看一个普通查询，如检索某个范围内的多边形。由于 new_region2 是多边形，为了进行坐标的判断，要使用 Centroid() 函数获取多边形要素的质心：

```
spatialite> SELECT count(*) FROM new_region2 WHERE
    ...> X(Centroid(geom))>10000000 AND
    ...> X(Centroid(geom))<12000000 AND
    ...> Y(Centroid(geom))>4000000 AND
    ...> Y(Centroid(geom))<5000000;
count(*)
30
```

上面的查询是一个常规的查询，不涉及空间索引。下面进行一点改进，使用空间索引的功能进行优化检索过程。声明使用空间索引的过程也不太复杂，只需要在 SQL 语句中进行组合，就可以使用了。

```
spatialite> SELECT count(*) FROM new_region2 WHERE ROWID
    ...> IN (SELECT pkid FROM idx_new_region2_geom WHERE
    ...> xmin>10000000 AND xmax<12000000 AND
    ...> ymin>4000000 AND ymax<5000000);
```

```
5  count(*)
6  21
```

上面的查询组合使用了两个表 new_region2 及其空间索引表 idx_new_region2
_geom。将空间运算转换为大小比较，通过必要条件来快速筛选。

注意，上面的两次查询结果并不相同，第一次是使用质心代表多边形进行的关
系判断；第二次则是使用多边形的空间范围进行关系判断。第一次结果理应大于或
等于第二次结果。

重要提示：这两个查询都会很快执行完显示出结果，这是因为表 new_region2
没有包含太多的记录。现在计算机设备的计算能力都比较高，如此简单的数据集很
难发现是否使用空间索引引起的差别。

用 SQL 的 EXPLAIN QUERY PLAN 语句来解释查询的过程，下面将上面的查询
语句包含在其中重新运行：

```
1  spatialite> EXPLAIN QUERY PLAN
2     ...> SELECT count(*) FROM new_region2 WHERE ROWID
3     ...> IN (SELECT pkid FROM idx_new_region2_geom WHERE
4     ...> xmin>10000000 AND xmax<12000000 AND
5     ...> ymin>4000000 AND ymax<5000000);
6  selectid|order|from|detail
7  0|0|0|SEARCH TABLE new_region2 USING INTEGER PRIMARY KEY  ...
8  0|0|0|EXECUTE LIST SUBQUERY 1
9  1|0|0|SCAN TABLE idx_new_region2_geom VIRTUAL TABLE INDEX ...
```

返回的结果说明了查询过程中使用了哪些表和哪些字段。

5. 删除索引

在 SpatiaLite 中还是提供了删除已有的空间索引的功能：

```
1  spatialite> SELECT DisableSpatialIndex('new_region2', 'geom');
2  DisableSpatialIndex('new_region2', 'geom')
3  1
4  spatialite> DROP TABLE idx_new_region2_geom;
```

首先必须调用 DisableSpatialIndex() 函数，这将会删除触发器，从而停
止空间索引的更新。这个步骤不会删除 R-Tree 生成的表，所以必须进一步调用
DROP TABLE 指令删除表。

删除表格之后最好执行 VACUUM 指令对数据库进行维护，使得数据库保持在较
好的状态。

```
1  spatialite> VACUUM;
```

6.3.3　空间索引：使用 MbrCache

正确运用 R-Tree 索引可以大大提高空间查询的速度。实施空间索引的另外一种方法是利用 MBR 缓存，这种方法使用 MBR 来索引要素，速度很快，但是受限于可用的 RAM，所以不适用于大型数据集。

1. MbrCache 的技术背景

SpatiaLite 为空间索引提供了一种可选择的实现方式，即在内存中对 MBR 进行缓存，而不必像 R-Tree 一样创建索引表。每个几何形状都拥有自己的 MBR（BBOX），在内存中存储这些 MBR 就可以获得一个 MbrCache。

由于绕过了缓慢的磁盘访问，当查找一个编入索引的空间选项时，扫描内存来查找满足条件的 MBR 所需要的时间会大大缩短。

这种缓存技术展现出无与伦比的简单化的优点。它并不是和 R-Tree 一样的真实索引，但是从实用的角度来看，MbrCache 和 R-Tree 可以实现同样的功能。当需要高速缓存较合理数量的 MBR 时，如一百万个，其效果是很显著的。

2. MbrCache 的技术实现

下面看一下 MbrCache 的技术实现。首先连接 new_db.sqlite 数据库：

```
1  spatialite new_db.sqlite
```

然后使用 CreateMbrCache() 函数创建 MbrCache 表：

```
1  spatialite> SELECT CreateMbrCache('new_region', 'Geometry');
2  CreateMbrCache('new_region', 'Geometry')
3  1
4  spatialite> SELECT * FROM geometry_columns;
5  new_region|geometry|6|2|-1|2
6  new_region2|geom|6|2|3857|0
```

可以查看生成的表的信息：

```
1  spatialite> PRAGMA table_info(cache_new_region_Geometry);
2  0|rowid|INTEGER|0||0
3  1|mbr|BLOB|0||0
4  spatialite> SELECT * FROM cache_new_region_Geometry LIMIT 5;
5  spatialite> SELECT * FROM cache_new_region_Geometry LIMIT 5;
6  rowid|mbr
7  1|POLYGON((12848142.40 4785194.80 , 13080958.70 4785194.80 , ...
```

```
 8   2|POLYGON((12991215.30 4658103.00, 13142291.10 4658103.00, ...
 9   3|POLYGON((12636652.70 4500159.50, 12854887.40 4500159.50, ...
10   4|POLYGON((13079762.40 4709808.80, 13280857.20 4709808.80, ...
11   5|POLYGON((13198175.30 4782252.40, 13341506.30 4782252.40, ...
```

MbrCache 作为一个虚拟表来实现。虚拟的每一行代表着一个 MBR,对应着编入索引的几何图形;rowid 列包含着主键值,用来识别索引表中对应的行。mbr 列代表 MBR。请注意:mbr 不是普通的集合类型值,因此不可以应用 AsText() 等函数。

```
1   spatialite> SELECT name, tbl_name, sql FROM sqlite_master
2   WHERE name LIKE 'gc%';
```

SpatiaLite 实现了三个触发器,从而确保主表中的几何对象与对应的 MbrCache 实现同步操作。每一次在主数据表中对行进行操作时,缓存的信息都会以正确的方式得到更新,因为触发器会自动执行更新操作。

BuildMbrFilter() 函数很特别,它必须强制使用来创建存储在 MbrCache 里的 MBR。

3. 使用 MbrCache

现在已经创建了一个 MbrCache,下面看一下如何使用:

```
1   spatialite> SELECT count(*) FROM new_region WHERE MbrWithin(
2   ...> Geometry,BuildMbr(10000000,4000000,12000000,5000000));
3   count(*)
4   21
```

上面是一个普通的查询方法,虽然使用了两个与 MBR 有关的函数,但是并未涉及 MbrCache。想创建 MbrCache 对应的 SQL 表达式,可以利用三个函数:FilterMbrWithin()、FilterMbrContains() 与 FilterMbrIntersects()。这三个函数的语义还是非常明显的,这里不作赘述。下面利用 MbrCache 的优势重新进行查询:

```
1   spatialite> SELECT count(*) FROM new_region WHERE ROWID IN
2   ...> (SELECT rowid FROM cache_new_region_Geometry WHERE mbr
3   ...> = FilterMbrWithin(10000000, 4000000, 12000000, 5000000));
4   count(*)
5   21
```

同样,在较小的数据集上运行两种查询方法,很难会注意到运行效果的差别。

6.4　在 Python 中使用 SpatiaLite 进行数据管理

本节介绍在 Python 中使用 SpatiaLite 的功能。Python 通过 pysqlite 模块来调用 SQLite，进而使用地理空间数据的读写操作功能。在 Python 2.5 版本之后，pysqlite 已经被包括在标准库内①。本书所介绍的 GIS 相关类库的使用都基于较高版本的 Python，所以直接使用 `import sqlite3` 语句导入就可以使用。Python 调用 SpatiaLite 的方式与 SpatiaLite 的内置宏命令有些类似，通过下面的具体内容，对这一点应该会有更深一些的体会。

6.4.1　在 Python 中使用 SpatiaLite

本节说明了如何在 Python 中使用和操作 SpatiaLite，用 SpatiaLite 来重写一下这个程序。先创建一个普通 SQLite 数据库文件，然后进行初始化，这样就能够创建空间数据库。

1. 在 Python 中建立 SpatiaLite 数据库

下面来创建 SpatiaLite 数据库和数据库表格。首先连接数据库，这里没有连接到数据库文件，而是使用了 ':memory:' 来建立内存数据库，让数据库始终驻留在内存中。在调用完以上函数后，不会有任何磁盘文件生成，而是一个新的数据库在内存中被成功创建了。由于没有持久化，该数据库在当前数据库连接关闭后就会立刻消失。需要注意的是，尽管多个数据库连接都可以通过上面的方法创建内存数据库，但是它们是不同的数据库，相互之间没有任何关系。

```
1  >>> import sqlite3 as sqlite
2  >>> con=sqlite.connect(':memory:')
```

然后加载 SpatiaLite 扩展。如果要启用 SpatiaLite 的功能，那么这一步是必需的。

```
1  >>> con.enable_load_extension(True)
2  >>> con.execute('SELECT load_extension("mod_spatialite.so.7")')
```

注意，上面执行 SQL 语句时，返回了一些系统的信息。在后面的章节中，此类信息不会在本书中出现，使用的时候要注意。

```
1  >>> cursor=con.cursor()
2  >>> cursor.execute('''select name from sqlite_master where
3  ...      type='table' order by name''')
```

---

① PYPI 中的 pysqlite 只支持 Python 2；在 Python 2.5 以后不需要单独安装。

```
4  >>> cursor.fetchall()
5  []
```

　　刚才在内存中建立了一个空的数据库,其中没有任何表。在使用 SpatiaLite 之前,需要对数据库进行初始化。如果不进行初始化,则在使用的时候可能会出现下面的错误。

```
1  AddGeometryColumn() error: unexpected metadata layout
```

　　使用下面的语句进行初始化,并重新查看生成的表:

```
1  >>> cursor.execute('SELECT InitSpatialMetaData();')
2  >>> cursor.execute('''select name from sqlite_master where
3  ...      type='table' order by name''')
4  >>> cursor.fetchall()
5  [('ElementaryGeometries',), ('SpatialIndex',), ('geometry_co ...
```

　　运行初始化脚本将生成 SpatiaLite 需要的内部数据库表格,也会载入一系列空间参考数据(在 6.2.5 节有相关说明,在 6.5.6 节会有更多介绍),可以用 SRID 值来定义空间参考。运行初始化脚本后,可以创建一个新的数据库表格来保存空间数据。

2. 创建数据库表格及数据

　　数据库初始化后,会包含有一系列的表。首先创建一个新的数据库表格(如果有则先删除掉),并看一下如何向表中插入几何数据。

```
1  >>> cursor.execute("DROP TABLE IF EXISTS cities")
2  >>> cursor.execute("CREATE TABLE cities (" +
3  ...      "id INTEGER PRIMARY KEY AUTOINCREMENT, " +
4  ...      "name CHAR(255))")
```

　　然后,用 SpatiaLite 的 AddGeometryColumn() 函数来定义表格中的几何字段。

```
1  >>> cursor.execute('''SELECT AddGeometryColumn('cities',
2  ...      'geom', 4326, 'POINT', 2)''')
```

　　4326 是用来识别列属性的 SRID,是用经纬度和 WGS84 来定义的空间参考。可以用 CreateSpatialIndex() 函数来创建几何对象中的空间索引:

```
1  >>> cursor.execute("SELECT CreateSpatialIndex('cities', 'geom')")
```

　　已经创建了数据库表格,下面继续用 INSERT INFO 语句来插入记录,其中GeomFromText() 函数插入几何对象。几何类型有多种表示方法,SpatiaLite 中的函数 GeomFromText() 将 WKT 表达的几何图形返回 SpatiaLite 可用的二进制结果。

```
1  >>> cursor.execute('''INSERT INTO cities (name, geom)
2  ...     VALUES ({0}, GeomFromText({1}, 4326))'''.format(
3  ...     '"city"', '"POINT(30 40)"'))
```

3. 读取数据

读取数据相对就简单一些, 可以使用 SQL 的 SELECT 语句。需要注意几何要素的读取。这里有一个 AsText() 函数可以将 BLOB 转换成可以理解的文本对象。

AsText() 函数是 SpatiaLite 函数, 它返回 Geometry 字段的 WKT 值。在 6.2.2 节使用 HEX() 函数返回的是无法理解的二进制数据的十六进制表达; 现在, AsText() 函数返回有用且易于阅读的字符串。

```
1  >>> cursor.execute("select name, AsText(geom) from cities")
2  >>> for name,wkt in cursor: print(name, wkt)
3  ...
4  city POINT(30 40)
```

在上面打印选择的结果中, 假设结果有很多记录, 用了 for 语句进行循环遍历。如果结果只有一条语句, 或者只需要一条结果, 则可以使用 fetchone() 函数。

有一点要非常注意, 不能像使用列表一样再次用 for 语句进行遍历。SQLite 中使用游标来标识选择记录的位置, 遍历结束后游标移到最后, 无法重新返回开始。要获取记录, 需要重新运行选择语句。

```
1  >>> cursor.execute("select name, AsText(geom) from cities")
2  >>> cursor.fetchone()
3  ('city', 'POINT(30 40)')
```

避免重新检索的方法是将检索的结果保存成 Python 对象, 可以使用 fetchall() 方法:

```
1  >>> cursor.execute("select name, AsText(geom) from cities")
2  >>> all_recs=cursor.fetchall()
3  >>> for name,wkt in all_recs:
4  ...     print(name, wkt)
5  ...
6  city POINT(30 40)
```

这里只有一条记录, 但不会影响对问题的说明。all_recs 变量是可以重复调用, 进行多次遍历的。

6.4.2 导入 Shapefile

在 6.2 节介绍了使用 OGR 工具，使用 SpatiaLite 宏命令导入导出 Shapefile 的方法，本节介绍导入数据的 Python 方式。导入 Shapefile 到数据库的过程与其他版本都差不多。

首先连接数据库文件：

```
1  >>> import sqlite3 as sqlite
2  >>> dbfile='spalite.db'
3  >>> con=sqlite.connect(dbfile)
```

然后加载空间扩展，注意不必进行初始化：

```
1  >>> con.enable_load_extension(True)
2  >>> con.execute('SELECT load_extension("mod_spatialite.so.7")')
3  >>> cursor=con.cursor()
```

创建表，如果原来有则先删除：

```
1  >>> cursor.execute("DROP TABLE IF EXISTS pcapital")
2  >>> cursor.execute('''CREATE TABLE pcapital (id INTEGER PRIMARY
3  ...     KEY AUTOINCREMENT,name varchar(100))''')
4  >>> cursor.execute('''CREATE INDEX pcapital_name on
5  ...     pcapital(name)''')
6  >>> cursor.execute('''SELECT AddGeometryColumn('pcapital',
7  ...     'geom', 4326, 'POINT', 2)''')
8  >>> cursor.execute("SELECT CreateSpatialIndex('pcapital', 'geom')
    ")
9  >>> con.commit()
```

接着调用 ogr 模块来读取数据：

```
1  >>> from osgeo import ogr
2  >>> fName='/gdata/prov_capital.shp'
3  >>> shapefile=ogr.Open(fName)
4  >>> layer=shapefile.GetLayer(0)
```

遍历图层中的要素，逐个插入数据库中。sql_tpl 定义了一个字符串模板，以便使用。

```
1  >>> sql_tpl='''INSERT INTO pcapital (name, geom) VALUES
2  ...     ('{0}', GeomFromText('{1}', 4326))'''
3  >>> for i in range(layer.GetFeatureCount()):
```

```
4  ...          feature=layer.GetFeature(i)
5  ...          fd_name=feature.GetField('name')
6  ...          geometry=feature.GetGeometryRef()
7  ...          wkt=geometry.ExportToWkt()
8  ...          cursor.execute( sql_tpl.format(fd_name ,wkt))
9  >>> con.commit()
```

6.4.3　在表中进行空间查询查找

前面建立了数据库，并导入了 Shapefile 中的数据。现在想从数据库中查找所需要的多边形。下面就是利用 SpatiaLite 来实现在表中进行空间查询的。

```
1  >>> import sqlite3 as sqlite
2  >>> con=sqlite.connect('spalite.db')
3  >>> con.enable_load_extension(True)
4  >>> con.execute('SELECT load_extension("mod_spatialite.so.7")')
5  >>> cursor=con.cursor()
```

这里使用了前面导入的 SpatiaLite 数据库。

这里要查找东经 $90° \sim 110°$，北纬 $30° \sim 40°$ 范围内的省会城市，在 6.3.2 节的 SpatiaLite 交互环境中已经介绍了查找方法。在缺省的情形下，SpatiaLite 进行空间查询的时候没有使用空间索引，因此在查找中不得不明确指出 idx_pcapital_geom 索引来优化查询过程。在 Python 中使用方法也完全一样。

```
1  >>> cursor.execute('''SELECT name , AsText(geom)
2  ... FROM pcapital WHERE id IN
3  ... (SELECT pkid FROM idx_pcapital_geom
4  ... WHERE xmin >=90 AND xmax <=110
5  ... AND ymin >=30 and ymax <=40)''')
6  >>> for row in cursor: print (row)
7  ...
8  ('西宁', 'POINT(101.797123 36.593385)')
9  ('兰州', 'POINT(103.584065 36.118845)')
10 ('成都', 'POINT(104.035277 30.714088)')
11 ('银川', 'POINT(106.166906 38.598221)')
12 ('西安', 'POINT(108.966745 34.275935)')
```

通过前面的步骤检索出了结果，结果可以保存起来以便进一步处理，保存的时候可以用纯文本的格式保存 WKT 数据。

上面的检索语句稍显复杂，下面利用 SpatiaLite 的 Contains() 函数来实现同样的检索。Contains() 函数用来比较几何对象之间的空间关系，在 6.7.2 节会对空间对象的关系比较进一步说明。

```
1  >>> from shapely.geometry import box
2  >>> cursor.execute('''SELECT name , AsText(geom) FROM
3  ... pcapital WHERE Contains(GeomFromText("{wkt}", 4326), geom)
4  ... '''.format(wkt = box(90,30,110,40).wkt))
```

上面了使用 Shapely 的 box() 函数建立了矩形作为空间检索的几何图形。

```
1  >>> for row in cursor: print (row)
2  ...
3  ('西宁', 'POINT(101.797123 36.593385)')
4  ('兰州', 'POINT(103.584065 36.118845)')
5  ('成都', 'POINT(104.035277 30.714088)')
6  ('银川', 'POINT(106.166906 38.598221)')
7  ('西安', 'POINT(108.966745 34.275935)')
```

结果与预期是一致的。

6.5　SpatiaLite 几何类型的定义与使用

6.4 节介绍了在 Python 中使用 SpatiaLite 的基本步骤。本节来深入了解一下几何要素的使用细节。

6.5.1　熟悉 Geometry

1. SpatiaLite 中点状几何要素的访问方法

在开始之前，先运行：

```
1  >>> import sqlite3 as sqlite
2  >>> con=sqlite.connect('spalite.db')
3  >>> con.enable_load_extension(True)
4  >>> con.execute('SELECT load_extension("mod_spatialite.so.7")')
5  >>> cursor=con.cursor()
```

执行第一个查询：

```
1  >>> sql='SELECT name , AsText(Geom) from pcapital limit 5'
2  >>> cursor.execute(sql)
3  >>> for rec in cursor: print(rec)
```

```
4  ...
5  ('乌鲁木齐', 'POINT(87.576106 43.781766)')
6  ('拉萨', 'POINT(91.163128 29.710353)')
7  ('西宁', 'POINT(101.797123 36.593385)')
8  ('兰州', 'POINT(103.584065 36.118845)')
9  ('成都', 'POINT(104.035277 30.714088)')
```

上面返回的是最简单的 Geometry 类点状要素，它只由一对 (x, y) 坐标构成。下面使用不同的方式来执行前面的查询：

```
1  >>> sql='SELECT name,X(Geom),Y(Geom) FROM pcapital limit 5'
2  >>> cursor.execute(sql)
3  >>> for rec in cursor: print(rec)
4  ...
5  ('乌鲁木齐', 87.5761057700001, 43.781765632)
6  ('拉萨', 91.1631283770001, 29.71035275)
7  ('西宁', 101.797122761, 36.593385234)
8  ('兰州', 103.584065269, 36.118845385)
9  ('成都', 104.035277358, 30.7140881600001)
```

SpatiaLite 的 X() 函数返回点的 X 坐标，Y() 函数返回点的 Y 坐标。

2. SpatiaLite 中几何对象的表达方式

在 SpatiaLite 中有几个函数来表达几何对象，在前面章节中已经使用过 HEX() 与 AsText()。这里再说明一下。

下面用 HEX() 函数返回点状要素数据。

```
1  >>> sql="SELECT HEX(GeomFromText('POINT(10 20) '));"
2  >>> cursor.execute(sql)
3  >>> cursor.fetchone()
4  ('00010000000000000000000000000244000000000000003440000000000000 ...
```

函数 AsBinary() 返回 WKB 表示的几何图形，WKB 是实现了 OpenGIS 规范的一种表示方法。

```
1  >>> sql="SELECT HEX(AsBinary(GeomFromText('POINT (10 20)')))"
2  >>> cursor.execute(sql)
3  >>> cursor.fetchone()
4  ('010100000000000000000024400000000000003440',)
```

函数 GeomFromWKB() 将 WKB 的值转换成对应的内部 BLOB 的值。

```
1  >>> sql='''SELECT AsText(GeomFromWKB(
2  ... X'0101000000000000000000244000000000000003440'))'''
3  >>> cursor.execute(sql)
4  >>> cursor.fetchone()
5  ('POINT(10 20)',)
```

6.5.2 几何要素

本节主要探讨 SpatiaLite 支持的不同几何要素。简单来讲，任何的几何要素都属于一种几何类型。这些类型的定义在 OpenGIS 中有相关的规范说明，这里对 SpatiaLite 中的具体实现进行介绍。

首先将中国主要河流的线状 Shapefile 添加到 **spalite.db** 数据库中，使用下面的命令：

```
1  $ ogr2ogr -f 'SQLite' -lco SRID=4326 -nlt LINESTRING \
2      -append spalite.db /gdata/hyd2_4l.shp
```

然后在 Python 中连接数据库：

```
1  >>> import sqlite3 as sqlite
2  >>> con=sqlite.connect("spalite.db")
3  >>> con.enable_load_extension(True)
4  >>> con.execute('SELECT load_extension("mod_spatialite.so.7")')
5  >>> cursor=con.cursor()
```

1. 线状要素类型

在 6.5.1 节已经介绍了点状要素类型，下面来熟悉一下线状要素类型。

```
1  >>> sql='''SELECT ogc_fid, AsText(Geometry) FROM
2  ...     hyd2_4l WHERE ogc_fid=2'''
3  >>> cursor.execute(sql)
4  >>> cursor.fetchone()
5  (2, 'LINESTRING(117.717323 49.189854, 117.722633 ...
```

线状要素类型是另一种几何要素类，它由许多点组成。上面得到一个非常简单的线状要素，由四个顶点来表示。在实际的 GIS 数据中一般的线会由几十、几百乃至数以千计的顶点组成。

为了更进一步了解线状要素，来看下面的例子：

```
1  >>> sql='''SELECT ogc_fid, NumPoints(Geometry),
2  ...    GLength(Geometry), Dimension(Geometry),
```

```
3  ...      GeometryType(Geometry) FROM hyd2_4l ORDER BY
4  ...      NumPoints(Geometry) DESC LIMIT 5'''
5  >>> cursor.execute(sql)
6  >>> for rec in cursor: print(rec)
7  ...
8  (1806, 500, 1.7478694389081417, 1, 'LINESTRING')
9  (921, 497, 1.9186302045257673, 1, 'LINESTRING')
10 (1124, 497, 2.1301943026016965, 1, 'LINESTRING')
11 (1737, 495, 3.3726107566352503, 1, 'LINESTRING')
12 (1754, 493, 2.2308514238328825, 1, 'LINESTRING')
```

SpatiaLite 的 NumPoints() 函数返回线状要素顶点的数目；GLength() 函数返回以地图单位计算的线状要素的长度；Dimension() 函数返回任何一种几何类型的维度（对线状要素类型来讲其值是 1）；GeometryType() 函数返回任何 Geometry 类型的值。

下面给出更多函数的用法：

```
1  >>> sql='''SELECT ogc_fid, NumPoints(Geometry),
2  ...      AsText(StartPoint(Geometry)), Y(PointN(Geometry, 2))
3  ...      FROM hyd2_4l ORDER BY NumPoints(Geometry) DESC LIMIT 5'''
4  >>> cursor.execute(sql)
5  >>> for rec in cursor: print(rec)
6  ...
7  (1806, 500, 'POINT(112.299263 28.781227)', 28.781719207763672)
8  (921, 497, 'POINT(82.485016 40.96809)', 40.972862243652344)
9  (1124, 497, 'POINT(80.089989 37.630798)', 37.63481903076172)
10 (1737, 495, 'POINT(116.622162 29.221281)', 29.228797912597656)
11 (1754, 493, 'POINT(112.326111 29.059664)', 29.059078216552734)
```

SpatiaLite 的 StartPoint() 函数返回线状要素的第一个点。EndPoint() 函数返回线状要素的最后一个点。PointN() 函数根据参数（索引值）返回几何要素的点，第一个点通过索引值 1 来标识，第二个点通过索引值 2 来标识，以此类推。

2. 多边形类型

多边形是另外一个几何要素类型。数据库中最开始导入的 region_popu 表就是多边形类型：

```
1  >>> '''SELECT name, AsText(Geometry) FROM region_popu
2  ...      WHERE ogc_fid=52'''
3  >>> cursor.execute(sql)
```

```
4  >>> cursor.fetchone()
5  ('长春市', 'MULTIPOLYGON(((14091356.6 5658952.2, 14091180.3 ...
```

此处的 MULTIPOLYGON 是一个非常简单的多边形，且只有外部的环（没有内部的洞）。多边形可以包含任意数据的洞，并通过内部环分隔开来。外部环是一个简单的 LINESTRING（内部洞也是 LINESTRING）。注意：多边形是一个闭合的几何类型，多边形的第一个点与最后一个点的位置是完全相同的。

```
1  >>> sql='''SELECT Area(Geometry), AsText(Centroid(Geometry)),
2  ...     Dimension(Geometry), GeometryType(Geometry) FROM
3  ...     region_popu ORDER BY Area(Geometry) DESC LIMIT 5'''
4  >>> cursor.execute(sql)
5  >>> for rec in cursor: print(rec)
6  ...
7  (794169055263.5,'POINT(9735558.7 4803731.4)',2,'MULTIPOLYGON')
8  (603606958206.4,'POINT(13493799.5 6397562.4)',2,'MULTIPOLYGON')
9  (500817941332.9,'POINT(9934227.2 3866271.4)',2,'MULTIPOLYGON')
10 (481381894962.2,'POINT(9190823.0 3903907.6)',2,'MULTIPOLYGON')
11 (469492240685.0,'POINT(10524906.8 4404837.1)',2,'MULTIPOLYGON')
```

上面程序使用了 SpatiaLite 的 Dimension() 函数与 GeometryType() 函数。对于多边形类型，这两个函数的意义与其他都是一样的。SpatiaLite 的 Area() 函数返回多边形的几何面积。

```
1  >>> sql='''SELECT ogc_fid, NumInteriorRings(Geometry),
2  ...     NumPoints(ExteriorRing(Geometry)),
3  ...     NumPoints(InteriorRingN(Geometry, 1))
4  ...     FROM region_popu ORDER BY NumInteriorRings(Geometry)
5  ...     DESC LIMIT 5'''
6  >>> cursor.execute(sql)
7  >>> for rec in cursor: print(rec)
8  ...
9  (2, 1, 5435, 1104)
10 (106, 1, 1919, 44)
11 (152, 1, 7091, 4)
12 (173, 1, 5306, 71)
13 (177, 1, 4422, 92)
```

ExteriorRing() 函数返回给定几何要素的外部线环。任何有效的多边形要素必须有一个外部线环，并且这个线环必须是闭合的。SpatiaLite 的 NumInteriorRings()

函数返回多边形中内部洞的数目，一个有效的多边形，可以有一些洞，也可以没有。InteriorRingN() 函数以 LINESTRING 的格式返回第 N 个内部洞。每个洞都以相对索引来标识：第一个的索引值是 1，第二个的索引值是 2，其余依次类推。

3. 查看多边形的坐标

多边形的坐标由线定义，通过下面的查询语句，可以查看多边形的坐标：

```
1  >>> sql='''SELECT AsText(InteriorRingN(Geometry, 1)),
2  ...        AsText(PointN(InteriorRingN(Geometry, 1), 4)),
3  ...        X(PointN(InteriorRingN(Geometry, 1), 5))
4  ...        FROM region_popu WHERE ogc_fid = 2'''
5  >>> cursor.execute(sql)
6  >>> cursor.fetchone()
7  ('LINESTRING(13090718.9 4781748.7, 13090765.9 4781209.7, ...
```

在前面已经遇到过类似用法了。对于多边形来说，变得烦琐一些，但仍然容易理解。例如，为了获得坐标，使用了 InteriorRingN() 函数来获取第一个内部环，然后通过 PointN() 函数获得第五个顶点。最后可以调用 X() 来获取水平方向坐标值。

4. 更多的类型

点、线、面是几何图形对象中的基本类。但是几何图形对象也支持复合类型。

（1）复合点（MULTIPOINT）是属于同一个实体的两个或更多点的集合。

（2）复合线（MULTILINESTRING）是两个或若干线状要素。

（3）复合多边形（MULTIPOLYGON）是两个或若干多边形要素。

（4）几何集合（GEOMETRYCOLLECTION）是包含多种要素类型的集合。

对于上面这些类型就不进行更多说明了。总体来讲，这些类型可以使用下面的一些函数。

（1）NumGeometries() 函数返回集合中元素的数目。

（2）GeometryN() 函数返回集合中的第 N 个元素。

（3）GLength() 函数返回由 MULTILINESTRING 集合中所有线要素组成的各单独长度的和。

（4）Area() 函数返回 MULTIPOLYGON 集中所有多边形要素的单独面积的和。

（5）Centroid() 函数返回 MULTIPOLYGON 的平均质心。

6.5.3 最小外包矩形（MBR）

MBR 在使用中是特别有用的，通过 MBR，可以对多边形的空间关系进行快速的分析（但是不充分）。由于 MBR 计算起来非常快，所以在提高数据处理速度中得到了广泛的应用。

下面介绍 MBR 在 SpatiaLite 中的使用，在开始之前，先连接数据库：

```
1  >>> import sqlite3 as sqlite
2  >>> con=sqlite.connect('spalite.db')
3  >>> con.enable_load_extension(True)
4  >>> con.execute('SELECT load_extension("mod_spatialite.so.7")')
5  >>> cursor=con.cursor()
```

再使用 Envelope() 函数返回几何对象的 MBR：

```
1  >>> sql='''SELECT Name, AsText(Envelope(Geometry)) FROM
2  ...     region_popu  LIMIT 5'''
3  >>> cursor.execute(sql)
4  >>> for x in cursor: print(x)
5  ...
6  ('北京市','POLYGON((12848142.4 4785194.8,13080958.7 4785194.8...
7  ('天津市','POLYGON((12991215.3 4658103, 13142291.1 4658103,    ...
8  ('石家庄市','POLYGON((12636652.7 4500159.5,12854887.4 4500159.5...
9  ('唐山市','POLYGON((13079762.4 4709808.8,13280857.2 4709808.8...
10 ('秦皇岛市','POLYGON((13198175.3 4782252.4,13341506.3 4782252.4...
```

到目前为止，通过前面的实例，读者对于空间数据处理已经有了基本的了解。

6.5.4 创建与更新数据表

下面看一下在 SpatiaLite 中针对数据表的一些操作。在开始之前，先使用下面的代码建立好初始环境：

```
1  >>> import sqlite3 as sqlite
2  >>> con=sqlite.connect('spalite.db')
3  >>> con.enable_load_extension(True)
4  >>> con.execute('SELECT load_extension("mod_spatialite.so.7")')
5  >>> cursor=con.cursor()
```

1. 创建表

创建一个新的表，并在其中插入一些记录。

CREATE TABLE 语句是用来创建一个新的表的，创建的时候要指明它要包含的字段。字段的定义可以在后期添加、删除，或修改类型。一个几何字段的类型是BLOB。

```
>>> cursor.execute('''CREATE TABLE MyTable (name TEXT NOT NULL,
...        geom BLOB NOT NULL)''')
```

INSERT INTO 语句可以在数据表中创建新的记录；使用 GeomFromText() 函数，可以创建新的几何对象数据：

```
>>> cursor.execute('''INSERT INTO MyTable (name, geom) VALUES
...        ('one', GeomFromText('POINT(1 1)'))''')
>>> cursor.execute('''INSERT INTO MyTable (name, geom) VALUES
...        ('two', GeomFromText('POINT(2 2)'))''')
>>> cursor.execute('''INSERT INTO MyTable (name, geom) VALUES
...        ('three', GeomFromText('POINT(3 3)'))''')
```

最后使用 SELECT 语句进行查询。

```
>>> cursor.execute("SELECT name, AsText(geom) FROM MyTable")
>>> for rec in cursor: print(rec)
('one', 'POINT(1 1)')
('two', 'POINT(2 2)')
('three', 'POINT(3 3)')
```

2. 更新表

更新行与插入或删除行是一样简单的：

```
>>> cursor.execute('''SELECT id, name, AsText(geom)
...        FROM pcapital where id=32''')
>>> for rec in cursor: print(rec)
...
(32, '北京', 'POINT(116.067649 39.891929)')
>>> cursor.execute('''UPDATE pcapital SET
...        name='北京市', geom=GeomFromText('POINT(10 10)',
...        4326)  WHERE id = 32''')
```

可以重新查询以查看结果。

SQL 的 UPDATE 语句允许修改属性值，只需要用 SET 语句声明列名称和新的值即可替换当前的值。在每个表中，主键（primary key）保证每行记录存在一个唯一值，从而确保其一致性。

　　如果创建数据表时没有声明主键，那么 SQLite 会自动使用字段 ROWID 作为索引来管理数据表，可以直接在 SQL 表达式中使用，就像普通的字段一样。当然 ROWID 与主键还是有一些差别的，有兴趣的话可以阅读更多材料来了解。

　　3. 选择数据创建新表

　　SQLite 提供了一种直观的方式来创建一个新的表，同时从另一个表格中选出数据进行填充：

```
1  >>> cursor.execute('''CREATE TABLE tab1 AS SELECT *
2  ...        FROM pcapital limit 10''')
3  >>> con.commit()
```

　　还支持另一种不同的方式，首先创建一个新表，确定字段的类型、名称等；其次调用 INSERT INTO ... SELECT 按条件选择数据并插入新表中：

```
1  >>> cursor.execute('''CREATE TABLE tab2(Name TEXT NOT NULL,
2  ...        Geometry BLOB NOT NULL)''')
3  >>> cursor.execute('''INSERT INTO tab2(Name, Geometry)
4  ...        SELECT name, geom FROM pcapital limit 4''')
5  >>> con.commit()
```

　　再次将数据选择打印出来查看：

```
1  >>> cursor.execute('SELECT name, AsText(geometry) FROM tab2')
2  >>> for rec in cursor: print(rec)
3  ...
4  ('乌鲁木齐', 'POINT(87.576106 43.781766)')
5  ('拉萨', 'POINT(91.163128 29.710353)')
6  ('西宁', 'POINT(101.797123 36.593385)')
7  ('兰州', 'POINT(103.584065 36.118845)')
```

　　这两种 SQL 构造在面向 GIS 的环境中是非常有用的。很多时候可能需要提取一小部分数据，如只选择与某个县或镇相关的空间要素，以便捷的方式编辑它们，并执行一些空间分析，进而产生一些专门的输出（如分发选定的 Shapefile 等）。在这种情况下，创建一组派生数据是常用的技术方案。

　　一旦不再需要这些表，就可以删除它们：

```
1  >>> cursor.execute('DROP TABLE tab1')
2  >>> cursor.execute('DROP TABLE tab2')
3  >>> cursor.execute('VACUUM')
```

　　一个 DROP 语句将完全删除一个表及其包含的所有数据。在删除表之后执行 VACUUM 以便真正释放其不再使用的内存，并压缩数据库等。

6.5.5　Python 中 SQLite 的事务操作

1. 数据库的事务操作

事务（transaction）是一个对数据库执行工作单元，以逻辑顺序完成的工作单位或序列，可以由用户手动操作完成，也可以由某种数据库程序自动完成。实际上可以把许多的 SQLite 查询联合成一组，把所有这些放在一起作为事务执行。

在 SQL 语句中使用下面的命令来控制事务。

（1）BEGIN TRANSACTION（或使用简单的 BEGIN 命令来启动）语句开始事务处理，事务通常会持续执行下去，直到遇到下一个 COMMIT 或 ROLLBACK 命令。在数据库关闭或发生错误时事务处理会回滚。

（2）COMMIT 命令是用于把事务调用的更改保存到数据库中的事务命令，把自上次 COMMIT 或 ROLLBACK 命令以来的所有事务保存到数据库。

（3）ROLLBACK 语句回滚所做的更改，用于撤销尚未保存到数据库的事务命令，只能用于撤销自上次发出 COMMIT 或 ROLLBACK 命令以来的事务。

事务控制语句的作用范围只与命令 INSERT、UPDATE 和 DELETE 有关。这些语句不能在创建表或删除表时使用，因为这些操作在数据库中是自动提交的。

在 SQLite 中，每个 SQL 语句开始时会默认启动一个新的事务，并且在处理后自动执行隐式的 COMMIT 语句，这可能导致其性能或多或少地下降。目前 SQLite 倾向于明确声明 BEGIN 和 COMMIT 事务，特别是需要执行较多连续的 INSERT 和/或 UPDATE 操作。

2. Python + SQLite 的事务操作

在 Python 中的 sqlite3 模块中，与事务相关的函数有 commit() 及 rollback()。在 Python 连接 SQLite 数据库时，会声明数据库的隔离级别，同时明确了采用事务的方式。SQLite 数据库的隔离级别分为延迟锁、立即锁、排它锁。本书仅对缺省情况下延迟锁的情况进行说明，如果读者对数据库事务操作感兴趣，可以阅读数据库事务相关的技术文档来进一步了解。注意，默认情况下在 Python 中使用 SQLite 数据库不会自动提交。

首先按默认情况连接数据库：

```
1  >>> import sqlite3 as sqlite
2  >>> con=sqlite.connect('spalite.db')
3  >>> con.enable_load_extension(True)
4  >>> con.execute('SELECT load_extension("mod_spatialite.so.7")')
5  >>> cur=con.cursor()
```

其次查看原始数据的记录数目：

```
1  >>> sql_count='SELECT count(*) FROM pcapital'
2  >>> cur.execute(sql_count).fetchone()
3  (34, 0)
```

Python 调用 SQLite 时默认是使用事务操作的，下面开始使用 SQL 命令删除记录，删除后结果显示剩下的记录数为 10。

```
1  >>> del_sql='DELETE FROM pcapital where id > 10'
2  >>> cur.execute(del_sql)
3  >>> cur.execute(sql_count).fetchone()
4  (10, 0)
```

目前虽然删除了数据库的记录，但是并未提交。如果此时直接使用 close() 函数关闭数据库，则所有的修改将会丢失。如果重新打开数据库，则会发现删除的记录还在。

下面来看一下回滚操作。

```
1  >>> con.rollback()
2  >>> cur.execute(sql_count).fetchone()
3  (34, 0)
```

上面虽然执行了删除操作，但是随后执行了回滚操作（rollback()），这样数据并没有真正删除，还是开始的 34 个。

重新执行删除操作，但这次稍有不同，使用 commit() 函数来为待定的操作状态进行提交。

```
1  >>> cur.execute(del_sql)
2  >>> con.commit()
```

再次执行回滚操作，可以看到此次数据数目为 10。说明数据库中的记录已经无法找回了。

```
1  >>> con.rollback()
2  >>> cur.execute(sql_count).fetchone()
3  (10, 0)
4  >>> con.close()
```

6.5.6　管理坐标参考与坐标转换

在 GIS 中地理坐标重投影（coordinate reprojection）是一种常用的操作，它将不同的 GIS 数据转换成统一的空间参考系统，然后进行一些互操作和集成。在

SQLite 中每个坐标值都有在某空间参考下限定的范围，它需要有一个明确编码，标识了几何相关描述、几何对象定义的坐标空间。

作为一种普遍的规则，只有当几何对象的坐标是在同样的空间参考系统时，才能进行有意义的操作[①]。

SpatiaLite 为任何类型的几何类实现了 SRID，并支持 EPSG 数据集来识别坐标参考系。下面初始化 SpatiaLite 数据库。

```
1  >>> import sqlite3 as sqlite
2  >>> con=sqlite.connect(':memory:')
3  >>> con.enable_load_extension(True)
4  >>> con.execute('SELECT load_extension("mod_spatialite.so.7")')
5  >>> cursor=con.cursor()
6  >>> cursor.execute('SELECT InitSpatialMetaData();')
```

初始化完成后会生成一些表与视图，这个在前面已经介绍了。下面来看一下表的信息。其中，auth_name 和 auth_srid 分别标识生成的空间参考的名称与编码。

```
1  >>> cursor.execute("PRAGMA table_info(spatial_ref_sys)")
2  >>> for rec in cursor: print(rec)
3  ...
4  (0, 'srid', 'INTEGER', 1, None, 1)
5  (1, 'auth_name', 'TEXT', 1, None, 0)
6  (2, 'auth_srid', 'INTEGER', 1, None, 0)
7  (3, 'ref_sys_name', 'TEXT', 1, "'Unknown'", 0)
8  (4, 'proj4text', 'TEXT', 1, None, 0)
9  (5, 'srtext', 'TEXT', 1, "'Undefined'", 0)
```

进一步查看 spatial_ref_sys 表。可以用 cursor.fetchall() 方法来获取所有的信息，但是这里只需要查看前 5 个即可，所以使用如下代码：

```
1  >>> cursor.execute('SELECT * FROM spatial_ref_sys LIMIT 5')
2  >>> for rec in cursor: print(rec)
3  ...
4  (-1, u'NONE', -1, u'Undefined - Cartesian', u'', u'Undefined')
5  (0, u'NONE', 0, u'Undefined - Geographic Long/Lat', u'',      ...
6  (2000, u'epsg', 2000, u'Anguilla 1957 / British West Indies ...
7  (2001, u'epsg', 2001, u'Antigua 1943 / British West Indies   ...
8  (2002, u'epsg', 2002, u'Dominica 1945 / British West Indies  ...
```

---

① 在一些软件，如 ArcGIS 中，可以对不同坐标系统下面的数据进行叠加等空间操作，这是因为这些软件为了简化用户操作，把坐标转换的步骤放在后台执行了。

可以看到 spatial_ref_sys 表中预定义的空间参考的 SRID 的记录。

1. 查看数据库的空间参考信息

回来查看实际的数据库。首先打开 spalite.db 数据库来查看信息:

```
>>> con=sqlite.connect('spalite.db')
>>> con.enable_load_extension(True)
>>> con.execute('SELECT load_extension("mod_spatialite.so.7")')
>>> cursor=con.cursor()
>>> cursor.execute('''select name from sqlite_master where
...     type='table' order by name''')
>>> for rec in cursor: print(rec)
...
('ElementaryGeometries',)
('MyTable',)
... ...
('virts_geometry_columns_statistics',)
```

查看数据库中的空间参考:

```
>>> cursor.execute('SELECT * FROM spatial_ref_sys LIMIT 5')
>>> for rec in cursor: print(rec)
...
(-1, 'NONE', -1, 'Undefined - Cartesian', '', 'Undefined')
(0, 'NONE', 0, 'Undefined - Geographic Long/Lat', '', ...
(2000, 'epsg', 2000, 'Anguilla 1957 / British West  ...
(2001, 'epsg', 2001, 'Antigua 1943 / British West  ...
(2002, 'epsg', 2002, 'Dominica 1945 / British West ...
```

进一步查看表 pcapital 中记录的属性:

```
>>> cursor.execute('SELECT DISTINCT Srid(geom) FROM pcapital')
>>> cursor.fetchone()
(4326,)
>>> cursor.execute('''SELECT DISTINCT SRID(pcapital.geom),
...     spatial_ref_sys.ref_sys_name FROM pcapital,
...     spatial_ref_sys WHERE
...     SRID(pcapital.geom)=spatial_ref_sys.srid;''')
>>> cursor.fetchone()
(4326, 'WGS 84')
```

SpatiaLite 的 SRID() 函数返回几何类型的 SRID 值,在这里返回的值是 4326。

2. 在 SpatiaLite 中进行投影变换

投影变换是将一种空间参考坐标系统中的数据通过计算变换到另外一种空间参考坐标系统中的过程。可以通过 Transform() 函数来完成这个复杂的任务，下面是转换到 EPSG 3857（全球墨卡托）的示例，结果返回的坐标与经纬度坐标是完全不同的。

```
1  >>> cursor.execute('''SELECT AsText(Transform(geom, 3857))
2  ...      from pcapital''')
3  >>> cursor.fetchone()
4  ('POINT(9748927.499974 5431731.790013)',)
```

更常用的场景是添加另外一个几何属性列，将投影的结果存储到其中：

```
1  >>> cursor.execute('''SELECT AddGeometryColumn('pcapital',
2  ...      'geom3857', 3857, 'POINT', 2)''')
3  >>> cursor.execute('''UPDATE pcapital SET
4  ...      geom3857=Transform(geom, 3857)''')
5  >>> cursor.execute('''SELECT AsText(geom), Srid(geom),
6  ...      AsText(geom3857), Srid(geom3857)
7  ...      FROM pcapital LIMIT 5''')
8  >>> cursor.fetchone()
9  ('POINT(87.576106 43.781766)', 4326, 'POINT(9748927.499974 ...
10 >>> con.commit()
```

根据需要应用 SpatiaLite 的 Transform() 函数，并从原始空间要素中获取变换后的新的空间要素。现在 pcapital 表中有两个几何属性列：原始的 geom 列包含 EPSG 4326 中的几何要素，是 WGS84 经纬度坐标参考系；新的 geom3857 列包含 EPSG 3856 中的几何要素，是全球墨卡托坐标参考系。

现在可以根据需要以适当的方式选择使用一种地图投影，任何时候都可以根据需要进行投影变换。

6.6   使用虚拟表链接其他格式数据执行 SQL 语句

SpatiaLite 对 SQLite 进行了扩展，可以与文本文件或 Shapefile 进行链接，形成虚拟表直接进行查询等相关操作。

6.6.1   在 CSV 与带分隔符的 TXT 文件上进行 SQL 查询

带分隔符的文本格式（如 CSV 文件或普通 TXT 文件）已经得到了广泛的应用。可以使用 CSV 或带分隔符的 TXT 文件格式导出任何形式的表格数据。任何主流的电子表格软件，如微软的 Excel，或 Open Office 的 Calc 组件，都支持导入或导出带分隔符的文本。

VirtualText 模块是 SpatiaLite 直接支持的另一个虚拟表驱动（只读），它可以用来直接访问 CVS 与带分隔符的 TXT 文件。

下面是一个 CSV 文件的示例，它展示了一个逗号分隔的纯文本文件。

```
>>> cvs_text='''Author,Book,Lang,Price
... "Magnus Lie Hetland","Python基础教程(第3版)","中文","75.3"
... "Bill Kropla","Beginning MapServer","English","344"
... "Jake VanderPlas","Python数据科学手册","中文","83.9"
... "Osvaldo Martin","Python贝叶斯分析","中文","54.4"
... '''
```

使用 Python 将上面的文本内容写入文件 xx_out.txt 中。

```
>>> with open('xx_out.txt', 'w') as fo:
...         fo.write(cvs_text)
```

现在开始一个 SpatiaLite 任务，同样在内存中执行：

```
>>> import sqlite3 as sqlite
>>> con=sqlite.connect(':memory:')
>>> con.enable_load_extension(True)
>>> con.execute('SELECT load_extension("mod_spatialite.so.7")')
>>> cur=con.cursor()
>>> sql='''CREATE VIRTUAL TABLE books USING VirtualText(
...         xx_out.txt, utf8, 1, COMMA, DOUBLEQUOTE, ',')'''
>>> cur.execute(sql)
```

VirtualText 驱动作为代理，可以从物理上访问外部数据源（实际上是 CSV 或带分隔符的 TXT 文件）。下面对 CREATE VIRTUAL TABLE ... USING Virtual-Text(...) 参数进行说明。

（1）第一个参数（xx_out.txt），是数据源文件。

（2）第二个参数，是文件使用的字符编码。

（3）第三个参数（可选的），是用来确定如何处理文件的：值为 1，表示文件的第一行包含了列的名称；值为 0，表示文件的第一行就是普通的列的值，在这种情况下，VirtualText 会对每一列生成缺省列名称。

（4）第四个参数（可选的），用来声明源文件的小数点分隔符。在默认情况下使用常规的小数点分隔符（.）；否则会将本参数作为小数点分隔符（这种情况不常见，但还是有可能会碰到的，尤其是一些机器、设备产生或采集的数据）。

（5）第五个参数是引号界定符，说明是用双引号还是单引号来声明字符串。

（6）第六个参数（最后一个）是字段分隔符，缺省情况下是用制表符分隔，也可以使用逗号（,），或冒号（:）。

同样查看其结构：

```
>>> cur.execute('PRAGMA table_info(books)')
>>> for rec in cur: print(rec)
...
(0, 'ROWNO', 'INTEGER', 0, None, 0)
(1, 'Author', 'TEXT', 0, None, 0)
(2, 'Book', 'TEXT', 0, None, 0)
(3, 'Lang', 'TEXT', 0, None, 0)
(4, 'Price', 'TEXT', 0, None, 0)
```

使用 VirtualText 模块创建虚拟表后，可以在这个表上执行任何 SQL SELECT 命令。VirtualText 不允许执行任何的 DELETE、INSERT 和 UPDATE 命令。

```
>>> cur.execute('''SELECT Book, Author FROM Books
...      WHERE Lang='中文' ''')
>>> for rec in cur: print(rec)
...
('Python基础教程(第3版)', 'Magnus Lie Hetland')
('Python数据科学手册', 'Jake VanderPlas')
('Python贝叶斯分析', 'Osvaldo Martin')
```

6.6.2 在 Shapefile 上执行 SQL 查询

Shapefile 是最常见的 GIS 数据格式，SpatiaLite 可以在其上使用 SQL 语句进行访问操作。

1. 基本的使用方法

VirtualShape 设计并实现了与 SpatiaLite 的直接交互操作，通过标准的 SQL 来完全直接地访问 Shapefile，包括数据的属性与几何图形。

SpatiaLite 扩展会自动支持 VirtualShape 扩展，所以在加载 SpatiaLite 后，可以直接在 Shapefile 上执行 SQL 的标准查询，而不必引入其他的扩展。

来看一个实际的例子，使用 prov_capital.shp 数据文件来进行实验。在这个例子中不必连接实际的数据库，在内存中执行即可。先进行准备工作：

```
>>> import sqlite3 as sqlite
>>> con=sqlite.connect(":memory:")
```

```
3  >>> con.enable_load_extension(True)
4  >>> con.execute('SELECT load_extension("mod_spatialite.so.7")')
5  >>> cur=con.cursor()
```

然后通过使用 CREATE VIRTUAL TABLE 语句创建虚拟表：

```
1  >>> cur.execute('''CREATE VIRTUAL TABLE vshp USING
2  ...     VirtualShape("/gdata/prov_capital", "UTF-8", 4326)''')
```

其中，vshp 是虚拟表的名称。USING VirtualShape() 语句声明使用 Virtual-Shape 驱动。prov_capital 是 VirtualShape 驱动所需要的第一个参数，用来指明 Shapefile 的路径（不带后缀）。第二个参数 UTF-8 指明了 Shapefile 中字符与数字等属性值编码的字符名称（charset name），这个 Shapefile 是在 ArcGIS 较新版本中生成的。在 ArcGIS Desktop 10.2.1 及以后的版本，Shapefile (.DBF) 的编码页默认设置为 UTF-8 (Unicode)。第三个参数 4326 是 Shapefile 中几何图形使用的 SRID。

上面已经创建了虚拟表，下面查看其结构。PRAGMA info_table 将 SQLite 中所有的属性列列出。可以看到在 Shapefile 中定义的属性都映射成了对应的 SQL 类型。

```
1  >>> cur.execute('PRAGMA table_info(vshp)')
2  >>> for rec in cur: print(rec)
3  ...
4  (0, 'PKUID', 'INTEGER', 0, None, 0)
5  (1, 'Geometry', 'BLOB', 0, None, 0)
6  (2, 'name', 'VARCHAR(100)', 0, None, 0)
7  (3, 'lat', 'DOUBLE', 0, None, 0)
8  (4, 'lon', 'DOUBLE', 0, None, 0)
```

还有两点需要注意。

（1）PKUID 属性列是唯一用来标识每一个实体（记录）值的。这个值标识了实体的相对位置，又称为记录号码。

（2）Geometry 列包含了 Shapefile 的几何图形，但是转换成了标准的 SpatiaLite（OpenGIS）几何图形。

选择两条记录输出，查看其结果：

```
1  >>> cur.execute('''SELECT PKUID, name, lat, lon,
2  ...      AsText(Geometry) FROM vshp LIMIT 2''')
3  >>> for rec in cur: print(rec)
4  (1, '乌鲁木齐', 43.7818, 87.5761, 'POINT(87.576106 43.781766)')
5  (2, '拉萨', 29.7104, 91.1631, 'POINT(91.163128 29.710353)')
```

2. 进一步查看

进一步使用 SQL 语法来访问数据:

```
1   >>> sql2='''SELECT PKUID, name, AsText(Geometry)
2   ...        FROM vshp WHERE lon > 105 and lat > 35 ORDER BY Name;'''
3   >>> cur.execute(sql2)
4   >>> for rec in cur: print(rec)
5   ...
6   (32, '北京', 'POINT(116.067649 39.891929)')
7   (27, '呼和浩特', 'POINT(111.842298 40.895407)')
8   (31, '哈尔滨', 'POINT(126.56612 45.693444)')
9   (28, '天津', 'POINT(117.350438 38.925454)')
10  (26, '太原', 'POINT(112.482562 37.798145)')
11  (29, '沈阳', 'POINT(123.295438 41.801306)')
12  (24, '济南', 'POINT(117.047704 36.608204)')
13  (25, '石家庄', 'POINT(114.47765 38.03302)')
14  (9, '银川', 'POINT(106.166906 38.598221)')
15  (30, '长春', 'POINT(125.26047 43.981648)')
```

VirtualShape 驱动设计了从物理上访问外部数据源(实际上是 Shapefile),然后来执行任何的数据格式转换的请求,这样就可以像对待原始的 SQL 数据一样允许 SQL 引擎来遍历数据。

目前的唯一限制是 VirtualShape 实现的是"只读"操作,所以同样不允许执行任何的 DELETE、INSERT、UPDATE 命令。

需要注意的是,在运行过一些任务后,虚拟表的定义会存储在 SQLite 数据库中。如果关闭了目前的 SQLite 任务,则在下次使用相同的数据库开始一个新的任务时,会发现虚拟表还在,并且还可以使用。

如果不想再使用任何的虚拟表,则应删除它,避免外部文件移动导致数据库出现问题。删除时就像删除普通的表一样。

```
1   >>> cur.execute('DROP TABLE vshp')
```

经过上面的操作虚拟表删除,且不能再次被使用。当然原始的外部数据不会受任何的影响,它还存在,也没有任何的改变。删除一个虚拟表只是在 SQLite 中取消了与外部数据源的连接,而并非是删除数据。

6.7 SpatiaLite 中空间关系比较与空间运算

前面对 SQLite 与 SpatiaLite 进行了基本的介绍,包括数据库的发布、添加表、插入与更新空间数据等。

标准的 SQL 通过 JOIN 来对实体之间的关系进行评价。空间分析与之一样,但是通过一些空间规范来对几何要素进行联结(类似于 JOIN 操作),然后再对空间关系进行评价。

6.7.1　评价 MBR 关系

1. 在 SpatiaLite 中使用 MBR

在开始之前,先运行如下程序:

```
1  >>> import sqlite3 as sqlite
2  >>> con=sqlite.connect('spalite.db')
3  >>> con.enable_load_extension(True)
4  >>> con.execute('SELECT load_extension("mod_spatialite.so.7")')
5  >>> cursor=con.cursor()
```

通过比较两个几何要素的 MBR 关系来计算这两个元素的实际空间关系,这是一种不完全估计的方式。另外,MBR 的比较是一种粗略但又快速的空间关系比较方式。比较任意两个复杂多边形的实际空间关系是非常耗时的任务。MBR 是一种非常快速的方法。通过比较 MBR 可以最大程度地限制比较的范围。

如果两个几何对象的 MBR 不相交,则这两个几何对象也必然不相交,这个结果涉及一些集合论的知识,但是理解起来还是很简单的。但是如果两个 MBR 重合或相交,则不能肯定这两个对象也重合或相交,在这种情况下,需要进行进一步的空间关系计算。

在 GIS 应用中一个非常普通的问题就是如何快速有效地获取属于某个特定图框的所有实体,如画一个多边形地图。针对上面的问题,需要获取图框内的所有实体,且放弃图框外的所有实体。

```
1  >>> cursor.execute("SELECT count (*) FROM region_popu;")
2  >>> cursor.fetchone()
3  (349,)
```

下面进行选择。这个表的几何类型是一个多边形:

```
1  >>> from shapely.geometry import box
2  >>> sql='''SELECT count(*) FROM region_popu WHERE
3  ... MBRContains(GeomFromText('{wkt}'), geometry)'''.format(
4  ... wkt=box(11265000,3729000,12391000,4488000).wkt)
5  >>> cursor.execute(sql)
6  >>> cursor.fetchone()
```

```
7  (16, )
```

上面代码中，`MBRContains()` 函数允许限制检索的范围，`GeomFromText()` 从文本中构建对应现在图框的 MBR，如屏幕、栅格数据、纸张或打印机等。

2. 使用函数构建 MBR

（1）`BuildMBR()` 函数。`GeomFromText()` 在构建几何对象时是非常有用的，但在构建 MBR 时显得有些复杂，可以额外引入 Shapely 来简化多边形坐标的输入。如果直接输入 WKT 的多边形，则需要将相同的坐标输入两遍。SpatiaLite 实现了另外一种简化的方法，可以使用 BuildMBR (X_1, Y_1, X_2, Y_2) 函数来定义 MBR。其中，$[X_1, Y_1]$ 坐标值声明了第一个点，下面给出实例：$[X_2, Y_2]$ 坐标值声明了第二个点；生成的 MBR，是以这两个点为对角线的矩形。

```
1  >>> sql='''SELECT count(*) FROM region_popu WHERE
2  ... MBRContains(BuildMBR(11265000,3729000,12391000,4488000),
3  ... geometry)'''
4  >>> cursor.execute(sql)
5  >>> cursor.fetchone()
6  (16, )
```

（2）`BuildCircleMBR()` 函数。还有一个与 `BuildMBR()` 类似的函数，即 BuildCircleMBR(X, Y, radius) 函数。$[X, Y]$ 坐标值声明了一个点；以这个点为圆心，使用给定半径的圆来构建 MBR。注意，这是矩形，而不是圆形。下面给出实例：

```
1  >>> sql='''SELECT count (*) FROM region_popu WHERE
2  ... MBRContains(BuildCircleMBR (11828000, 4108000, 500000),
3  ... geometry)'''
4  >>> cursor.execute(sql)
5  >>> cursor.fetchone()
6  (20,)
```

3. 不同的选择方法

为了获取一些不同范围的序列，可以轻松地以不同的框作为参数来调用 `MBRContains()` 函数。根据需要，每次可以设置宽一点或窄一点的 MBR。对于自动化数据处理，这样做是很常见的。

要进行空间上的滑动窗口遍历，则需要修改 MBR 的起始点的值。这种空间上的遍历也是很多空间分析需要用到的，对于一些专业的数据分析，更需要掌握这个函数的思想与使用。

　　MBRWithin() 函数的作用与 MBRContains() 函数一样，但是参数的顺序是相反的。可以根据需要，使用更符合上下文语义的函数。其结果都是一样的。

```
1  >>> sql='''SELECT count (*) FROM region_popu WHERE
2  ... MBRWithin( geometry , BuildMBR(
3  ... 11265000 ,3729000 ,12391000 ,4488000))'''
4  >>> res=cursor.execute(sql)
5  >>> cursor.fetchone()
6  (16,)
```

　　MBRWithin() 函数与 MBRContains() 函数选择的结果需要满足一个对象"完全"在另一个对象内部。在实际应用中，还有另外一种类似的方法，即要素的某一部分在范围之内就选中。这两种方法在制图软件中被称为"框选"与"叉选"。SpatiaLite 的 MBRIntersects() 函数允许通过"叉选"的方式选择给定框中的实体。

```
1  >>> sql = '''SELECT count (*) FROM region_popu WHERE
2  ... MBRIntersects(BuildMBR(11265000 ,3729000 ,
3  ... 12391000 ,4488000), geometry)'''
4  >>> cursor.execute(sql)
5  >>> cursor.fetchone()
6  (47,)
```

　　很显然，使用同样的范围，"叉选"方式选择出来的图形要多。

6.7.2　评价几何对象之间的关系

　　在 6.7.1 节中使用了 MBR 来评价几何对象之间的空间关系。但是这种比较只是一种时间上的优化方法，不能进行完全可信的比较，也就是说结果并不一定是对的。对于要进行精确比较的几何对象，可以先使用 MBR 对几何对象进行快速的筛选，然后进一步对筛选剩下的结果进行评价。

1. 空间对象的关系

　　SpatiaLite 封装相应的 GEOS 库函数，以评估几何对象之间的空间关系，具体支持以下 SQL 函数。

　　（1）Equals(geom1, geom2)。

　　（2）Disjoint(geom1, geom2)。

　　（3）Touches(geom1, geom2)。

　　（4）Within(geom1, geom2)。

　　（5）Overlaps(geom1, geom2)。

（6）Crosses(geom1, geom2)。

（7）Intersects(geom1, geom2)。

（8）Contains(geom1, geom2)。

（9）Relate(geom1, geom2, patternMatrix)。

可以看到其与 Shapely 的二元谓词有对应关系（5.3.2 节）。

所有这些函数可能会返回三个值之一：如果空间关系是 TRUE，返回 1；如果空间关系是 FALSE，返回 0；如果有错误，即一个或两个几何形状为空，则返回 -1。

同样与 Shapely 对应的还有对九交模型概念的实现（5.3.3 节）。在 SpatiaLite 中也有 relate() 函数，且需要 patternMatrix 定义的空间关系进行检查，这个空间关系与 Shapely 中使用的 9 个字符的字符串代表的 3×3 矩阵一致。例如，T*T***T** 字符串对应于重叠矩阵，而 FF*FF**** 字符串对应不相交矩阵。

2. 空间关系 Within 实例

下面看一个具体的实例，选择省会城市（pcapital）所在的行政单元（region_popu）。这个实例要用到两个表，在进行空间比较时，必须保证几何对象的空间参考是一致的。不一致的空间参考相当于用不同的标准衡量两个事物，是没有意义的；并且 SpatiaLite 不能自动进行空间投影变换。

先打开数据库：

```
>>> import sqlite3 as sqlite
>>> con=sqlite.connect('spalite.db')
>>> con.enable_load_extension(True)
>>> con.execute('SELECT load_extension("mod_spatialite.so.7")')
>>> cursor=con.cursor()
```

查看并比较两个表的空间参考（SRID 编码），这里特意选择了 pcapital 的 geom3857 字段，而不是 geom 字段：

```
>>> cursor.execute('''SELECT DISTINCT Srid(geom3857) FROM
...     pcapital''')
>>> cursor.fetchone()
(3857,)
>>> cursor.execute('''SELECT DISTINCT Srid(geometry) FROM
...     region_popu''')
>>> cursor.fetchone()
(3857,)
```

选择 region_popu 中的记录名称（Name），选择过程中使用了空间关系函数 Within() 来标识出有省会城市落在其上的地区：

```
1  >>> sql='''SELECT region_popu.Name FROM pcapital,
2  ...   region_popu WHERE region_popu.Name like '%市%' AND
3  ...   Within(pcapital.geom3857, region_popu.Geometry) limit 5'''
4  >>> cursor.execute(sql)
5  >>> for x in cursor: print(x)
6  ...
7  >>> for x in cursor: print(x)
8  ...
9  ('北京市',)
10 ('天津市',)
11 ('石家庄市',)
12 ('太原市',)
13 ('呼和浩特市',)
```

与其他函数相比，Within() 函数意味着一个巨大的计算量。在几何对象的关系判别过程中需要两两比较，这需要较长时间。

可以运行普通的查询来看一下名称中含有"市"字的地区的名称，与上面的查询进行比较。

```
1  >>> sql = "select name from region_popu where name like '%市%' "
2  >>> cursor.execute(sql)
3  >>> for x in cursor: print(x)
4  ...
5  ('北京市',)
6  ('天津市',)
7  ('石家庄市',)
8  ('唐山市',)
9  ('秦皇岛市',)
10 ('邯郸市',)
11 ... ...
```

结果比较多，这里没有全部显示出来。

3. 基于距离进行几何关系测量

除了上面介绍的几种空间关系函数，SpatiaLite 还提供了量算距离的函数。

```
1  >>> sql='''SELECT t2.Name,Distance(t1.geom3857,t2.geom3857)
2  ... AS Distance FROM pcapital AS t1, pcapital AS t2
3  ... WHERE t1.Name='北京' AND
4  ... Distance(t1.geom3857, t2.geom3857) < 400000'''
```

```
5  >>> cursor.execute(sql)
6  >>> for x in cursor: print(x)
7  ...
8  ('石家庄', 319638.2306591063)
9  ('天津', 199455.5126079546)
10 ('北京', 0.0)
```

　　SpatiaLite Distance() 函数测量了两个几何对象之间的最小距离，这也是一种有用的空间关系。这个查询确定距离北京 400km 之内的省会城市。

　　本节选择了全球墨卡托投影而不是经纬度坐标。在经纬度坐标中进行距离量算是没有意义的。当然用全球墨卡托投影测量距离也有问题。济南、太原、呼和浩特到北京的距离也小于 400km，但在全球墨卡托投影下距离变长了很多，要进行准确的距离量算应该选择等距投影的空间参考。

6.7.3　几何对象之间空间运算

　　SpatiaLite 封装了 GEOS 库中对应的功能，在几何对象上执行布尔运算，可以与 Shapely 基于集合论的方法相对应（5.4.2 节）。SpatiaLite 支持以下 SQL 函数。

　　（1）geom3=Intersection(geom1, geom2)。

　　（2）geom3=Difference(geom1, geom2)。

　　（3）geom3=GUnion(geom1, geom2)。

　　（4）geom3=SymDifference(geom1, geom2)。

　　所有函数都返回一个表示布尔运算结果的 GEOMETRY，请注意返回的 GEOMETRY 可能是一个函数。

　　OpenGIS 标准定义了 Union() 函数，但是在 SQLite 的语法中这是一个关键词，所以 SpatiaLite 将此函数重命名为 GUnion() 函数。

　　可以在两个几何对象上应用各种布尔运算，来获得第三个几何对象结果。

　　在 SpatiaLite 中还有与 Shapely 构建新要素方法（5.4.2 节）对应的函数。

　　（1）geom2=ConvexHull(geom1)。

　　（2）geom2=Buffer(geom1, radius)。

　　（3）geom2=Simplify(geom1, tolerance)。

　　（4）geom2=SimplifyPreserveTopology(geom1, tolerance)。

　　所有这些函数返回表示所请求操作结果的几何对象。

　　本节的内容可以与 Shapely 对照学习，就不具体展开说明了。

第7章 GIS 制图：使用 Mapnik 进行地图制图

数据可视化对于理解数据有着重要的意义。尤其对于地理数据，空间关系（如距离、方位等）除非显示出来，否则是无法理解的。所以如何利用图像可视化技术来清晰直观地显示数据就成为一个非常重要的课题。

得益于计算机技术与网络技术的发展，地图制图不再只是专业人士与团队的工作，普通程序员与设计师的合作开发，同样推动了基于网络的地图制图成果的产生。在开源 GIS 领域，起到最直接作用的莫过于由 Artem Pavlenko 开发的优秀的开源渲染库 Mapnik，OpenStreetMap、MapBox 等都借助 Mapnik 强大的功能来渲染它们的网络地图。

本章将集中讨论 Mapnik。Mapnik 是个非常不错的地图渲染引擎，可以用来渲染地理空间数据生成精美的地图。Mapnik 共享库支持多种操作系统，可以在多线程环境下很好地运行，它主要面向一些提供 GIS 服务的 Web 应用开发。可以使用 Python 提供的绑定来访问 Mapnik，但要注意的是并非每一项功能都可以从 Python 访问。还要注意的是，地图制图不仅仅是编程技术，要完成一幅地图还需要对设计的理解以及经验的积累。

Mapnik 的应用主要包括三种方式：可以作为一个 C++ 代码的共享库；可以用来编写 Python 脚本；还可以用来编写和处理 XML 配置文件。但是这些不同技术的核心概念是相同的。

Mapnik 使用 AGG（Anti-Grain geometry）图形库，使用亚像元精度抗锯齿渲染技术来对 GIS 数据进行渲染。其清晰的匀称柔性图形边缘的实现依赖于高质量的抗锯齿形图形、智能标签定位和可扩展的可缩放矢量图形（scalable vector graphics，SVG）标记。其渲染的地图效果可以和 Google Maps 媲美，在成功的案例方面，Mapnik 用于渲染 OpenStreetMap 的主要地图图层。

本章包括以下内容。

（1）使用 Mapnik 进行地图制图的基本用法技术细节。

（2）在 Mapnik 中使用不同的数据源。

（3）绘制栅格影像、点、线、多边形及标准文字的方法。

（4）根据规则与比例尺等条件定制地图。

7.1　Mapnik 地图制图基本概念与技术框架

Mapnik 提供了一些可以用来设计具有良好视觉效果的地图的功能。Mapnik 注重高品质的文本外观、形状上的平滑反走样及整体润色，可应用于很多网站中。

在 Python 应用方面，Mapnik 的核心是使用现代 C++ 编写的免费共享库，并且提供了 Python 的绑定，支持快速开发，可以方便地用于桌面与网站的开发。Mapnik 通常嵌入 Python 应用程序中，用于在网络上发布地图。最近 Mapnik 的功能被扩展，也用来绘制高分辨率的纸质地图。

Debian 8 中使用的是 Mapnik 2。Mapnik 2 可以稳定地运行并生成地图图片。唯一的缺点是在此发行版中，Mapnik 2 只能在 Python 2 中调用，想编译并升级到 Mapnik 3 是比较麻烦的；另外，Mapnik 2 与 Mapnik 3 使用上有较大差别。在 Debian 9、Ubuntu 18.04 与 Debian 10 中，Mapnik 3 已经被打包好了，这对于用户与开发人员无疑是好消息。使用下面的命令即可安装使用：

```
# aptitude install python3-mapnik
```

Python 最初是在 Mapnik 核心库中的。2015 年的时候，参考了 Node.js 的做法，Python 从 Mapnik 中剥离出来[①]。

7.1.1　Mapnik 简介

Mapnik 提供了空间数据访问和可视化的算法与模式，尤其是包含一些地理对象，如地图、数据源、图层、要素和几何对象等。Mapnik 会产生地图，地图对象是 Mapnik 的 API 的核心。地图对象提供了生成图像输出格式的方法（通常是 PNG 或者 PDF）。

接下来测试一下 Python 绑定。可以打开一个终端并输入：

```
$ python3 -c "import mapnik;print (mapnik._file_)"
/usr/lib/python3/dist-packages/mapnik/_init_.py
```

7.1.2　地图制图的背景知识

Mapnik 的基础处理对象是地图，还包括图层、样式、规则、择舍器、图符（symbolizer）（图 7.1）。地图通常由任意多的图层组成，渲染的结果由点、线、多边形、栅格图像、文字标注等组成。每个图层都有一个数据源来提供几何数据。为了渲染数据，每层都被分配一种或者多种样式。择舍器和规则决定了展现哪些几何要素，Mapnik 图符接收输入的数据并将它们转化成图形符号。

---

① 可以通过网址 https://github.com/mapnik/mapnik/issues/2773 来了解更多信息。

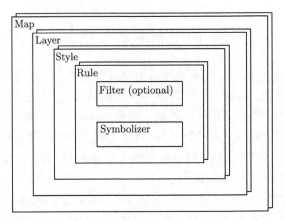

图 7.1　Mapnik 制图的模型

在 Mapnik 中图层的顺序、规则和图符是非常重要的，因为结果图像的输出图层顺序无法通过赋值或配置进行调整（如在 CSS 中的 z-index 属性），而由这些要素的顺序决定。

1. 数据源与图层

Mapnik 地图内部有很多图层，每一图层都与数据源密切相关。每种典型的数据源都具有多种要素（如点、线、面等）。一个数据源可以指一个 Shapefile、空间数据库、光栅图像文件或其他空间数据。在大多数情况下，由数据源建立图层是很容易的。

在 GIS 中，图层的概念也多与绘图技术相关。图层一般是同一种要素类型的集合，如线状集合；同时会在逻辑上进行划分，如公路、铁路会划分到不同的图层。如何划分图层有常用的理解方式，但具体如何划分，最终取决于应用。

图层与数据源并不是简单的一一对应关系。同一数据源可以为多个图层提供数据，这种情况下，可以将图层视为数据源的一种表现形式，如多边形要素的省份数据，其不仅可以是面状数据，还可以渲染为线状界限数据。多个数据源也可以合成为一个图层：将行政区划、河流与各级城镇等渲染为背景图层（逻辑上当然还是多个图层，但是技术上是一个图层），这种情况在 WebGIS 中应用得比较多。

2. 图层顺序

在使用 Mapnik 来渲染地图时，注意 Mapnik 工作机制的理解顺序是非常重要的。Mapnik 使用画家算法[①]来决定 Z 轴次序，即图层按一定顺序描绘，"顶"层

---

① 画家算法表示先将场景中的多边形根据深度进行排序，然后按照顺序进行描绘。这种方法通常会将不可见的部分覆盖，这样就可以解决可见性问题。由于这种分层的方法与艺术家在画布上放置油漆层相似，所以被称为画家算法。

（后来加入的图层）在其他层之上，最后进行描绘。这一原则也可以通过"后来者居上"来辅助记忆。

地图分层后，可能不能看到地图分层内的各个要素。想要生成地图，首先要让 Mapnik 绘制背景，然后绘制多边形，最后绘制标注。这样能确保多边形位于背景之上，标注出现在背景和多边形的前面。

3. 地图图符

每层中，地理空间数据可视化显示都是通过 Mapnik 样式功能控制的。Mapnik 有许多不同类型的图符可以使用，这里主要介绍下面三种常用图符。

（1）PolygonSymbolizer 用来绘制填充多边形。

（2）LineSymbolizer 用来画出多边形的轮廓以及绘制线串和其他线性要素。

（3）TextSymbolizer 用来绘制地图上的标注和其他文字内容。

一般情况下，这三类图符足以画出整个地图，可以理解为将数据模型抽象为点、线、面。

地图图符不是直接与一个图层相关的，它是单独定义的。图层与地图图符的关系可以理解为 HTML 与 CSS 的关系，同样实现了解耦，对数据与样式进行分离。更确切地说，通过规则和图符的使用，图层与图符有一个间接的联系。

4. 择舍器与规则

择舍器提供了在制图时改变数据源的机制。在地图制图中，另一种常用的方式是预先对数据进行处理，生成一种派生数据，并使用派生数据进行地图制图。这两种方式各有所长，如何选择取决于应用的场景。不改变数据源或者不产生派生数据，对于数据质量维护（数据一致性、避免冗余等）是更好的方式，但是数据的维护也可以通过其他技术，如数据自动生成脚本来解决。

当满足给定的条件时，一个规则只适用于一组样式。这点很好理解，如地图中草地与湖泊需要用不同的规则来区分，从而表现出不一样的样式。

样式定义了图层中对象是如何渲染的。样式包含了一种或多种规则，可以选择性地限制其输出，择舍器应用于数据源进行条件选择，可以提供的对象的一个子集。例如，只显示那些具有特殊属性的对象。择舍器的使用不是必需的：对于简单的地图通常每层都有一个规则，不必使用其他的择舍器。每一个规则都有对应的一个或者多个符号，这是用于在实际输出时绘制几何图形的。根据符号类和几何图形可以产生多种表现形式。

7.1.3　Mapnik 制图的工作流程

首先看一下 Mapnik 的工作流程（图 7.2）。Mapnik 制图需要将图层、样式、规则、择舍器、图符等对象有机地结合使用，虽然它们之间关系比较复杂，但 Mapnik

提供了许多强大的功能且具有灵活性。了解这些部分如何在一起工作也是非常重要的。

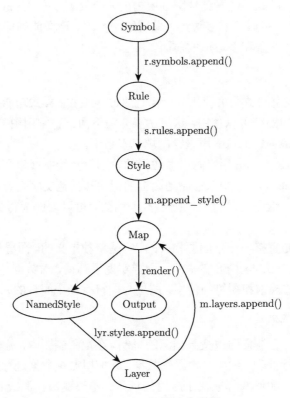

图 7.2 Mapnik 的工作流程

1. Mapnik 工作流程

下面来看如何使用 Mapnik 来渲染一幅世界地图。与前面介绍的各种工具的使用方法不同，这里给出了 Mapnik 的一个完整的例子，然后再扩展介绍各种功能。

要开始本节的编程，需要有基础数据，本节还是使用全球海岸线数据。

2. 建立地图对象

在终端打开 Python 的一个编译器，然后导入 mapnik 模块：

```
>>> import mapnik
```

要建立 Mapnik 对象，需要给出一些参数。map.srs 为要生成地图的投影，默认情况下为 +proj=longlat+ellps=WGS84+datum=WGS84+no_defs。下面的代码创建一个给定宽度和高度的地图，设置背景的颜色为 steelblue：

```
1  >>> m=mapnik.Map(600, 300, "+proj=latlong +datum=WGS84")
2  >>> m.background=mapnik.Color('steelblue')
3  >>> mapnik.render_to_file(m, 'xx_background.png', 'png')
```

严格地说，背景层并不是一个图层，它仅仅是在绘制第一个图层之前 Mapnik 使用其填充地图的一个颜色。生成的结果就不在这里显示了，读者可以自行打开查看。其结果类似于一个空白的画板。下一步就是在画板上添加要素了。

3. 创建图符

图符决定数据是如何渲染的。

```
1  >>> s=mapnik.Style()
2  >>> r=mapnik.Rule()
3  >>> polygon_symbolizer=mapnik.PolygonSymbolizer()
4  >>> polygon_symbolizer.fill=mapnik.Color('#f2eff9')
5  >>> r.symbols.append(polygon_symbolizer)
6  >>> line_symbolizer=mapnik.LineSymbolizer()
7  >>> line_symbolizer.stroke=mapnik.Color('rgb(50%,50%,50%)')
8  >>> line_symbolizer.width=0.1
9  >>> r.symbols.append(line_symbolizer)
10 >>> s.rules.append(r)
11 >>> m.append_style('My Style',s)
```

上面代码中的变量 s 与 r，分别是地图对象的样式与规则；变量 polygon_symbolizer 与 line_symbolizer 分别定义了多边形与线状要素的样式；然后，符号添加到规则中，规则添加到样式中，样式再加入地图中。注意，上面最后一行代码将样式加入地图对象中时，需要对样式进行命名（如 My Style），这样方便使用。

4. 创建数据源

下面的步骤需要使用 Shapefile 格式的世界海岸线数据，用 Mapnik 打开后作为数据源。如果 Python 编译器和下载的 Shapefile 在同一个目录中，那么可以创建一个相对路径来创建数据源；否则使用绝对路径。

```
1  >>> ds=mapnik.Shapefile(file='/gdata/GSHHS_c.shp')
```

5. 创建图层

图层是在 Mapnik 中定义的，它需要指定数据源与样式。在 Mapnik 中，可以将图层视为核心，其他所有工作都是围绕图层开展的。

Mapnik 图层对象包含数据源，并存储有用的属性。现在来创建一个图层，并把数据源加进去。其名称可以为 world，也可以是其他有效的名字。

```
1  >>> layer=mapnik.Layer('world')
```

layer.srs 是数据源的源投影，需要和数据坐标的投影匹配，否则地图可能是空白的。Mapnik 中默认的空间参考假设和数据的投影匹配，否则需要把 layer.srs 设置成对应的值。

现在把数据集加到图层里面，最后将上面创建的样式应用于该图层（根据命名的样式名称），如下：

```
1  >>> layer.datasource=ds
2  >>> layer.styles.append('My Style')
```

6. 地图渲染

地图渲染是关键的一步，其添加的顺序很重要。把图层加到地图里，然后设置图层的范围，如果显示的位置不对，那么输出很可能是空白的。可以使用 zoom_all 函数来设置 map 相关图层的最大可视范围。

```
1  >>> m.layers.append(layer)
2  >>> m.zoom_all()
```

最后渲染地图。把数据写成 PNG 格式，保存到当前目录的 xworld2.png 文件中。

```
1  >>> mapnik.render_to_file(m,'xworld2.png', 'png')
```

打开生成的文件，结果如图 7.3 所示。

注意：render_to_file 函数默认会直接覆盖掉已经生成的地图结果，如果有必要，可以在 Python 中检测一下目标文件是否存在。

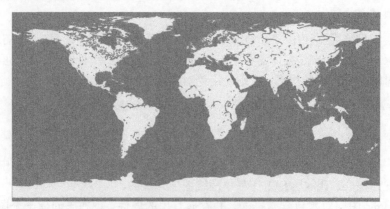

图 7.3　使用 Mapnik 绘制的世界地图

7.1.4　使用 XML 渲染地图

使用 Mapnik 还有一个值得研究的方法。Mapnik 不但以代码编程的方式创建图层、样式、规则、择舍器和图符，还允许使用地图定义文件来存储所有的信息，这个文件使用 XML 格式。有了地图定义文件，在 Python 代码中只需创建一个新的地图对象 mapnik.Map，并从 XML 格式的文件中加载地图定义的各项内容（包括图层、样式、规则、择舍器和图符等）即可。这种使用方法可以将定义地图的内容与 Python 代码分离开。

不同版本的 Mapnik 的接口改变得也比较多，从而导致 Python 绑定也存在许多问题。目前，在 Python Mapnik 的开发中，很多问题（issue）处于开放（open，表示未解决）状态。所以，使用 Python + XML 是目前比较现实的方法。

下面具体说明如何通过 XML 样式表渲染地图，这个过程比完全使用 Python 代码要简洁得多。

首先需要用一个 Python 脚本来设置基本的地图参数和 XML 样式表中的点。复制下面的代码然后粘贴到 world_map.py 中：

```
1  >>> import mapnik
2  >>> stylesheet='/gdata/world_style.xml'
3  >>> m=mapnik.Map(600, 300)
4  >>> mapnik.load_map(m, stylesheet)
5  >>> m.zoom_all()
6  >>> mapnik.render_to_file(m,'xworld2.png', 'png')
```

/gdata/world_style.xml 文件的内容如下所示，与 Python 代码比较，有一些冗长。

```
1   <Map background-color="steelblue" srs="+proj=longlat
2                        +ellps=WGS84+datum=WGS84+no_defs">
3     <Style name="My Style">
4       <Rule>
5         <PolygonSymbolizer fill="#f2eff9" />
6         <LineSymbolizer stroke="rgb(50%,50%,50%)"
7                   stroke-width="0.1" />
8       </Rule>
9     </Style>
10    <Layer name="world" srs="+proj=longlat +ellps=WGS84
11                             +datum=WGS84 +no_defs">
12      <StyleName>My Style</StyleName>
13      <Datasource>
```

```
14      <Parameter name="type">shape</Parameter>
15      <Parameter name="file">GSHHS_c.shp</Parameter>
16    </Datasource>
17  </Layer>
18 </Map>
```

现在运行 Python 脚本: `python world_map.py`, 它将会输出和图 7.3 类似的一个地图图像 (图 7.4)。

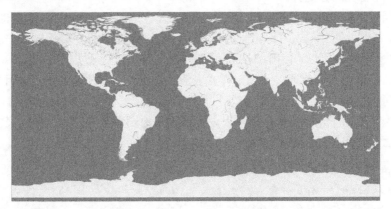

图 7.4　使用 XML 定义地图

7.2　Mapnik 制图的技术细节

7.1 节初步介绍了 Mapnik 的用法, 并成功地得到了地图结果。本节会深入介绍 Mapnik 的一些技术细节, 如地图中图层如何使用, 地图对象的属性, 还有颜色的设置方法, 如何输出一幅地图, 如何进行更好的渲染, 地图制图中的投影设置。

7.2.1　地图和图层

在现代的计算机制图当中, 几乎所有的软件系统都使用图层这种方式进行组织; 图层也是 GIS 进行数据组织的一种重要的模型, 在人们对真实世界进行建模过程中起到了重要的作用。

首先说明 Mapnik 中使用图层对数据进行组织的方式, 具体地, 会涉及 Mapnik 中地图和图层两种对象的使用方法。

1. 创建地图对象

要创建一幅地图, 首先需要设置数据源、图符、规则、样式, 并合并到 Mapnik 的图层中, 然后将这些图层合并放到地图中。首先要创建一个 `mapnik.Map` 对象。

```
1  >>> import mapnik
2  >>> nmap=mapnik.Map(600, 400 )
```

初始化 Map 对象需要三个参数 Map(width, height, srs)，即以像元为单位的地图宽度和高度，以及一个可选的 PROJ.4 格式初始化字符串 srs。如果不指定一个空间参考系，则地图会使用 WGS84 基准面的经纬度坐标。下面代码就是 Mapnik 中投影设置的默认投影。

```
1  >>> nmap.srs
2  '+proj=longlat+ellps=WGS84+datum=WGS84+no_defs'
```

在创建一个地图对象后，需要设置地图背景的颜色，然后通过调用 nmap.append_style() 函数，将不同的样式添加到地图中。

```
1  >>> style1, style2, style3=[mapnik.Style()] * 3
2  >>> nmap.append_style("s1", style1)
3  >>> nmap.append_style("s2", style2)
4  >>> nmap.append_style("s3", style1)
5  >>> nmap.append_style("s1", style3)
```

上面代码第一行使用 Mapnik 的 Style() 函数，实例化了三个样式对象。需要注意，一个样式对象可以赋给多个命名样式；而在 nmap 对象中，如果已经有了命名的样式，则不能再添加。

2. 创建图层对象

Mapnik 使用图层来组织要显示的数据及其样式。首先需要创建一个 mapnik.Layer 对象来代表每个图层，与地图对象类似，图层默认也是 WGS84 经纬度坐标。

```
1  >>> layer=mapnik.Layer('lyrname')
2  >>> layer.srs
3  '+proj=longlat+ellps=WGS84+datum=WGS84+no_defs'
```

每个图层都被赋予一个特定的名字，并可以选择与它相关的空间参考。空间参考的使用与 Map 对象一样，如果没有给定的空间参考系，则在默认情况下同样可以使用未经过投影的 WGS84 基准面的经度或纬度坐标。

如果已经创建了地图图层，则给它分配一个数据源，并选择适用于该层的样式，通过名称识别每个样式：

```
1  >>> ds=mapnik.Shapefile(file='/gdata/GSHHS_c.shp')
2  >>> layer.datasource=ds
3  >>> layer.styles.append("s1")
4  >>> layer.styles.append("s2")
```

一个图层可以添加多个样式。最后，将新图层添加到地图中：

```
>>>map.layers.append(layer)
```

7.2.2 地图及图层对象的属性和方法

下面分别来看一下 Mapnik 中地图与图层对象有哪些属性和方法。

1.地图对象的属性和方法

前面对图层与地图对象组织的基本步骤进行了说明。现在看一下一些可选的方法和 Mapnik 的地图（map）和图层（layer）的属性。当设置地图图层和样式时这些会非常有用，这些将会基于地图当前的比例尺因子进行针对性的设置。

mapnik.Map 类别提供了几种有用的额外的方法和属性。

（1）map.envelope() 方法返回地图的 mapnik.Envelope 对象，表示地图制图的范围。mapnik.Envelope 支持许多有用的方法和属性，定义了地图边界框坐标。注意，此处 Envelope 是 mapnik 的类，与地图（map）的方法（envelope()）首字母大小写不同。

（2）map.aspect_fix_mode=mapnik.aspect_fix.GROW_CANVAS 声明了在 Mapnik 地图对象的长宽比与要呈现的地理空间数据的长宽比不一致的情况下如何对地图大小进行调整，支持以下值。

① GROW_BBOX：扩大地图的边界框来匹配将要生成的地图影像的长宽比，这是默认值。

② GROW_CANVAS：扩大将要生成的地图来匹配地图边界框的长宽比。

③ SHRINK_BBOX：缩小地图的边界框来匹配生成图像的长宽比。

④ SHRINK_CANVAS：缩小要生成的影像来匹配地图边界框的长宽比。

⑤ ADJUST_BBOX_HEIGHT：扩大或缩小地图边界框的高度，在宽度保持恒定的同时，来匹配要生成影像的长宽比。

⑥ ADJUST_BBOX_WIDTH：扩大或缩小地图边界框的宽度，在保持高度一定的同时，来匹配要生成影像的长宽比。

⑦ ADJUST_CANVAS_HEIGHT：扩大或缩小要生成地图的高度，在保持宽度一定的同时，来匹配多边形的边界框的长宽比。

⑧ ADJUST_CANVAS_WIDTH：扩大或缩小要生成影像的宽度，在保持高度一定的同时，来匹配地图边框的长宽比。

（3）map.scale_denominator()：返回当前用于生成地图的比例尺分母。比例尺分母取决于地图的边界和要生成影像的大小。

（4）map.scale()：返回当前地图使用的比例尺因子，比例尺因子取决于地图的边界和要呈现的影像。

（5）map.zoom_all()：设置地图的边界框来涵盖每个地图图层的边框。这样能确保所有的地图数据出现在地图上。

（6）map.zoom_to_box(mapnik.Envelope(minX, minY, maxX, maxY))：将地图的边界框设置成给定的边界大小。需要注意的是 minX、minY、maxX、maxY 都在地图的坐标系统中。

可以调用的数据源的 envelop() 函数显示数据的坐标范围：

```
1  >>> import mapnik
2  >>> ds=mapnik.Shapefile(file='/gdata/GSHHS_c.shp')
3  >>> ds.envelope()
4  Box2d(-179.99999999,-89.99999999,180.0000000,83.53036100)
```

上面程序返回了数据的范围；数值是计算机计算得到的，由于浮点数存在舍入误差①，所以看起来稍微有点奇怪。上述 x 坐标在 $(-180, 180)$，y 坐标或者纬度值在 $(-90, 90)$。

2. 图层对象属性和方法

mapnik.Layer 类有以下有用的属性和方法。

（1）layer.envelope()：这种方法返回地图图层数据的外包矩形的区域 mapnik.Envelope 对象。

（2）layer.active=False：可以用来在地图中隐藏图层。

（3）layer.minzoom=1.0/100000：设置图层要绘制在地图上的最小比例尺因子。

（4）layer.maxzoom=1.0/10000：设置图层要绘制在地图上的最大比例尺因子。

（5）layer.visible(1.0/50000)：如果该图层以给定的比例尺因子在地图上绘制时图层是可见的，那么返回 True。这个函数与 minzoom 和 maxzoom 密切相关。

```
1  >>> import os
2  >>> stylesheet='/gdata/world_map.xml'
3  >>> m=mapnik.Map(600, 300)
4  >>> mapnik.load_map(m, stylesheet)
5  >>> for x in m.layers:
6  ... print(x.name)
7  ... print(x.envelope())
8  world
9  Box2d(-180.0,-89.99999999,180.00000000,83.53036100)
```

---

① 舍入误差（round-off error），是指运算得到的近似值和精确值之间的差异。例如，当用有限位数的浮点数来表示实数的时候（理论上存在无限位数的浮点数）就会产生舍入误差。

3. 使用颜色

许多 Mapnik 的样式与图符要求提供一个颜色的值。这些颜色值是使用 mapnik. Color 类进行定义的。mapnik.Color 能够通过以下方式进行定义。

（1）mapnik.Color (r, g, b, α)：通过提供红色、绿色、蓝色和 α（不透明度）值创建一个颜色对象，且每一个值的范围是 0~255。

（2）mapnik.Color (r, g, b)：通过提供红色、绿色、蓝色的组成创建一个颜色对象，且每一个值都应该为 0~255。结果对象是完全不透明的。

（3）mapnik.Color(colorName)：通过一个标准的 CSS 颜色的名称[①]，创建一个颜色对象。

（4）mapnik.Color(colorCode)：通过使用 HTML 颜色代码，创建一个颜色对象。例如，#806040 是中度棕色。

7.2.3 地图晕渲与保存

在创建 mapnik.Map 对象和设置各种各样的图符、规则、样式、数据源及其中的图层之后，可以将图像输出成彩色图像。

Mapnik 支持大量的渲染后端，包括 AGG 和 Cairo 渲染，而且可以生成许多格式（表 7.1）[②]。

表 7.1　Mapnik 输出格式

Mapnik 格式	渲染器	类型	视图质量	渲染速度/s	大小
PNG, PNG32	AGG	32bit	PNG	0.12	16KB
PNG8, PNG256	AGG	8bit	PNG256	0.12	8KB
JPEG	AGG	?	JPEG	0.12	8KB
ARGB32 (PNG)	Cairo	32bit	PNG24	0.24	20KB
RGB24 (PNG)	Cairo	24bit	Alpha PNG32	0.24	20KB
SVG	Cairo	N/A	SVG	0.28	980KB
PDF	Cairo	N/A	PDF	0.40	232KB
PS	Cairo	N/A	PostScript	0.36	1.4MB

注："?"表示没有明确类型；"N/A"表示不可用

1）AGG 渲染

AGG 渲染是 Mapnik 中主要的渲染方法，AGG 的亚像元抗锯齿的快速扫描线渲染使得 Mapnik 能输出较高质量的结果。AGG 渲染的缓冲可以用多种格式来编码，目前 Mapnik 支持 PNG 和 JPEG 图像格式，以及 SVG、PDF、PostScript 等矢量数据格式。AGG 版本的 C++ 库位于 Mapnik 的源代码中，以避免其他系统打包

---

① 一个完整的颜色名称列表可以参见 http://www.w3c.org/TR/css3-color/#svg-color。
② 渲染速度和输出大小是基于由 Cairo 和 pycairo 创建的 256 × 256 的样本数据。

的 AGG 版本不能及时更新补丁, 在 Mapnik 编译过程中 AGG 会被自动编译。而且 Mapnik 是第一个使用 AGG 渲染地图的, AGG 渲染器也是现在 MapServer 和 MapGuide 的可选渲染器。

2) Cairo 渲染

Cairo 渲染器是 Mapnik 的辅助渲染器, 其图像可以高质量输出成不同的格式。Cairo 还有一个优势是支持矢量和栅格的输出, 可以使用 OSM 输出工具演示 PNG、JPEG、SVG、PDF 和 PS 格式。

Cairo 在 Mapnik SCons 中的编译过程是可选的, 但是如果被发现就会自动启用 (使用 pkg-config)。pkg-config 必须找到 Libcairo、Cairomm(C++ bindings) 和 Pycairo (Python bindings)。如果 pkg-config 是成功的, 那么将会看见增加的编译标志: -DHAVE_CAIRO。

看一下示例代码, 用 Mapnik 的 Cairo 渲染器生成的结果:

```
1  >>> import mapnik
2  >>> import cairo
3  >>> import os
4  >>> mapfile='/gdata/world_population.xml'
5  >>> projection='+proj=latlong +datum=WGS84'
6  >>> m=mapnik.Map(1000, 500)
7  >>> mapnik.load_map(m, mapfile)
8  >>> bbox=mapnik.Box2d(-180.0,-90.0,180.0,90.0)
9  >>> m.zoom_to_box(bbox)
10 >>> mapnik.render_to_file(m, 'xx_a.png', 'png')
```

上面将渲染的结果写成了 PNG 格式, 同样也可以写成 SVG 格式:

```
1  >>> surface=cairo.SVGSurface('xx_a.svg', m.width, m.height)
2  >>> mapnik.render(m, surface)
3  >>> surface.finish()
```

或者是 PDF 格式:

```
1  >>> surface=cairo.PDFSurface('xx_a.pdf', m.width, m.height)
2  >>> mapnik.render(m, surface)
3  >>> surface.finish()
```

提示: Cairo 可以写到 PostScript 或者其他的图像格式中。`mapnik.render()` 函数可以生成到 Cairo Context 中。

3) SVG 渲染

SVG 渲染是由 Carlos López Garcés 编写, 并作为 GSoC2010 和 better printing project 的一部分开始的。尽管 Cairo 后端支持 PDF 和 SVG，但是也可以用自定义实现处理，如层分组、SVG/Bitmap 符号的重新使用和路径文本。只有实现了这一点，那些需要自定义的功能才可以关闭，SVG 渲染可以通过设置 SVG_RENDERER=TRUE 启用。

4）Grid 渲染

Grid 渲染可以利用 AGG 图形库的模块化部件把实体 ID 栅格化成一个缓冲区，然后输出有关给定 ID 的相关属性的元数据，且都在一个紧凑、压缩的 JSON 文件中，实体 ID 使用 UTF-8 编码。grid_renderer() 函数在 Mapnik 2.0.0 版本后可以使用。

7.2.4　渲染结果输出

在渲染一幅地图图像之前，需为地图设置合适的区域边界。可以通过给 map.zoom_to_box() 函数传递一组坐标来设置地图的边界框；或者调用 map.zoom_all() 函数基于地图数据自动设置范围大小。制图范围的设置非常重要，渲染的效果有高下之分，错误的范围或缩放级别会导致结果错误。一旦设置了边界框，就可以将结果保存成地图文件。

1. 渲染结果输出格式

下面具体来看一下 Mapnik 中生成地图的文件格式，首先建立好 Mapnik 地图对象：

```
1   >>> import mapnik
2   >>> mapfile='/gdata/world_population.xml'
3   >>> m=mapnik.Map(1000, 500, '+proj=latlong+datum=WGS84')
4   >>> mapnik.load_map(m, mapfile)
```

在 Mapnik 2.3 之后，支持的输出格式包括 PNG、JPEG、TIFF、WebP 等。可以调用 render_to_file() 函数进行保存，参数是 mapnik.Map 对象和生成的图像文件的名称：

```
1   >>> m.zoom_all()
2   >>> mapnik.render_to_file(m, 'map.png')
```

如果想要更多地控制影像的格式，则可以添加定义影像格式的额外的参数。

```
1   >>> mapnik.render_to_file(map, 'map.png', 'png256')
```

Mapnik 0.7.1 以上版本支持更先进的图像编码选项，可以提供一个格式字符串，如 PNG8 或 PNG256 来声明编码器，然后编码器也会接受 Key-Value 方式的选项来控制编码微小的方面，如颜色的数量、算法或者是 zlib 压缩。声明图像编码的选项形如 format:key=value。

格式包括下面情况。

（1）png8 或 png256：创建只有 256 种颜色的索引图像，和 GIF 比较类似，支持索引色透明和 Alpha 透明。

（2）png、png24 或 png32：创建全色 PNG 文件。png24 不支持透明，但是颜色数变多了，最多可展示的颜色数量大于 1600 万。png32 则是在 png24 的基础上增加了 Alpha 通道。

关于保存的格式，还有更多的选项，限于篇幅这里就不再展开说明了。

2. 保存成地图切片

若想从整个地图中生成一个单独部分的影像，则可以使用 render_to_file() 函数。另一个非常有用的呈现地图的方式是使用 render_tile_to_file() 函数生成大量的地图切片（tile），它们能够被拼接在一起，并用更高分辨率的像元来显示地图。这个功能在 WebGIS 中非常有用，它可以加速地图的加载，产生更好的用户体验。

Mapnik 提供了更好的功能，它从一幅单独的地图中创建这些切片，其中，map 就是包含地图数据 mapnik.Map 的对象；在地图坐标中，xOffset 和 yOffset 定义的是左上角的坐标，width 和 height 定义的是地图切片的尺寸；fileName 保存地图切片到文件的名称；format 用于存储地图切片的文件格式。

```
def render_tile_to_file(map, xOffset, yOffset, width, height,
    fileName, format)
```

可以反复调用（使用循环进行遍历）此函数来为地图创建单独的地图切片。

另一个呈现地图的方式就是使用一个 mapnik.Image 对象来将被呈现的地图保存在临时文件中，然后从这个临时文件中提取原始数据。

要注意存在的分辨率问题。直接生成 PNG 格式的文件，则分辨比较低，这是适用于 Web 制图的优化结果。如果用于桌面制图，那么一种方案是先生成 SVG 格式的文件，然后使用命令进行转换[①]。

```
convert  -density 144  zzdc.svg res.png
```

7.2.5　Mapnik 制图中的地图投影

在 Mapnik 中可以指定地图、数据源以及图层的投影。可以使用 PROJ.4 的格式来声明投影，也可以用 EPSG 编码，如简单的 +proj=latlong+ellps=WGS84+datum=

---

① convert 是 Linux 中 ImageMagick 软件的命令。

WGS84 +no_defs，或者是更复杂的声明方式：

```
+proj=merc +a=6378137 +b=6378137 +lat_ts=0.0 +lon_0=0.0 \
  +x_0=0.0 +y_0=0 +k=1.0 +units=m +nadgrids=@null +no_defs
```

下面是具体的代码，首先用 EPSG:4326 来声明地图对象 m 的投影：

```
>>> import mapnik
>>> m=mapnik.Map(600, 300, '+init=epsg:4326')
```

然后定义一个图层 lyr，用 PROJ.4 格式声明图层的投影：

```
>>> lyr=mapnik.Layer('world', "+proj=latlong +datum=WGS84")
>>> lyr.datasource=mapnik.Shapefile(file='/gdata/GSHHS_c.shp')
```

7.3　数据的读取与设置

通过前面的介绍，应该已经将 Mapnik 制图的基本绘图流程建立起来了，下面再来看一些技术细节。本节介绍如何使用 Mapnik 来对数据进行读取，以及如何对绘图的数据进行设置。至于数据的表现形式，即数据的样式，则在 7.4 节说明。

7.3.1　数据源

本节将在 Python 中查看使用 Mapnik 的更多细节。

在访问一幅地图上给定的地理空间数据之前，需要设置一个 Mapnik 数据源对象，并用它充当 Mapnik 和地理空间数据的桥梁。一个简单的数据源对象可以被很多图层共用，也可以只被一个图层使用。Mapnik 支持不同类型的数据源，其中有一些是商业数据库中的实体或数据访问的接口。

7.3.2　常用数据格式的读取

下面介绍在 Mapnik 中使用 Shapefile 与 SQLite 数据源的方法。

1. Shapefile

使用 Shapefile 作为 Mapnik 数据源是非常简单的，向 mapnik.Shapefile() 函数提供文件路径即可。

```
>>> import mapnik
>>> ds=mapnik.Shapefile(file="/gdata/GSHHS_c.shp")
```

当打开一个 Shapefile 数据源时，其属性可以用在择舍器的表达式中，并且作为由 TextSymbolizer 显示的字段。在默认情况下，Shapefile 中的文本都被假定为 UTF-8 字符编码。如果需要使用不同的编码，则可以使用 encoding 参数，例如：

```
1  >>> ds=mapnik.Shapefile(file="/gdata/GSHHS_c.shp",
2  ...         encoding="latin1")
```

2. SQLite

SQLite 的数据源允许包含来自地图上的 SQLite（或 SpatiaLite）数据库的数据。mapnik.SQLite() 函数包含许多关键字参数，以下这些是最常用的。

（1）file="...": SQLite 数据库文件的名称和可选路径。

（2）table="...": 在此数据库中所需要的表的名称。

（3）geometry_field="...": 表内的字段名称，它声明了要显示的几何形状。

（4）key_field="...": 表中关键字段的名称。

例如，在第 6 章 Mapnik 中使用 spalite.db 空间数据库中名称为 pcapital 的表，可以使用以下命令：

```
1  >>> ds=mapnik.SQLite(file="spalite.db", table="pcapital",
2  ...         geometry_field="geom", key_field="name")
```

在 pcapital 表中的所有字段都可用在 Mapnik 择舍器中，也可用文字图符进行绘制。

7.3.3　使用 GDAL/OGR 包进行数据的读取

1. GDAL 数据源

GDAL 数据源允许在地图中包含任何的与 GDAL 兼容的栅格图像数据文件，GDAL 的数据源是直接使用的：

```
1  >>> import mapnik
2  >>> datasource=mapnik.Gdal(file="/gdata/foo.tif")
```

Mapnik 提供了另一种读取 TIFF 格式栅格图像的方法来使用栅格数据源。在一般情况下，使用 GDAL 数据源比使用栅格更加灵活，也更方便。

2. OGR 数据源

OGR 数据源使得地图上显示任何一个与 OGR 兼容的数据成为可能，OGR 数据源的构造至少需要两个命名参数。

例如，通过 OGR 驱动读取一个 Shapefile。

```
1  >>> datasource=mapnik.Ogr(file="/gdata/region_popu.shp",
2  ...         layer="region_popu")
```

file 的参数就是 OGR 兼容的数据文件的名称，而 layer 则是在数据文件中需要的图层的名字。

使用 OGR 还可以加载虚拟数据（VRT 格式）。VRT 格式是 XML 格式的文件，它允许设置非数据文件的 OGR 数据源（如数据库）。通过 VRT，Mapnik 还可以使用 MySQL 数据源。事实上 Mapnik 本身并不能直接支持 MySQL 数据源，而是通过 OGR 来读取。虽然在 OGR 文档已经解释得很透彻了，但是 VRT 格式还是比较复杂的。本书在这方面不过多说明了。

7.3.4　使用文本数据源

在 Mapnik 中还可以使用文本数据，如 GeoJSON、WKT、CSV 数据，这些数据可以直接作为字符串写在程序中。

这里简单进行说明，首先建立一个背景地图：

```
1  >>> import os
2  >>> import mapnik
3  >>> stylesheet='/gdata/world_population.xml'
4  >>> m=mapnik.Map(600, 300)
5  >>> mapnik.load_map(m, stylesheet)
6  >>> m.background=mapnik.Color('steelblue')
7  >>> s=mapnik.Style()
8  >>> r=mapnik.Rule()
9  >>> polygon_symbolizer=mapnik.PolygonSymbolizer()
10 >>> polygon_symbolizer.fill=mapnik.Color('#f2eff9')
11 >>> r.symbols.append(polygon_symbolizer)
12 >>> s.rules.append(r)
13 >>> m.append_style('My Style2', s)
```

然后设置数据及数据源。数据源是 WKT 格式，需要进一步封装为 CSV 格式（WKT 字符串作为 CSV 记录的值）。这里随便画了一个多边形，没有什么意义。

```
1  >>> wkt_geom='POLYGON ((5 21,-18 -10, -16 -52, 37 -21, 5 21))'
2  >>> csv_string='''
3  ...      wkt,Name
4  ...     "{wkt_geom}","test"
5  ...     '''.format(wkt_geom=wkt_geom)
6  >>> ds=mapnik.Datasource(
7  ... **{"type":"csv","inline":csv_string})
8  >>> layer2=mapnik.Layer('world', '+proj=latlong +datum=WGS84')
9  >>> layer2.datasource=ds
10 >>> layer2.styles.append('My Style2')
11 >>> m.layers.append(layer2)
```

```
12  >>> m.zoom_all()
13  >>> mapnik.render_to_file(m, 'xx_ds_pt.png', 'png')
```

7.4　绘制不同的要素

本节对影像、点、线、面、标注等的绘制进行说明，这部分要略微复杂一点。7.1.4 节提到过，由于 Mapnik 的 Python 绑定目前正处于开发方式与代码组织的调整阶段，所以有些功能还没有完全实现，其中很大一部分就涉及本节要使用的功能。

本节会尽量介绍如何使用 Python 代码来实现 Mapnik 的功能，但对于有些功能，需要使用 XML 方式来配合实现。

7.4.1　绘制栅格影像

下面直接绘制遥感影像。GDAL 和栅格数据源允许在地图上绘制栅格影像。有了数据源，就可以使用 RasterSymbolizer 将其显示在地图的图层上。

```
1  >>> import mapnik
2  >>> m=mapnik.Map(600, 500, "+proj=latlong +datum=WGS84")
3  >>> symbol=mapnik.RasterSymbolizer()
```

创建一个 RasterSymbolizer 非常简单，如上面所示。RasterSymbolizer 把图层栅格文件数据源中的内容自动绘制到地图上，RasterSymbolizer 支持以下用来控制显示栅格数据的选项。

（1）symbolizer.opacity 控制栅格数据的透明度，如果值为 0.0，则影像完全透明；如果值为 1.0，则影像完全不透明。在默认情况下，栅格影像是不透明的。

（2）symbolizer.mode 属性告诉 RasterSymbolizer 怎样结合光栅数据呈现地图。这些模式与在图形编辑器中显示图层的方式相似，如 Photoshop 或者 GIMP。

（3）symbolizer.scaling 可以用来控制光栅图像的算法。可用的选项是：① fast，采用最近邻居算法；② bilinear，在所有四个颜色通道中使用双线性插值法；③ bilinear8，仅仅为一个颜色通道使用双线性插值法。

按照步骤，建立规则与样式，并添加遥感影像数据作为图层：

```
1  >>> s=mapnik.Style()
2  >>> r=mapnik.Rule()
3  >>> r.symbols.append(symbol)
4  >>> s.rules.append(r)
5  >>> m.append_style('My Style', s)
6  >>> datasource=mapnik.Gdal(file='/gdata/geotiff_file.tif')
7  >>> layer=mapnik.Layer("myLayer")
```

```
8   >>> layer.datasource=datasource
9   >>> layer.styles.append('My Style')
10  >>> m.layers.append(layer)
```

另外，上面的程序运行时，并未指定地图的投影，它会根据遥感影像来获取。可以通过下面的函数看一下地图的范围。

```
1   >>> layer.envelope()
2   Box2d(22374754.0,4596857.0,22395897.0,4615701.0)
```

将地图按此范围输出：

```
1   >>> m.zoom_to_box(layer.envelope())
2   >>> mapnik.render_to_file(m, 'xx_mapnik_result.png', 'png')
```

结果如图 7.5 所示。

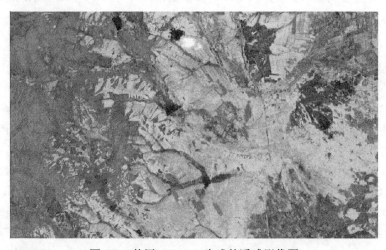

图 7.5　使用 Mapnik 生成的遥感影像图

7.4.2　绘制线

通过使用简单的样式就可以得到很好的效果，很多复杂的视觉效果可以通过反复地分层来实现特别的效果。

Mapnik 提供了两种绘制线状要素的方法：一种是 LineSymbolizer，一种是 LinePatternSymbolizer。下面依次来看一下。

1. LineSymbolizer 的使用

LinesSymbolizer 是 Mapnik 中最有用的绘图图符之一，可以绘制线状要素，也可以用来表征多边形轮廓。

下面是用于绘制线状要素的 Python 的代码，为了避免代码冗长，使用了自定义的 gispy_helper 模块，这个模块在后面也会用到，读者可以先打开源代码了解一下。

首先使用默认的方式将线条绘出：

```
1  >>> import os, mapnik
2  >>> from gispy_helper import renderit
3  >>> li_sym=mapnik.LineSymbolizer()
4  >>> m=renderit(line_sym = li_sym)
5  >>> mapnik.render_to_file(m, 'xx_mnik_out.png')
```

默认情况下，线条将会被绘制成黑色，绘制的线有一个像元的宽，见图 7.6（a）。要修改绘制的效果，可以修改 li_sym 的 stroke 相关属性。设置 stroke 可以修改颜色；设置 stroke_width 可以修改线的宽度。结果如图 7.6（b）所示。

```
1  >>> li_sym.stroke=mapnik.Color('rgb(50%,50%,50%)')
2  >>> li_sym.stroke_width=15.0
3  >>> m=renderit(line_sym=li_sym)
4  >>> mapnik.render_to_file(m, 'xx_mnik_out2.png')
```

还可以通过设置 stroke_opacity 属性改变线的透明程度，见图 7.6（c）。透明度的范围是从 0.0（完全透明）到 1.0（完全不透明）。默认情况下线是完全不透明的。

```
1  >>> li_sym.stroke_opacity=0.8
2  >>> m=renderit(line_sym=li_sym)
3  >>> mapnik.render_to_file(m, 'xx_mnik_out3.png')
```

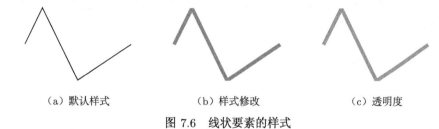

（a）默认样式　　　　　　（b）样式修改　　　　　　（c）透明度

图 7.6　线状要素的样式

2. 使用叠加方式绘制道路

渲染道路的标准样式，即内置浅色填充标签、边缘有稀薄的轮廓，可以通过重复图层来实现。首先，绘制一个宽的深色的道路图层，如 14 个像元宽；其次，绘制另一个窄的、浅色的道路图层，如 10 个像元宽。二者结合便能很好地显现出街道轮廓，而且看起来不会有一条路覆盖另一条路的交织的街道十字路口出现。

```
1  >>> from gispy_helper import mapnik_lyr
2  >>> m=mapnik.Map(600, 300, "+proj=latlong +datum=WGS84")
3  >>> line_data='/gdata/fig_data/fig_data_line.shp'
4  >>> li_sym=mapnik.LineSymbolizer()
5  >>> li_sym.stroke=mapnik.Color('rgb(50%,50%,50%)')
6  >>> li_sym.stroke_width=14.0
7  >>> ly1=mapnik_lyr(m, data=line_data, line_sym=li_sym)
```

上面创建了第一图层的样式。注意上面对线宽（li_sym.stroke_width）的赋值使用的是浮点数 14.0，此处如果使用的是 14 则是无效的，这似乎是个 bug。创建第二条线的样式，线的宽度设置为 10.0，并增加了透明度属性：

```
1  >>> line_sym2=mapnik.LineSymbolizer()
2  >>> line_sym2.stroke=mapnik.Color("#ffd3a9")
3  >>> line_sym2.stroke_width=10.0
4  >>> line_sym2.stroke_opacity=0.8
5  >>> ly2 = mapnik_lyr(m, data=line_data, line_sym=line_sym2)
```

再次，将两个图层添加到地图对象，并输出成文件：

```
1  >>> m.layers.append(ly1)
2  >>> m.layers.append(ly2)
3  >>> m.zoom_all()
4  >>> mapnik.render_to_file(m, 'out.png')
```

在绘制街道地图方面这项技术已被普遍应用了。刚刚定义的两个图层将会被叠加并产生道路，如图 7.7 所示。

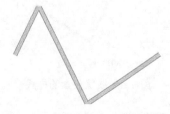

图 7.7　使用叠加产生道路样式

这项技术不仅能够用来绘制道路，而且创造性地运用图符也是实现复杂视觉效果的一个主要技巧。

3. LinePatternSymbolizer 的使用

LinePatternSymbolizers 通常是用在一些特殊状况的，例如，当无法使用单一的图符来表征一条线时，LinePatternSymbolizers 可以接受 PDF 或 TIFF 格式的文件，且沿着线的长度的方向或者多边形轮廓的周围重复绘制图像（图 7.8）。

图 7.8　使用 LinePatternSymbolizer 绘制线

如果想使用 LinePatternSymbolizers，只需创建一个 mapnik.LinePattern-Symbolizer 实例，并声明图像文件的路径：

```
1  >>> line_sym2=mapnik.LinePatternSymbolizer()
2  >>> line_sym2.file='/gdata/fig_data/turtle.png'
3  >>> m=renderit(line_sym = line_sym2)
4  >>> mapnik.render_to_file(m, 'out.png')
```

注意，线状要素和多边形的轮廓都有一个方向，即线和多边形的边界按照几何图形被创建时点被定义的顺序从一个点移动到下一个点。例如，组成上述图顶部的线段的点是从左到右来定义的，即最先被定义的是最左边的点，其次是中间的点，最后是右边的点。一个要素的方向是很重要的，因为它影响 LinePatternSymbolizers 绘制图像的方式。

LinePatternSymbolizers 绘制图像面向线的最左端，因为它是从一个点移动到下一个点。要想绘制一幅朝向为右的图像，将不得不在要素范围之内调转点的顺序。

4. 使用 XML 文件定义线的末端、拐点与虚线

另外还有一些功能特征，尚未在 Python 中实现，但是可以在 XML 地图文件中定义，来实现这样的效果。由于 XML 代码比较冗长，完整的代码就不放在本书中了，可以通过书中给出的链接打开查看。

1）绘制线的末端

line_cap 定义的是绘制线的末端。Mapnik 支持三种类型的 line_cap 的设置。

默认情况下，线会使用 BUTT_CAP 格式，但是可以通过设置 stroke 的 line_cap 属性来改变这种状况。这项功能需要使用 XML 文件来定义，XML 的代码见 https://www.osgeo.cn/info/2a764。其核心代码如下：

```
1  <LineSymbolizer stroke="rgb(50%,50%,50%)"
2      stroke-width="20" stroke-linecap="round" />
```

其中，stroke-linecap 的取值可以为 round、butt、square，分别对应图 7.9
从左到右的三种结果。

图 7.9　不同的线状要素末端样式

2）线的连接方式

改变一条线的方向，可以通过三种标准的方式中的一种来绘制它的转折端。使用 stroke-linejoin，其值可能是 bevel、round 与 miter，分别对应图 7.10 从左到右的三种结果。默认的行为就是使用 stroke-linejoin="miter"。

图 7.10　不同的线状要素节点绘制样式

这项功能需要使用 XML 文件来定义，XML 的代码见 https://www.osgeo.cn/info/227f5。其核心代码如下：

```
1  <LineSymbolizer stroke="rgb(50%,50%,50%)" stroke-width="20"
2      stroke-linejoin="miter"/>
```

3）绘制虚线和点线

虚线和点线的绘制也需要一点技巧，可以在线的绘制中添加"间隔"（break）使其出现虚线和点线。要实现这一点，可以在 stroke 上添加一个或多个虚线片段。每个虚线的部分定义了画线长度和间隙长度；线将会利用给定的画线长度来进行绘制，然后再继续绘制下一段线之前留下定义长度的空隙。目前这项功能还需要使用 XML 定义文件。XML 代码见 https://www.osgeo.cn/info/20b47。效果如图 7.11所示，从左到右三种结果的定义对应下面核心代码，其中，stroke-width 定义了线宽，stroke-dasharray 定义了实线与间隔的像元长度，它们会重复绘制。

```
1  <LineSymbolizer stroke="rgb(50%,50%,50%)"
```

```
2    stroke-dasharray="8,20"/>
3  <LineSymbolizer stroke="rgb(50%,50%,50%)"
4      stroke-width="8" stroke-dasharray="8,20"/>
5  <LineSymbolizer stroke="rgb(50%,50%,50%)"
6      stroke-width="3" stroke-dasharray="6,6"/>
```

图 7.11   虚线和点线

7.4.3   绘制多边形

多边形的绘制分为外边的线条与内部的区域。绘制多边形线条可以使用 7.4.2 节介绍的两种图符。同样有两种图符绘制多边形的内部, 即 PolygonSymbolizer 和 PolygonPatternSymbolizer。

现在来了解一下这两种图符。

1. PolygonSymbolizer 的基本属性设置

可以用下面的方式来创建一个 PolygonSymbolizer :

```
1  >>> import mapnik
2  >>> from gispy_helper import renderit
3  >>> shpfile='/gdata/fig_data/fig_data_poly.shp'
4  >>> symbolizer=mapnik.PolygonSymbolizer()
```

下面看一下如何控制绘制多边形的各种选项。在默认情况下, 一个 Polygon-Symbolizer 可以把多边形的内部绘制为灰色。如果想要改变填充多边形的内部颜色, 则需要将 PolygonSymbolizer 的 fill 属性设置为 Mapnik 颜色对象:

```
1  >>> symbolizer.fill=mapnik.Color("steelblue")
2  >>> linesym=mapnik.LineSymbolizer()
3  >>> m=renderit(line_sym=linesym, poly_sym=symbolizer,
4      shpfile=shpfile)
5  >>> mapnik.render_to_file(m, 'xx_mnik_poly_out.png')
```

结果如图 7.12 (a) 所示。

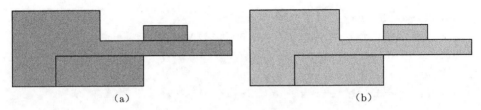

$$(a)\qquad\qquad\qquad\qquad\qquad(b)$$

图 7.12　多边形样式

在默认情况下，多边形将是完全不透明的。可以通过设置多边形图符的 opacity 属性表来改变这种状况：透明度的范围是 0.0（完全透明）到 1.0（完全不透明）。下面代码添加了透明度的属性然后重新保存，结果如图 7.12（b）所示。

```
1  >>> symbolizer.fill_opacity=0.5
2  >>> m=renderit(line_sym=linesym, poly_sym=symbolizer,
3  ...   shpfile=shpfile)
4  >>> mapnik.render_to_file(m, 'xx_mnik_poly_out2.png')
```

样式可以进一步修改，对描边线的样式进行定义：

```
1  >>> linesym.stroke=mapnik.Color('rgb(50%,50%,50%)')
2  >>> linesym.stroke_linecap=mapnik.stroke_linecap.ROUND_CAP
3  >>> linesym.stroke_width=5.0
```

对多边形的样式进行定义：

```
1  >>> polygon_symbolizer=mapnik.PolygonSymbolizer()
2  >>> polygon_symbolizer.fill=mapnik.Color('#f2eff9')
```

最后重新渲染、输出，结果如图 7.13 所示。

```
1  >>> m=renderit(line_sym=linesym, poly_sym=polygon_symbolizer,
2  ...   shpfile=shpfile)
3  >>> mapnik.render_to_file(m, 'xx_mnik_poly_out3.png')
```

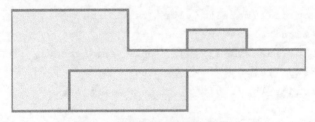

图 7.13　调整多边形渲染的样式

2. PolygonPatternSymbolizer 的用法

使用 PolygonPatternSymbolizer 提供的图像文件来填充多边形的内部时，图像将被平铺，也就是说反复绘制以填补整个多边形的内部，图块的右侧将会与相邻的图块左侧相接，图块的底部将会直接出现在下面的图块上面，反之亦然。这项功能同样使用 XML 文件来辅助实现，XML 的代码参见 https://www.osgeo.cn/info/22d08。其中定义图像样式的代码如下：

```
1  <PolygonPatternSymbolizer width="6" height="6" type="png"
2      file="/gdata/sym_line45.png"/>
```

这里用到了一个图像文件（/gdata/sym_line45.png），需要预先绘制好。当以这种方式绘制时，需要选择一个看起来比较合适的图像。示例中用到的图像文件，是 45° 倾斜的线状要素，这样形成斜纹状的渲染结果，如图 7.14 所示。

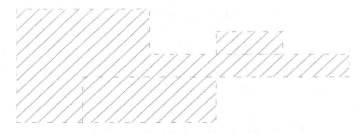

图 7.14　使用图像文件渲染多边形

7.4.4　绘制标注

文本标注可以使用文字将地理空间数据显示在地图上，与地图符号一样，对于任何一个地图文本标注都是很重要的部分。本节将会探究一下如何在 Mapnik 中的地图上绘制文本的 TextSymbolizer。TextSymbolizer 允许在点、线、面状要素上绘制标注。

要注意，这一部分到本书写就之时在 Python 3 中实现得尚不完善，所以只介绍使用 XML 进行样式定义的方法。

1. 点状要素的标注

点状要素的标注比较好理解。这里介绍一下标注的基本方法，以及更多进行调整的细节。

1）文字图符的基本用法

先来看一下文字图符的基本用法，完整的代码见 https://www.osgeo.cn/info/2aeb6。定义样式的核心代码如下：

```
1  <TextSymbolizer face-name="DejaVu Sans Book" size="20"
```

```
2    placement="point" allow-overlap="true">[name]
3  </TextSymbolizer>
```

图符将会使用给定的字体、字号大小、颜色显示要素的标注字段。无论什么时候创建一个 TextSymbolizer 对象，都必须提供上面代码中的四项参数。

对于许多数据源，名称是区分大小写的，为了确保输入字段的名称和属性是完全正确的，NAME 与 name 并不等同。标注文字的字体可以使用 Mapnik 提供的内置字体，也可以使用用户安装的自定义字体。效果如图 7.15 第一个所示。

图 7.15　Mapnik 中标注的六种结果

在默认情况下，Mapnik 能确保标注之间不会重叠。在可能的情况下，它会移动标注来避免重叠；如果通过移动也无法避免标注的重叠，Mapnik 则会将标注完全隐藏起来。属性 allow-overlap="true" 允许改变这种缺省方式，Mapnik 会标注在另一个绘图对象上面，而不是将重叠的标注隐藏起来。如果不添加这个属性，则图 7.15 中第一个标注是不会显示的。

2）调整文本的位置

在默认情况下，Mapnik 标注的文本与标注的位置是左右、上下居中对齐的。Mapnik 提供了两种调整的方式：一是设置对齐属性，二是指定标注的偏移数值。

通过改变 TextSymbolizer 的 vertical-alignment（垂直对齐）属性及 horizontal-alignment（水平对齐）属性可以控制垂直水平与位置。horizontal-alignment 可选值包括 LEFT、MIDDLE、RIGHT，分别是靠左对齐、居中对象、靠右对齐；vertical-alignment 可选值包括 TOP、MIDDLE、BOTTOM，分别是靠上对齐、垂直居中、靠下对齐。

默认情况下文本标注在水平方向与垂直方向都是居中的。如果将 vertical-alignment 设置为 TOP，则标注将会被绘制到点的上方（图 7.15 第二个所示）。核心代码如下：

```
1  <TextSymbolizer face-name="DejaVu Sans Book" size="20"
2    placement="point" allow-overlap="true"
3    vertical-alignment="TOP">[name]</TextSymbolizer>
```

反过来，如果将垂直对齐改变成 BOTTOM，则标注将被绘制到点的下部，可以同时调整水平对齐方式，结果如图 7.15 第三个所示。核心代码如下：

```
1  <TextSymbolizer face-name="DejaVu Sans Book" size="20"
2    placement="point" allow-overlap="true"
3    vertical-alignment="bottom" horizontal-alignment="right"
4    justify-alignment="right">[name]</TextSymbolizer>
```

更细致的调整文本位置的其他选项就是修改 dx 与 dy 属性，来给定像元数目的偏移量显示文本。偏移的量从左上角算起，下面代码会导致标注向右偏移 5 个单位，向下偏移 10 个单位。效果如图 7.15 第四个所示。核心代码如下：

```
1  <TextSymbolizer face-name="DejaVu Sans Book" size="20"
2    placement="point" allow-overlap="true" dx="5" dy="10"
3    character-spacing="3">[name]</TextSymbolizer>
```

注意，改变标注的垂直位移也会改变标注默认的 vertical-alignment 值。标注的垂直走向被改变了，会导致标注以不希望的方式移动，并成为一个设置垂直位移的单方面影响因素。为了避免这种情况的发生，无论什么时候改变垂直位移，都应该明确地设置 vertical-alignment 属性。

还有一些属性可以控制文本显示的细节，如文本的宽度（自动换行）、字符间距等。使用 wrap-width 属性来强制标注在跨越多列时换行，指定的值就是文本每个行的最大值，并以像元为单位。设置 character-spacing = 3，可以在文本的字符之间添加额外的空隙。同样可以通过 line-spacing 属性改变不同行之间的距离。字符间距和行间距的值都是以像元为单位的。

通过对 orientation 属性赋值可以控制点状文字标注的方向，图 7.15 第五个是 45° 倾角的效果。核心代码如下：

```
1  <TextSymbolizer face-name="DejaVu Sans Book" size="20"
2    placement="point" allow-overlap="true"
3    vertical-alignment="BOTTOM" orientation="45">[name]
4  </TextSymbolizer>
```

3）使用文本标注的"字晕"

TextSymbolizer 通常会直接在地图上绘制文本。当文本被放置在地图上的浅色区域，而地图被覆盖的区域是深色或者遥感影像等背景比较乱时，文本将很难读出甚至无法显示。

当然，可以选择一个浅色的文本的颜色，但是需要提前了解背景可能是什么样子的，一个比较好的解决方式就是在文本周围绘制一个"字晕"[①]。

---

① 英文为 Halo，中文意思为光环、荣光、（日月等的）晕，在 ArcGIS 的中文文档中翻译为"晕圈"。其效果还是很显然的，但是可能因为这种渲染的方式在计算机中还是较现代的方式，尚无法找到较好的翻译方法，在本书中翻译成"字晕"，不知是否有别人用过这个用法。

halo-fill 属性用来定义字晕的颜色，halo-radius 属性定义半径大小。半径以像元为单位，一般情况下，值为 1 或 2 就能够确保文本在深色的背景之下是可读的，如下面的核心代码：

```
1  <TextSymbolizer face-name="DejaVu Sans Book" size="20"
2    halo-fill="red" halo-radius="2" placement="point"
3    allow-overlap="true">[name]</TextSymbolizer>
```

效果如图 7.15 最后一个所示。

2. 线状要素的文字标注

线状要素有两种标注方法，完整的 XML 代码见 https://www.osgeo.cn/info/2c34b。

（1）线状要素可以使用点状标注方式，核心代码如下，效果如图 7.16（a）所示：

```
1  <TextSymbolizer face-name="DejaVu Sans Book" size="10"
2    placement="point" allow-overlap="true">[name]</TextSymbolizer>
```

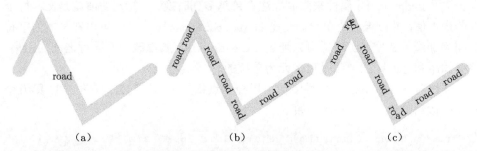

图 7.16　Mapnik 中线状要素标注

（2）当然更常见的是沿着线状要素的方向进行标注，如道路的名称。Mapnik 提供了很多功能来对线状要素进行标注，很多标注的属性值与前面介绍的相同。下面是沿线的方向放置的标注代码，效果如图 7.16（b）所示：

```
1  <TextSymbolizer face-name="DejaVu Sans Book" size="10"
2    placement="line" allow-overlap="true"spacing="8">[name]
3  </TextSymbolizer>
```

将文本放置在线状要素时，Mapnik 有很多专门的操作。spacing 属性的设置可以进行重复标注，这样对于很长的道路效果是较好的。在急转的角落里，文字会被弯曲，这样会产生难看的扭结。在 Mapnik 中默认启用了 max-char-angle-delta 属性，缺省值为 20° 左右。如果将这个值设置为 0，效果如图 7.16（c）所示。

3. 多边形要素的标注

Mapnik 中在多边形要素中进行标注有三种放置（placement）方法，其中 point、line 前面讲过了，还有一种是 poly。

以 poly 方式进行标注与以 point 进行标注非常类似，完整的 XML 代码见 https://www.osgeo.cn/info/2e35d。请看下面的核心代码：

```
1  <TextSymbolizer face-name="DejaVu Sans Book" size="10"
2    fill="black" placement="poly" allow-overlap="false">[name]
3  </TextSymbolizer>
```

可以将上面代码中的 "poly" 修改为 "point"，效果是一样的。生成的结果如图 7.17 所示，标注已被绘制到每个要素的中心位置，标注是被水平绘制的，与多边形的朝向无关。

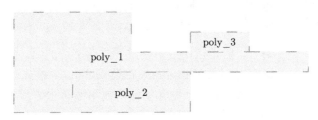

图 7.17　Mapnik 中多边形按多边形对象标注

更有趣的标注方式是沿着多边形的边界按线状要素（placement="line"）标注，完整代码见 https://www.osgeo.cn/info/28e0a。核心代码如下：

```
1  <TextSymbolizer face-name="DejaVu Sans Book" size="10"
2    fill="black" placement="line" allow-overlap="false"
3    spacing="50" force-odd-labels="True">[name]
4  </TextSymbolizer>
```

效果如图 7.18 所示。要注意这个图有一个问题，在两个多边形邻接的地方标注有被遮挡的现象。这个问题的原因在于数据，而不是 Mapnik，针对这种情况很多时候需要将多边形转换成线状要素以达到更好的效果。

4. 文本标注中的字体问题

Mapnik 使用自己的字体配置方式。在 Debian 中，这个路径是 /usr/share/fonts/truetype/ttf-dejavu/，可以把要用到的字体放到这个文件夹下面，还需要注意字体文件的权限。

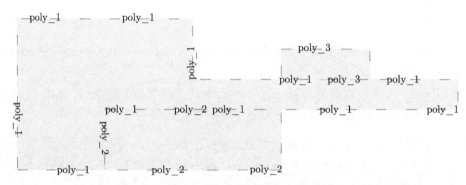

图 7.18 Mapnik 中多边形按多边形界线标注

为了寻找出哪个字体是可用的, 可以运行下面的程序:

```
>>> import mapnik
>>> for font in mapnik.FontEngine.face_names():
...     print (font)
```

Mapnik 支持中文标注, 但是在使用的时候要注意字符编码。很多 Shapefile 并非是 UTF-8 编码, 而是使用 ogr2ogr 命令来转换成 SQLite 格式。

还需要注意, 在点状数据中已经设置了标注就不要再设置符号, 因为可能会重叠。

7.4.5 绘制点状要素

最后来了解一下点状要素的绘制。

点是最简单的要素, 但是在制图时则展示出了多种可能性, 所以放到最后来说。主要是因为点的显示除了样式, 文本标注的配合显示也比较独特。关于点状要素及其显示方式, 只能用简约而不简单来形容了。

使用 Mapnik 绘制点有两种方式: 一种是 PointSymbolizer, 它允许在给定的点上绘制图像; 另一种是 ShieldSymbolizer, 它将图像和文本标注结合起来产生一个“盾”。现在分别来看一下它们是如何使用的。

1. PointSymbolizer

PointSymbolizer 能在点上绘制图片, 默认的构造函数没有提供参数, 会显示每一个点作为一个 4×4 像元的黑色方点 (图 7.19)。

```
>>> import os , mapnik
>>> from gispy_helper import renderit
>>> shpfile='/gdata/fig_data/fig_data_poly.shp'
>>> ply_sym=mapnik.PolygonSymbolizer()
```

```
5  >>> ply_sym.fill = mapnik.Color('#f2eff9')
6  >>> li_sym=mapnik.LineSymbolizer()
7  >>> pt_sym=mapnik.PointSymbolizer()
8  >>> m=renderit(point_sym=pt_sym, line_sym=li_sym,
9  ...       poly_sym=ply_sym,shpfile=shpfile)
10 >>> m.zoom_all()
11 >>> mapnik.render_to_file(m, 'xx_point_sym1.png')
```

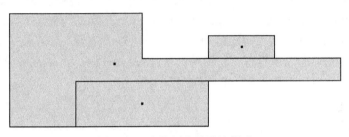

图 7.19　点状要素的默认样式

点状图符可以使用图像，代码如下，设置了 symbolizer.opacity=0.8 来使用透明效果。

```
1  >>> pt_sym.file='/gdata/fig_data/turtle.png'
2  >>> pt_sym.opacity=.8
3  >>> m=renderit(point_sym=pt_sym, line_sym=li_sym,
4  ...       poly_sym=ply_sym,shpfile=shpfile)
5  >>> m.zoom_all()
6  >>> mapnik.render_to_file(m, 'xx_point_sym2.png')
```

这样会将点的位置用"点位图"的形式表征出来，如图 7.20 所示。

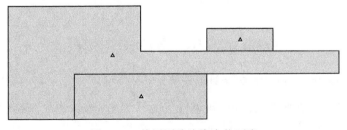

图 7.20　使用图片渲染点状要素

用户可以为图片文件提供名称、类型、尺寸，PointSymbolizer 将使用这些参数绘制每个点状要素。

需要知道的是 PointSymbolizer 绘制影像会覆盖到点上。可能需要在影像的周围留白（或者透明）[①]，这样影像中想要的部分就会出现在点上。

2. ShieldSymbolizer

ShieldSymbolizer 允许绘制标注，并将文本与图片结合。ShieldSymbolizer 与文本图符和点状图符在呈现相同的数据时具有相同的工作方式。它们仅有的不同就是 ShieldSymbolizer 要确保文本和图像呈现在一起，无法得到不带文本的图像，反之亦然。当创建一个 ShieldSymbolizer 时，需要提供较多的参数。

ShieldSymbolizer 是 TextSymbolizer 的一个子类，所有 TextSymbolizer 可以利用的定位和格式的选项同样对 ShieldSymbolizer 有用。由于 ShieldSymbolizer 也绘制一个图像，所以也具有点状图符的 allow-overlap 和 opacity 属性。

这里使用 XML 文件进行定义，完整代码参见 https://www.osgeo.cn/info/23db5，部分代码如下：

```
1  <ShieldSymbolizer face-name="DejaVu Sans Bold" size="16"
2    halo-fill="yellow" halo-radius="1" fill="#000000"
3    file="/gdata/fig_data/turtle.png" spacing="100"
4    transform="scale(2.0,2.0)">[name]</ShieldSymbolizer>
```

上面代码中设置了"字晕"属性，避免文字看不清楚，效果如图 7.21 所示。请注意，可能需要调用 ShieldSymbolizer 的 displacement 图像来正确地定位文本，在默认情况下文本的中心与定位点是重叠的，会出现在图像的中心。

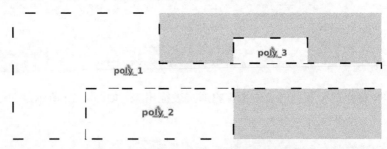

图 7.21   使用 Shield 样式渲染点状要素

3. 使用 TextSymbolizer 来绘制点符号

这里要介绍一种变通的技巧，可以直接使用 TextSymbolizer 来绘制点符号。效果就不展示了，只简单进行一下说明。

前面介绍了使用 PointSymbolizer 与 ShieldSymbolizer 两种方式对点状要素进行绘制的方法，除了默认的情况，都要求使用图片来绘制点状要素。除去分辨

① 使用图像处理软件可以做到这一点，如开源图像处理软件 GIMP。

率的因素，由于需要指定图片的大小，在更换图片或是需要更换出图的大小时，都有一个重新设置的问题。

考虑一下前面提到过的标注，使用字体的时候，只需要指定字体大小（按一定的规范），它就会自动计算，产生精美的结果，这样就可以使用标注的方式来绘制点符号。使用标注绘制符号需要有相应的字体库。可以选择使用 ESRI 公司在 ArcGIS 软件中携带的字体，这个涉及版权问题，使用时须慎重。

7.5　数据显示的规则

在前面介绍的章节中，Mapnik 使用规则与图符来实现制图的功能。规则组合在一起形成样式，不同的样式将会被添加到同一个地图中，当设置图层时，则会根据样式的名称应用到图层上。本节将会进一步探究规则、择舍器和样式之间的关系。

7.5.1　数据显示的规则

一个 Mapnik 的规则包括两个部分：“条件”和“图符”。如果规则的条件满足，则将会在地图上使用图符绘制匹配的要素。

规则支持三种类型的条件。

（1）一个 Mapnik 的择舍器可以被用来指定表达式，如果要被绘制，则要素必须满足该表达式。

（2）规则本身可以指定必须满足的最大最小比例尺分母。这可以用来设置给定比例尺的地图的规则。

（3）规则可以有其他的条件，类似于默认值。如果不符合已经定义的规则条件，则会使用缺省样式。

1. Mapnik 择舍器的使用

Mapnik 的择舍器 Filter() 构造函数使用一个参数，即一个字符串定义了一个表达式，如果规则被应用，则该要素必须与表达式匹配。然后将返回字段对象存储到规则的择舍器的属性表中。

下面看一个非常简单的择舍器表达式，即将一个字段或属性表与一个特定的值进行对照比较。

```
1  filter=mapnik.Filter("[level] = 1")
```

字符串值可以通过在值周围放置单引号来进行比较，例如：

```
1  filter=mapnik.Filter("[type] = 'CITY'")
```

注意，字段名称和值对大小写都是敏感的，而且必须用方括号包围字段或属性名称。

当然，对简单的字段的值进行比较是最基本的比较方式。择舍器表达式有其强大而灵活的语法来定义其条件，在概念上择舍器类似于一个 SQL WHERE 表达式。

下面通过代码看一下实例。初始化地图对象，并定义两种多边形的样式。

```
1  >>> import os
2  >>> import mapnik
3  >>> m=mapnik.Map(600, 200, "+proj=latlong +datum=WGS84")
4  >>> m.background=mapnik.Color('#ffffff')
5  >>> polygon_symbolizer=mapnik.PolygonSymbolizer()
6  >>> polygon_symbolizer2=mapnik.PolygonSymbolizer()
7  >>> polygon_symbolizer.fill=mapnik.Color('#f2eff9')
8  >>> polygon_symbolizer2.fill=mapnik.Color('#ff0000')
```

定义规则，以及择舍器的条件：

```
1  >>> r=mapnik.Rule()
2  >>> r2=mapnik.Rule()
3  >>> r.symbols.append(polygon_symbolizer)
4  >>> r2.symbols.append(polygon_symbolizer2)
5  >>> r.filter=mapnik.Expression("[id] = 1")
6  >>> r2.filter=mapnik.Expression("[id] = 2")
```

定义线状要素，来绘制多边形的边界：

```
1  >>> line_symbolizer=mapnik.LineSymbolizer()
2  >>> r.symbols.append(line_symbolizer)
3  >>> r2.symbols.append(line_symbolizer)
```

实例化样式对象，将规则添加到其中并进行命名：

```
1  >>> s=mapnik.Style()
2  >>> s.rules.append(r)
3  >>> s.rules.append(r2)
4  >>> m.append_style('My Style', s)
```

将样式应用到图层并输出结果：

```
1  >>> lyr=mapnik.Layer('world', "+proj=latlong +datum=WGS84")
2  >>> lyr.datasource=mapnik.Shapefile(
3  ... file='/gdata/fig_data/fig_data_poly.shp')
4  >>> lyr.styles.append('My Style')
```

```
5   >>> m.layers.append(lyr)
6   >>> m.zoom_all()
7   >>> mapnik.render_to_file(m, 'xx_mapnik_filter.png', 'png')
```

最后的结果如图 7.22 所示，这里只绘制了两个多边形。

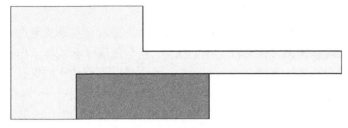

图 7.22　使用不同的规则显示多边形

2. Else 规则

如果为一个规则调用 set_else(True)，则当且仅当在同一个样式中没有其他规则拥有满足它的选择条件时才被启用。

如果有大量的选择条件，则 Else 规则会特别有用，例如：

```
1   >>> r3=mapnik.Rule()
2   >>> r3.set_else(True)
3   >>> r3.symbols.append(line_symbolizer)
4   >>> s.rules.append(r3)
5   >>> m.append_style('My Style2', s)
6   >>> lyr.styles.append('My Style2')
7   >>> m.layers.append(lyr)
8   >>> mapnik.render_to_file(m, 'xx_mapnik_filter.png', 'png')
```

效果如图 7.23 所示，第三个多边形的边界被绘制出来了。

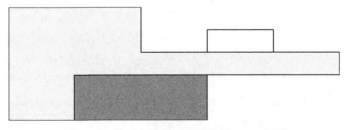

图 7.23　显示多边形要素时使用 Else 规则

本节只展示了最简单的择舍器条件"等于"，还有其他的比较运算符也可以使用。另外，Mapnik 的择舍器还支持空间操作符，但这里不过多进行说明。

7.5.2　按比例尺显示要素

如果查看真实的地图，则会发现在世界地图上绘制的街道并没有标注，在地图上显示的国家轮廓范围过大以至于无法为城市绘制详细的海岸线；同样，如果从世界地图数据中获得某个城市的数据并进行放大绘图，则国家的名称、大洲的名称等在很多情况下就没那么必要了。

Mapnik 可以通过设置地图比例尺来选择性地显示要素来实现这个功能。只有当整个地图的现有比例尺因素在这个范围内，整个图层才会被显示出来。如果有同一要素的不同分辨率数据源是非常有用的，那么当以不同的比例尺显示地图时，可以切换数据源来得到不同尺度的制图结果。例如，放大地图时，只能使用高分辨率海岸线数据；而查看全部地图范围时，可以使用低分辨率的海岸线数据。本书的很多示例都是这样处理的。

Mapnik 的规则中可以定义最小及最大的比例尺分母值：

```
1  rule.min_scale=10000
2  rule.max_scale=100000
```

另外，可以针对图层设置最大、最小比例尺因子：

```
1  layer.minzoom=1/100000
2  layer.maxzoom=1/200000
```

需要注意的是，规则使用的是比例尺分母，而图层使用的是比例尺。两者没有直接的关系。比例尺分母可以直观地使用。例如，比例尺分母值为 20000，则代表一幅地图大约是用 1:20000 的比例尺绘制的。但是，这仅仅是个近似比例尺；比例尺分母的实际计算需要考虑两个重要因素。

（1）因为 Mapnik 是作为一个位图图像呈现在地图上，所以图像内各个像元的大小都发挥作用。由于位图图像能用不同像元的大小显示在不同的计算机屏幕上，Mapnik 使用一个被 OGC 定义的 tandardized rendering pixel size 来定义像元的大小。这个值为 0.28mm，大约是目前常用显示屏上一个像元的大小。

（2）使用地图投影对于比例尺分母的计算有很大影响。地图投影总是歪曲真实的距离，地图投影在赤道比较准确，可是越接近两极就越不准确。

在设置比例尺的值的时候，使用 Mapnik 的公式来计算比例尺分母是相当复杂的。这里有一个技巧，通过 Mapnik 来计算比例尺分母（scale_denominator() 函数）和比例尺（scale()）是很容易的，代码如下：

```
1  >>> import mapnik
2  >>> m=mapnik.Map(600, 400, "+proj=latlong +datum=WGS84")
3  >>> lyr=mapnik.Layer('world', "+proj=latlong +datum=WGS84")
```

```
4   >>> lyr.datasource=mapnik.Shapefile(file='/gdata/GSHHS_c.shp')
5   >>> lyr.styles.append('My Style')
6   >>> m.layers.append(lyr)
7   >>> m.scale_denominator(), m.scale()
8   (-inf, -inf)
```

没有设置视图范围的地图对象的比例尺是没有用的。接下来对视图范围进行设置：

```
1   >>> bbox=mapnik.Box2d(70, 20, 135, 57)
2   >>> m.zoom_to_box(bbox)
3   >>> m.scale_denominator(), m.scale()
4   (43070041.080730855, 0.10833333333333334)
```

通过这种方式，可以放大地图到特定的尺寸，输出其比例尺和比例尺分母，然后就可以在样式中确定选择哪些要素显示到一个给定比例尺的地图中。

如果地图要同时输出到多个投影，那么就要谨慎一点。在转换投影的过程中，需要对比例尺的值进行重新调整。

第 8 章　使用 Basemap 进行地图可视化

开源 GIS 提供了不同功能、作用的各种类库，在 GIS 应用中，很多类库都作为组件集成到一起来共同发挥作用，这样形成了开源 GIS 工具链。但是，由于发展的基础与方向不一样，同样产生了一些相对独立的工具。

Matplotlib 是 Linux 可视化工具之一，在 2007 年首次发布。作为绘图工具，其设计与发展与 GIS 并没有直接关系，具有自己的设计思想与工程实践。这样，基于 Matplotlib 之上的 Basemap 地图制图工具（Toolkit），在使用上与本书前面介绍的内容就有诸多不同[①]。

尽管如此，Basemap 仍然是非常优秀的地图可视化工具，值得用心学习。尤其是其自带地理数据这一特征，大大简化了 GIS 制图中准备数据的过程。

Matplotlib 是 Python 语言常用的数据绘制包，它基于 NumPy 的数组运算功能。Matplotlib 的绘图功能强大，可以轻易地画出各种统计图形，如散点图、条行图、饼状图等。Matplotlib 常与 NumPy 和 SciPy 相配合，可用于许多研究领域。它们是免费工具，但功能足以与商业软件竞争。

Matplotlib 中的 Basemap 工具包是具有专业标准的地图工具。Basemap 可以与 Matplotlib 的一般绘图功能相结合，并在地图上绘制数据。它在功能上类似于 MATLAB 地图工具箱、IDL 地图工具、GrADS 或通用地图工具。另外，在 Python 中还有其他类似功能的类库，如PyNGL和 CDAT（climate data analysis tools）。

8.1　Basemap 简介与基本使用方法

本节首先介绍 Basemap 的背景与基本使用方法。

8.1.1　简介

1. Basemap 简介

Basemap 本身不会进行任何绘图，但基于 PROJ.4 类库（第 4 章）的功能，它提供了将坐标转换为 25 个不同地图投影之一的功能。在 Basemap 底层使用了 Geos 库，用来将海岸线和边界要素变换到所需的地图投影区域。除了程序功

---

① Basemap 在 2020 年前随着 Python 2.7 版本一直会有更新维护。2020 年以后 Python 2.7 将停止更新，Basemap 会按照官方计划迁移到 Cartopy 模块（目前这个模块已经可用，但是还不太成熟）。

能，Basemap 还提供了海岸线、河流和行政边界数据集（来自通用地图工具），且具有读取 Shapefile 的功能。

Basemap 的用户中以地球科学家，特别是海洋学家和气象学家为多。最初 Basemap 就是用来帮助和研究气候与天气预报的，当时 CDAT 是 Python 中唯一用于绘制地图投影数据的工具[①]。多年来，Basemap 的功能随着各个学科（如生物学、地质学和地球物理学）的科学家的要求和贡献的新功能而演变。

2. 安装

Basemap 是 Python 的软件包，但是目前由于其与操作系统底层的一些类库耦合得比较紧密，无法直接通过 pip 工具进行安装。

在 Debain/Ubuntu 中，Basemap 可以使用下面的命令进行安装：

```
1  # apt-get install python3-mpltoolkits.basemap
```

或者也可以自行下载源代码编译安装。源代码可以直接下载压缩包，或者使用 Git 源代码。需要注意的是，Basemap 使用了 Geos 库，在编译安装 Basemap 时，要将环境变量 GEOS_DIR 指向 libgeos_c.h 和 geos_c.h 的位置。具体的安装方式在这里就不展开了。

8.1.2 Basemap 使用简介

1. Basemap 中绘图的基本流程

下面介绍在 Python 中使用 Basemap 进行地图绘图的一般流程。首先要导入类库，包括 Basemap 和 plt。两者都是必要的：

```
1  >>> from mpl_toolkits.basemap import Basemap
2  >>> import matplotlib.pyplot as plt
```

然后对地图对象进行实例化：

```
1  >>> bsmap=Basemap()
```

在使用 Basemap 类创建地图时具有许多选项。在没有传递任何参数的情况下，地图默认为中心经纬度 $(0,0)$ 的 Plate Carrée 投影[②]。有了地图对象后可以进一步绘制图形。这里使用 drawcoastlines() 方法来绘制海岸线。

```
1  >>> bsmap.drawcoastlines()
2  >>> plt.show()
```

---

① CDAT 的 Python 包为cdat-lite，这个工具包目前的最新版本为 6.0.1，发布于 2015 年 12 月。
② 在墨卡托投影发明之前，航海中使用的是最简单的 Plate Carrée 投影，其最早由 Ptolemy 发明，投影公式很简单：x=lon；y=lat。但这个投影既不等角也不等积，特别在高纬度地区，与实际相差很大，所以并不实用。

为了查看地图的结果，需要对内存中加载的数据与显示样式进行输出。Matp-lotlib 中输出数据时有两种方式：一是可以保存成电子文件（使用 plt.savefig(file_name) 函数）；二是直接显示在屏幕上（使用 show() 函数）。本书中一般情况下使用后者来进行说明。

也可以使用下面的代码将地图保存到图像文件（图 8.1），文件的类型可以根据给出的后缀来判断。

```
1  >>> plt.savefig('xx_test.png')
```

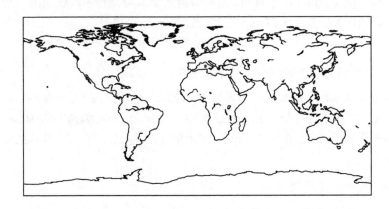

图 8.1　全球海岸线地图

2. 在 Basemap 中设置地图投影

在上面的代码中没有声明地图的投影参数。更改投影很容易，只需在实例化地图对象时设置投影类型及其参数（参数的类型与数目依据投影类型而定）。关于 Basemap 中投影的设置与使用，在后面会进行详细说明。下面换另外一种投影"ortho"来创建新地图。drawmapboundary() 方法绘制地面边界：

```
1  >>> bsmap=Basemap(projection='ortho',lat_0=0, lon_0=105)
2  >>> bsmap.drawmapboundary(fill_color='aqua')
```

3. 绘制地图时填充多边形

即使有了新的投影，地图仍然有点空，用一些颜色来区分海洋和大陆。

方法 fillcontinents() 绘制陆地，color 设置成陆地的颜色，默认值为 gry；lake_color 设置水域的颜色，这里设置其值为 aqua。叠加在一起后，会发现海洋与大陆有着明显的区别（图 8.2）。

```
1  >>> bsmap.fillcontinents(color= 'coral',lake_color='aqua')
```

```
2  >>> bsmap.drawcoastlines()
3  >>> plt.show()
```

图 8.2　使用颜色填充的地图

4. 关闭与消除绘图对象

Matplotlib 使用有序的分层窗口来绘图，每一层都包含由许多轴线（axes）组成的图形（figure）①。Matplotlib 提供了下面几种方法来消除与关闭已有的图形。

```
1  >>> plt.cla()    # Clear axis
2  >>> plt.clf()    # Clear figure
3  >>> plt.close()  # Close a figure window
```

脚本模式与交互模式有一点不同，即在查看地图时，plt.show() 会自动清除内存中的所有图层，因此后序的显示与之前没有关系；但是 plt.savefig() 则不会，为了消除原有的数据必须显式调用 plt.clf()。

8.1.3　设置地图投影

Basemap 提供了 24 种地图投影方法（不包括默认的投影）。有些是全球性的，有些只能用于区域制图。类变量 supported_projections 是一个 Python 的字典，它包含 Basemap 支持的所有投影的信息。

```
1  >>> import mpl_toolkits.basemap
2  >>> print(mpl_toolkits.basemap.supported_projections)
3   rotpole          Rotated Pole
4   moll             Mollweide
```

---

① 关于 Matplotlib 绘图的原理请参见 Matplotlib 的技术手册，在本书中只需要记住：Basemap 是基于 Matplotlib 进行绘图的。

5	vandg	van der Grinten
6	poly	Polyconic
7	aeqd	Azimuthal Equidistant
8	geos	Geostationary
9	merc	Mercator
10	gnom	Gnomonic
11	sinu	Sinusoidal
12	aea	Albers Equal Area
13	spaeqd	South-Polar Azimuthal Equidistant
14	mill	Miller Cylindrical
15	laea	Lambert Azimuthal Equal Area
16	npstere	North-Polar Stereographic
17	gall	Gall Stereographic Cylindrical
18	ortho	Orthographic
19	nsper	Near-Sided Perspective
20	cyl	Cylindrical Equidistant
21	stere	Stereographic
22	mbtfpq	McBryde-Thomas Flat-Polar Quartic
23	npaeqd	North-Polar Azimuthal Equidistant
24	robin	Robinson
25	splaea	South-Polar Lambert Azimuthal
26	eqdc	Equidistant Conic
27	tmerc	Transverse Mercator
28	cass	Cassini-Soldner
29	hammer	Hammer
30	omerc	Oblique Mercator
31	eck4	Eckert IV
32	spstere	South-Polar Stereographic
33	cea	Cylindrical Equal Area
34	nplaea	North-Polar Lambert Azimuthal
35	lcc	Lambert Conformal
36	kav7	Kavrayskiy VII

　　键名是短名称（与在创建 Basemap 类实例时用于定义投影的 projection 关键字一起使用），对应的后面是长的、更具描述性的键值名称。另外，不同的投影可能需要不同的参数。类变量 projection_params 是一个字典，提供可用于定义每个投影属性的参数列表。以下是说明如何设置支持投影的示例。注意，许多地图投影具有两个期望的属性之一，它们可以是保积（保留要素的面积）的或保形（保留

要素的形状）的。因为没有一个地图投影可以同时具有两者，所以在使用地图的时候选择哪种投影要在两者之间（保积或保形）做出妥协。

1. 设置地图投影进行绘图

在二维平面进行地图制图必须进行地图投影。投影及其参数都是在创建对象 Basemap 时要明确的。这样做与其他库（如 GDAL）有很大的不同，理解这一点对于使用 Basemap 是非常重要的。

```
1  >>> from mpl_toolkits.basemap import Basemap
2  >>> import matplotlib.pyplot as plt
3  >>> import numpy as np
4  >>> bsmap=Basemap(projection='cyl')
5  >>> bsmap.drawcoastlines()
6  >>> bsmap.drawmeridians(np.arange(0, 360, 30))
7  >>> bsmap.drawparallels(np.arange(-90, 90, 30))
8  >>> plt.show()
```

上面代码指明了投影类型 cyl，但没有任何其他参数。drawmeridians() 与 drawparallels() 函数用来绘制经纬线。效果如图 8.3 所示。

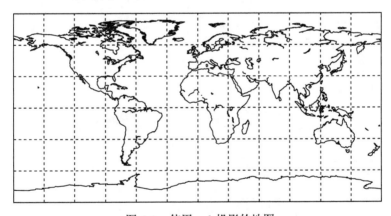

图 8.3　使用 cyl 投影的地图

许多投影都需要额外的参数：

```
1  >>> bsmap=Basemap(projection='aeqd', lon_0=180, lat_0=50)
2  >>> bsmap.drawmapboundary()
3  >>> bsmap.drawcoastlines()
4  >>> plt.show()
```

该地图（图 8.4）具有以 lon_0=180 和 lat_0=50 为中心的等距投影。一些投影需要多个参数，在 Basemap 手册中都有描述。Basemap 对象具有字段 proj4string，该字段具有 PROJ.4 格式的字符串，用于设置投影参数。

图 8.4　使用 aeqd 投影的地图

再看一下 mbtfpq 投影（McBryde-Thomas Flat-Polar Quartic）的使用，使用这个投影时指定了一个参数 lon_0=105。

```
1  >>> bsmap=Basemap(projection='mbtfpq', lon_0=105)
2  >>> bsmap.drawcoastlines()
3  >>> bsmap.drawmeridians(np.arange(0, 360, 30))
4  >>> bsmap.drawparallels(np.arange(-90, 90, 30))
5  >>> plt.show()
```

效果如图 8.5 所示。

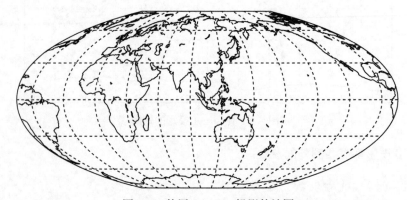

图 8.5　使用 mbtfpq 投影的地图

EPSG 代码是使用数字代码来命名投影的标准的，在某些情况下，Basemap 允许使用这种表示法来创建地图。若要使用 EPSG 代码，则需要将 EPSG 参数传递给

带有代码的 Basemap 构造函数。Basemap 支持的 EPSG 代码在文件 /mpl_toolkit/
basemap/data/epsg 中。Basemap 只支持有限的投影类型，即使所需的 EPSG 编
码出现在该文件中，Basemap 库有时也并不能使用投影。

```
1  ValueError: 23031不是受支持的EPSG代码
```

这里并没有很好地支持名称为 utm 的投影（即 23031 或 15831），但可以使用
名为 tmerc 的投影。首先打开文件，然后寻找一个合适的选项。

2. 计算投影坐标

有了投影之后，可以使用地图对象进行经纬度投影坐标的计算或者逆变换。先
对经纬度进行投影：

```
1  >>> from mpl_toolkits.basemap import Basemap
2  >>> import matplotlib.pyplot as plt
3  >>> bsmap=Basemap(projection='aeqd', lon_0 = 10, lat_0 = 50)
4  >>> bsmap(10,50)
5  (20015077.371242613, 20015077.371242613)
```

使用设置关键词参数 inverse=True，可以进行逆变换：

```
1  >>> bsmap(20015077.3712, 20015077.3712, inverse=True)
2  (10.000000000000002, 50.000000000000014)
```

由于计算机数值计算的舍入，结果与投影之前的值稍微有点差别。

8.1.4　绘制地图背景

Basemap 包括 GSHHG 海岸线数据集，以及来自 GMT 的河流、洲和国家边
界的数据集。这些数据集可用于在地图上以几种不同的分辨率绘制海岸线、河流和
政治边界。相关的底图方法如下。

（1）drawcoastlines()：绘制海岸线。

（2）fillcontinents()：为大陆内部着色（通过填充海岸线多边形实现）。不
过注意一点，fillcontinents() 方法并不总是正确的。因为 Matplotlib 总是尝试
填充多边形的内部。在某些情况下，海岸线多边形的内部是模糊的，并且有时需要
填充外部而不是内部。在这些情况下，建议的解决方法是使用 drawlsmask() 方法
为陆地和水域指定不同的颜色。

（3）drawcountries()：绘制国家边界。

（4）drawrivers()：绘制河流。

这些方法具有一些通用的关键字参数。

（1）linewidth：设置线宽，以像元为单位。

（2）linestyle：设置线型。默认情况下是 solid，但也可以是虚线（dashing），或任何 Matplotlib 选项。

（3）dashing：设置虚线样式。第一个元素是要绘制的像元数，第二个是要跳过的像元数。

（4）color：设置边缘颜色，默认为 k（black），遵循 Matplotlib 约定。

（5）fill_color：设置填充球体颜色，默认情况下为 None，遵循 Matplotlib 约定。

（6）antialiased：抗锯齿，默认为 True。

（7）alpha：设置透明度，是 0~1 的值。

（8）zorder：设置图层位置，默认情况下，顺序由 Basemap 设置。

绘制地图不但包括绘制海岸线和政治边界，也包括地图背景的绘制。Basemap 提供了以下几个绘制地图背景的方法。

（1）drawlsmask()：绘制高分辨率海陆掩码作为图像，指定土地和海洋颜色。陆地海面掩模源自 GSHHS 海岸线数据，并且有多个海岸线选项和像元大小可供选择。

（2）bluemarble()：绘制一张 NASA[①]蓝色大理石图像作为地图背景。

（3）shadedrelief()：绘制一个阴影浮雕图像作为地图背景。

（4）etopo()：绘制 ETOPO[②]浮雕图像作为地图背景。

（5）warpimage()：使用任意的图像作为地图背景，且图像必须是全球的，从国际数据线向东，南极向北，以纬度/经度坐标覆盖世界。

鉴于书的内容有限，在这里只对主要的方法进行介绍，以建立使用 Basemap 的技术框架。更多的内容，可自行查找相关资料。

1. 绘制边界的一些方法

Basemap 可以绘制地球及海岸线的边界，这个是进行地图制图的最基本的方法，在 8.1.2 节已经介绍过。

Basemap 使用drawmapboundary()函数在地图上绘制地球边界时可选择是否填充。下面代码使用两种投影进行绘制。

```
1  >>> from mpl_toolkits.basemap import Basemap
2  >>> import matplotlib.pyplot as plt
3  >>> plt.subplot(121)
```

----

① 美国国家航空航天局，英文为 National Aeronautics and Space Administration，简称 NASA。

② 一种地形高程数据。该数据由美国地球物理中心发布（U.S. National Geophysical Data Center, NGDC）。与 SRTM（shuttle radar topography mission）、ASTER GDEM（advanced spaceborne thermal emission and reflection radiometer, global digital elevation model）一样，均为高程数据，所不同的是它还包括海洋海底地形数据。

```
4   >>> bsmap=Basemap(projection='ortho',lon_0=0,
5   ...      lat_0=0,resolution='c')
6   >>> bsmap.drawmapboundary()
7   >>> plt.subplot(122)
8   >>> bsmap = Basemap(projection='sinu',lon_0=0,resolution='c')
9   >>> bsmap.drawmapboundary(fill_color='aqua')
10  >>> plt.show()
```

结果如图 8.6 所示。

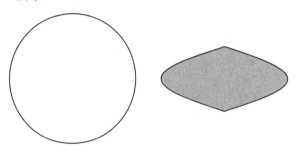

图 8.6　绘制地球边界

2. 经纬线的绘制

大多数的地图都会绘制经纬线以及标识空间位置。下面看一下绘制的方法，首先建立基本的地图。

```
1   >>> bsmap=Basemap(projection='poly',
2   ...      lon_0=0.0, lat_0=0, llcrnrlon=-80.,
3   ...      llcrnrlat=-40,urcrnrlon=80.,urcrnrlat=40.)
4   >>> bsmap.drawmapboundary()
5   >>> bsmap.drawcoastlines()
```

在地图上绘制经线使用drawmeridians()函数，绘制纬线使用 drawparallels() 函数，这两个函数的参数是列表。一般情况下，这两个函数应该成对使用，列表参数也应该是等差数列。

先绘制经线：

```
1   >>> bsmap.drawmeridians(range(0, 360, 20))
```

然后使用更多的参数来控制纬线的绘制：

```
1   >>> bsmap.drawparallels(range(-90, 100, 10), linewidth=2,
2   ...      dashes=[4, 2],
3   ...      labels=[1,0,0,1], color='r')
```

```
4   >>> plt.show()
```

labels更改绘制标签的位置。将值设置为 1 使得标签在地图的所选边上绘制。四个位置是（左、右、上、下）。结果如图 8.7 所示。

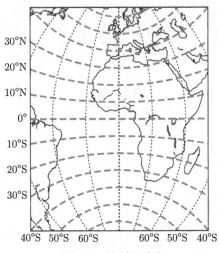

图 8.7 绘制经纬线

8.1.5 控制制图中的数据细节

大部分时候绘制地图是针对较小的空间范围的，全球范围的绘图不能把特定区域的数据细节都表现出来。这就需要将绘图的比例尺放大到感兴趣的区域。要注意，有些投影是用于进行全球制图的，不能放大，所以如果代码不能正常工作，则请务必查看文档。

下面尝试绘制中国的山东半岛与辽宁半岛地区。定义感兴趣区域的一种方法是指定要显示的区域的左下角和右上角的纬度与经度。使用墨卡托投影（编码为 merc），它支持这种缩放方法，在东经 121.3° 和北纬 38.8° 的左下角的经纬度是：

```
1   llcrnrlon =118
2   llcrnrlat =36.6
```

开始定义所有的参数：

```
1   >>> import os
2   >>> from mpl_toolkits.basemap import Basemap
3   >>> import matplotlib.pyplot as plt
4   >>> import numpy as np
5   >>> para={
6   ...      'projection': 'merc', 'lat_0': 0, 'lon_0': 120,
```

```
7   ...              'resolution': 'l', 'area_thresh': 1000.0,
8   ...              'llcrnrlon': 116, 'llcrnrlat': 36.6,
9   ...              'urcrnrlon': 124, 'urcrnrlat': 40.2 }
```

定义了 para 变量,并定义了投影等参数,然后实例化 Basemap 对象,将这些投影参数传递过来:

```
1   >>> my_map=Basemap(**para)
2   >>> my_map.drawcoastlines()
3   >>> plt.show()
```

请注意,lat_0 和 lon_0 定义了地图的中心,其一定在要查看的区域内。目前的地图放大后结果显得比较粗糙,并且缺少岛屿等数据细节(图 8.8)。

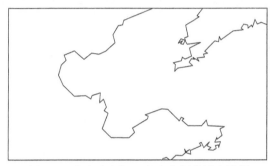

图 8.8　山东半岛与辽宁半岛低分辨率地图

将分辨率参数更改为 h(高分辨率),重新绘图:

```
1   >>> para['resolution']='h'
2   >>> my_map=Basemap(**para)
3   >>> my_map.drawcoastlines()
4   >>> plt.show()
```

图 8.9 是改进之后的图。

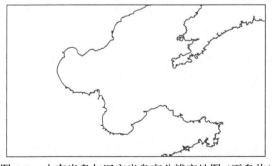

图 8.9　山东半岛与辽宁半岛高分辨率地图(无岛屿)

但地图中缺少海洋中的岛屿。这是因为 area_thresh 的设置，这个参数规定了在地图上显示的地图的最小面积。当前设置只显示大于 $1000\mathrm{km}^2$ 的数据，这是对全球的低分辨率地图的一个合理的设置，但它对于小尺度地图而言并不是好的选择。

将该参数更改为 0.1，并重新生成结果：

```
1  >>> para['area_thresh']=.1
2  >>> my_map=Basemap(**para)
3  >>> my_map.drawcoastlines()
4  >>> plt.show()
```

这是一个有意义的地图（图 8.10）。可以看到山东半岛与辽宁半岛周围及海洋中的许多岛屿。低于 area_thresh=0.1 的设置将不会在此缩放级别添加任何新的详细信息。

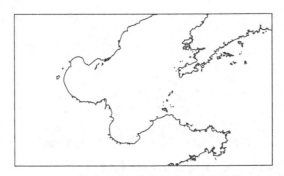

图 8.10　山东半岛与辽宁半岛地图高分辨率地图（有岛屿）

8.2　在 Basemap 中添加 Matplotlib 绘制功能

本节来看一下如何使用 Matplotlib 本身的功能来丰富 Basemap 的效果。这些方法属于 Matplotlib 而不属于 Basemap，因此必须从图或轴的实例中调用。

8.2.1　使用 annotate 方法绘制标注

使用文字对某个地点进行说明是地图绘制中常用的方式，在 Basemap 中使用 annotate() 函数实现这样的功能。

首先导入 matplotlib 模块，并定义字体的设置。要使用中文标注，这个步骤是必需的。

```
1  >>> import matplotlib
2  >>> matplotlib.rcParams['font.family'] = 'sans-serif'
```

```
3  >>> matplotlib.rcParams['font.sans-serif'] = ['STKaiti']
```

其次创建带有指示关注点的箭头的文本。

```
1  >>> from mpl_toolkits.basemap import Basemap
2  >>> import matplotlib.pyplot as plt
3  >>> import numpy as np
4  >>> fig=plt.figure(figsize=(6, 4))
5  >>> plt.subplots_adjust(left=0.05, right=0.95, top=0.90,
6  ...      bottom=0.05, wspace=0.15, hspace=0.05)
7  >>> m=Basemap(resolution='i',projection='merc',llcrnrlat=10.0,
8  ...      urcrnrlat=55.0, llcrnrlon=60., urcrnrlon=140.0)
9  >>> m.drawcoastlines(linewidth=0.5)
10 >>> m.drawparallels(np.arange(10., 55., 10.),labels=[1,0,0,0],
11 ...      linewidth=0.2, dashes=[4,2])
12 >>> m.drawmeridians(np.arange(60., 140., 10.),labels=[0,0,0,1],
13 ...      linewidth=0.2, dashes=[4,2])
```

再次定义要标注的信息。annotate() 函数需要使用起点与终点的坐标。

```
1  >>> x, y=m(116.42, 40.21)
2  >>> x2, y2=m(125.27, 43.83)
3  >>> plt.annotate('北京', xy=(x, y), xycoords='data',
4  ...      xytext=(x2, y2), textcoords='data', color='r',
5  ...      arrowprops= d i c t (arrowstyle="fancy", color='g') )
6  >>> plt.show()
```

代码第三行的第一个参数是文本字符串，定义标注的文本。结果如图 8.11 所示。

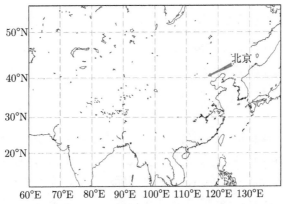

图 8.11　使用 Matplotlib 进行标注

下面对 annotate() 函数中出现的一些参数进行说明:

(1) 第一个参数是字符串,是与箭头一起要标注的文字;

(2) 参数 x、y 是箭头所在的位置;

(3) xycoords 表示 xy 中使用的坐标类型,data 意味着数据使用的坐标(投影坐标);

(4) xytext 表示文字标注的位置坐标,也就是箭头起始坐标;

(5) textcoords 表示 xytext 中使用的坐标类型,具有与 xycoords 相同的选项;

(6) arrowprops 用来指定箭头的属性。

8.2.2　使用 plot 函数绘图

使用 Matplotlib 的 plot 函数可以在地图中绘制点、标注或线条,绘图时需要点或线的坐标。默认情况下会以点的方式绘出,颜色为黑色。

1. 绘制单个点

下面来绘制单个点,首先建立好底图:

```
1  >>> from mpl_toolkits.basemap import Basemap
2  >>> import matplotlib.pyplot as plt
3  >>> para={'projection': 'merc', 'lat_0': 0, 'lon_0': 120,
4  ...        'resolution': 'h', 'area_thresh': .1,
5  ...        'llcrnrlon': 116, 'llcrnrlat': 36.6,
6  ...        'urcrnrlon': 124, 'urcrnrlat': 40.2 }
7  >>> my_map=Basemap(**para)
8  >>> my_map.drawcoastlines(); my_map.drawmapboundary()
```

现在来标注出大连所在的位置,在 plt.show() 之前添加以下行:

```
1  >>> lon=121.60001; lat = 38.91027
2  >>> x, y=my_map(lon, lat)
3  >>> my_map.plot(x, y, 'bo', markersize=12)
4  >>> plt.show()
```

plot 函数使用坐标的 (x, y) 值,以及其他表示样式的参数。参数值 bo 的意义可能不太明显,它声明对底图点使用蓝色(b)圆圈(o)。完整的颜色和符号的表达方法可以查看 Matplotlib。markersize 声明标注大小,默认值为 6,但在此地图上太小,可以设置 markersize=12 显示在这张地图上。结果如图 8.12 所示。

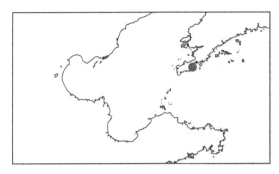

图 8.12　使用 Matplotlib 绘制单个点

2. 绘制多个点

上面展示了绘制单个点的方法，但是通常绘制多个点集是更常见的场景。除了大连，进一步添加天津与烟台两个城市，将点的纬度和经度存储在两个单独的列表中，将它们映射到 x 坐标和 y 坐标，并在地图上绘制这些点。

```
1  >>> my_map=Basemap(**para)
2  >>> my_map.drawcoastlines(); my_map.drawmapboundary()
3  >>> lons=[121.60001, 121.38617, 117.19723]
4  >>> lats=[38.91027, 37.53042, 39.12473]
5  >>> x, y=my_map(lons, lats)
```

因为在地图上的点多了一些，可以稍微缩小一下标注，设置 markersize 的值为 10。

```
1  >>> my_map.plot(x, y, 'bo', markersize=10)
2  >>> plt.show()
```

结果如图 8.13 所示。

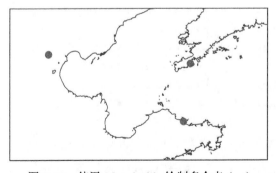

图 8.13　使用 Matplotlib 绘制多个点（一）

3. 绘制线

绘制线的方法非常简单，只需要将点连接起来即可。在 plot() 函数中添加 color 关键词实现绘制线的需求：

```
1  >>> my_map=Basemap(**para)
2  >>> my_map.drawcoastlines(); my_map.drawmapboundary()
3  >>> my_map.plot(x, y, marker=None,color='m')
4  >>> plt.show()
```

顺序连接每个点颜色为 "m"。结果如图 8.14 所示。

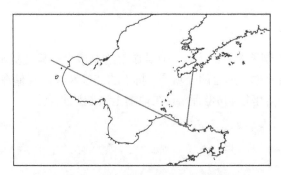

图 8.14　使用 Matplotlib 绘制线

8.2.3　使用 text 方法绘制文本

在地图上绘制文本，如地名等是非常常用的。下面还是以 "大连" "烟台" 为例进行说明。首先还是建立好底图。

```
1   >>> import matplotlib
2   >>> matplotlib.rcParams['font.family']='sans-serif'
3   >>> matplotlib.rcParams['font.sans-serif']=['STKaiti']
4   >>> from mpl_toolkits.basemap import Basemap
5   >>> import matplotlib.pyplot as plt
6   >>> para={'projection': 'merc', 'lat_0': 0, 'lon_0': 120,
7   ...        'resolution': 'h', 'area_thresh': .1,
8   ...        'llcrnrlon': 116, 'llcrnrlat': 36.6,
9   ...        'urcrnrlon': 124, 'urcrnrlat': 40.2 }
10  >>> my_map=Basemap(**para)
11  >>> my_map.drawcoastlines(); my_map.drawmapboundary()
```

x 和 y 是地图投影中的坐标。由于 text() 函数不接受坐标数组，所以要添加多个标签，应多次调用该方法。

```
1  >>> lon=121.60001; lat = 38.91027
2  >>> x, y=my_map(lon, lat)
3  >>> plt.text(x, y, '大连',fontsize=12,fontweight='bold',
4  ...        ha='left',va='bottom',color='k')
5  >>> lon=121.38617; lat = 37.53042
6  >>> x, y=my_map(lon, lat)
7  >>> plt.text(x, y, '烟台',fontsize=12,fontweight='bold',
8  ...        ha='left',va='center',color='k',
9  ...        bbox=dict (facecolor='b', alpha=0.2))
10 >>> plt.show()
```

结果如图 8.15 所示。

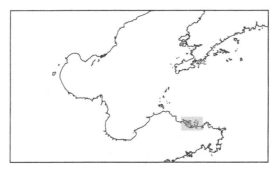

图 8.15　使用 Matplotlib 绘制文本

文本设置可以有许多选项，fontsize 设置字体大小；fontweight 设置字体粗细，如粗体；ha 设置水平对齐方式，如居中、靠左或靠右；va 设置垂直对方式，如中心、顶部或底部；color 设置颜色；bbox 在文本周围创建一个矩形图框。

8.2.4　混合使用 plot 方法与 text 方法

前面分别用符号与文本对"天津""大连""烟台"位置进行了标注，现在组合这两种方法标注这三个地点。

```
1  >>> import matplotlib
2  >>> matplotlib.rcParams['font.family']='sans-serif'
3  >>> matplotlib.rcParams['font.sans-serif']=['STKaiti']
4  >>> from mpl_toolkits.basemap import Basemap
5  >>> import matplotlib.pyplot as plt
6  >>> para={'projection': 'merc',
7  ...      'lat_0': 0, 'lon_0': 120,
8  ...      'resolution': 'h', 'area_thresh': .1,
```

```
9   ...          'llcrnrlon': 116, 'llcrnrlat': 36.6,
10  ...          'urcrnrlon': 124, 'urcrnrlat': 40.2 }
11  >>> my_map=Basemap(**para)
12  >>> my_map.drawcoastlines(); my_map.drawmapboundary()
```

绘图过程会循环 x 和 y 值的每个点，因此 Basemap 可以确定放置每个标签的位置。首先绘制了三个点：

```
1   >>> lons=[121.60001, 121.38617, 117.19723]
2   >>> lats = [38.91027, 37.53042, 39.12473]
3   >>> x, y=my_map(lons, lats)
4   >>> my_map.plot(x, y, 'bo', markersize=10)
```

要对其进行文字标注，需要创建一个标签列表，并循环该列表对每个点分别进行标注。

```
1   >>> labels=['大连', '烟台', '天津']
2   >>> for label, xpt, ypt in    zip(labels, x, y):
3   ...      plt.text(xpt, ypt, label)
4   >>> plt.show()
```

通过图 8.16 可以看到三个城市已被标注，但默认的文本标注位置，对点位会有些遮挡。可以向这些点添加偏移量，将所有标签向上和向右移动一点。

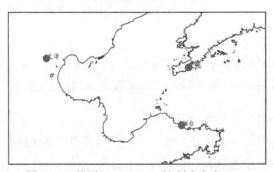

图 8.16　使用 Matplotlib 绘制多个点（二）

```
1   >>> my_map=Basemap(**para)
2   >>> my_map.drawcoastlines()
3   >>> my_map.drawmapboundary()
4   >>> x,y=my_map(lons, lats)
5   >>> my_map.plot(x, y, 'bo', markersize=10)
6   >>> for label, xpt, ypt in zip(labels, x, y):
7   ...      plt.text(xpt+10000, ypt+5000, label)
```

```
8   >>> plt.show()
```

这些偏移在地图投影坐标中以米为单位（具体的单位以采用的投影为准），这意味着代码实际上将标签放置在点的东部 10km 处 xpt+10000、北部 5km 处 ypt+5000。结果如图 8.17 所示。

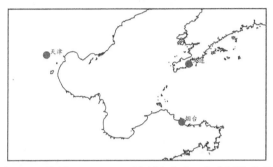

图 8.17　使用 Matplotlib 绘制多个点（文字标注偏移）

8.3　在 Basemap 中使用 GIS 数据

到目前为止使用的数据都是 Basemap 自带的，Basemap 丰富的内置数据让用户在使用时非常便利。Basemap 也支持使用用户的数据，这样更方便对地图进行定制。

8.3.1　使用 Shapefile

Basemap 处理矢量文件的方式与其他库处理矢量文件的方式非常不同，值得注意。

从绘制 Shapefile 最简单的方法开始，先建立 Basemap 的基本环境，定义地图对象。

```
1   >>> from mpl_toolkits.basemap import Basemap
2   >>> import matplotlib.pyplot as plt
3   >>> para={'projection': 'tmerc', 'lat_0': 35, 'lon_0': -5,
4   ...         'resolution': 'i', 'llcrnrlon': -30, 'llcrnrlat': 45,
5   ...         'urcrnrlon': 20, 'urcrnrlat': 25 }
6   >>> mymap=Basemap(**para)
```

然后读取 Shapefile 并进行绘制，这里显示的是直布罗陀海峡的位置：

```
1   >>> mymap.readshapefile('/gdata/GSHHS_h', 'comarques')
2   >>> plt.show()
```

readshapfile() 的第一个参数是 Shapefile 名称，这里没有给出.shp 扩展名，Basemap 能够自动识别；第二个参数是后果从 Basemap 实例访问 Shapefile 的别名。效果如图 8.18 所示。这里没有使用 Basemap 本身的底图，以防止海岸线叠加在一起形成"双眼皮"现象，但也没有区分出陆地与海洋的颜色，效果不太好。读者可以先设置颜色绘制 Basemap 底图再添加数据来对比查看。

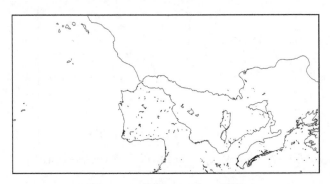

图 8.18　绘制 Shapefile 数据

在 Basemap 中使用 Shapefile 有一些限制，Shapefile 的投影编码必须为 EPSG: 4326 或经纬度坐标，数据只能有两个维度。如果数据文件投影不对，可以使用 ogr2ogr命令来转换。

Basemap 读取与绘制点状 Shapefile 格式数据的方法与上面介绍的不太一样，如果用到了请多注意。

8.3.2　在 Basemap 中绘制 DEM 数据等高线

数字高程模型（digital elevation model，DEM）通过地形高程数据实现对地面地形的数字化模拟，对 DEM 数据的等值线绘制或数据渲染是可视化表达的重要方法。

在 Basemap 中可以将 DEM 中的高程级别绘制出来，或者使用伪彩色以面状格式来填充 DEM 数据。

下面的例子中使用了 Basemap 文档中提供的 DEM 数据。

1. 绘制等高线

下面来看一下如何绘制等高线。首先定义地图对象，并定义好要绘制的 DEM 数据。

```
1  >>> from mpl_toolkits.basemap import Basemap
2  >>> import matplotlib.pyplot as plt
```

```
3  >>> from osgeo import gdal
4  >>> from numpy import linspace
5  >>> from numpy import meshgrid
6  >>> para={'projection': 'tmerc','lat_0': 0,'lon_0': 3,
7  ...       'llcrnrlon': 1.819757266426611,
8  ...       'llcrnrlat': 41.583851612359275,
9  ...       'urcrnrlon': 1.841589961763497,
10 ...       'urcrnrlat': 41.598674173123 }
11 >>> dem_tif='/gdata/sample_files/dem.tiff'
```

使用两个子图来进行演示：

```
1  >>> p1=plt.subplot(121)
2  >>> mymap=Basemap(**para)
3  >>> ds=gdal.Open(dem_tif)
4  >>> data=ds.ReadAsArray()
5  >>> x=linspace(0, mymap.urcrnrx, data.shape[1])
6  >>> y=linspace(0, mymap.urcrnry, data.shape[0])
7  >>> xx, yy=meshgrid(x, y)
8  >>> cs=mymap.contour(xx, yy, data, range(400, 1500, 100),
9  ...       cmap=plt.cm.cubehelix)
```

上面代码最后一行用了 contour() 函数。其中参数 range(400,1500,100) 以 100 为间隔，从高程 400 绘制到高程 1400。子图 p1 效果如图 8.19（a）所示。

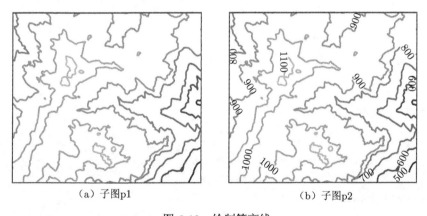

（a）子图p1　　　　　　　　　　　　（b）子图p2

图 8.19　绘制等高线

（1）在绘制等高线之前，必须创建两个矩阵，且包含数据矩阵中每个点的 x 和 y 坐标的位置。

（2）linspace() 是一个 NumPy 函数，用于创建一个包含 n 个元素的从初始值到结束值的数组。在这种情况下，地图坐标从 0 到 mymap.urcrnrx 或 mymap.urcrnry，并且具有与数据数组 data.shape[1] 和 data.shape[0] 相同的大小。

（3）meshgrid() 是一个 NumPy 函数，它根据两个数组（x 与 y）创建两个矩阵。

（4）contour() 方法使用 xx 与 yy 矩阵，将它们绘制在默认色图（称为 jet）中，并且设置级数。

2. 标注高程值

在常见地形图中，会给出等高线，还会有高程值，要实现这个功能，只需要在绘制过程中使用 clabel() 进行标注：

```
1  >>> p2=plt.subplot(122)
2  >>> mymap=Basemap(**para)
3  >>> ds=gdal.Open(dem_tif)
4  >>> data=ds.ReadAsArray()
5  >>> x=linspace(0, mymap.urcrnrx, data.shape[1])
6  >>> y=linspace(0, mymap.urcrnry, data.shape[0])
7  >>> xx, yy=meshgrid(x, y)
8  >>> cs=mymap.contour(xx, yy, data, range(400, 1500, 100),
9  ...      cmap=plt.cm.cubehelix)
10 >>> plt.clabel(cs, inline=True, fmt='%1.0f',
11 ...      fontsize=8, colors='k')
12 >>> plt.show()
```

标注后的子图 p2 结果如图 8.19（b）所示。

8.3.3   在 Basemap 中使用颜色渲染 DEM 数据

1. 填充高程数据

首先创建填充轮廓图。

```
1  >>> import os
2  >>> from mpl_toolkits.basemap import Basemap
3  >>> import matplotlib.pyplot as plt
4  >>> p1=plt.subplot(121)
5  >>> para={'projection': 'tmerc','lat_0': 0,'lon_0': 3,
6  ...      'llcrnrlon': 1.819757266426611,
7  ...      'llcrnrlat': 41.583851612359275,
8  ...      'urcrnrlon': 1.841589961763497,
```

```
9   ...        'urcrnrlat': 41.598674173123 }
10  >>> dem_tif='/gdata/sample_files/dem.tiff'
11  >>> mymap=Basemap(**para)
12  >>> from osgeo import gdal
13  >>> ds=gdal.Open(dem_tif)
14  >>> data=ds.ReadAsArray()
15  >>> from numpy import linspace
16  >>> from numpy import meshgrid
17  >>> x=linspace(0, mymap.urcrnrx, data.shape[1])
18  >>> y=linspace(0, mymap.urcrnry, data.shape[0])
19  >>> xx, yy=meshgrid(x, y)
20  >>> mymap.contourf(xx, yy, data)
```

contourf 的使用与 contour 基本一样，可以使用第四个参数来声明级别列表，也可以使用 cmap 关键词参数来更改默认的颜色。

除了根据等高线进行填充，Basemap 还可以通过 pcolor() 与 pcolormesh() 函数使用渐变方式对数据进行伪彩色填充。伪彩色可以是 Matplotlib 提供的，也可以自己进行定义。pcolor() 函数的使用几乎与 pcolormesh() 函数一致。这里使用 pcolor() 函数进行演示，其用法与上面的 contour() 与 contourf() 类似。

```
1   >>> p2=plt.subplot(122)
2   >>> mymap=Basemap(**para)
3   >>> ds=gdal.Open(dem_tif)
4   >>> data=ds.ReadAsArray()
5   >>> x=linspace(0, mymap.urcrnrx, data.shape[1])
6   >>> y=linspace(0, mymap.urcrnry, data.shape[0])
7   >>> xx, yy=meshgrid(x, y)
8   >>> mymap.pcolor(xx, yy, data)
9   >>> plt.show()
```

创建的等高线图的效果如图 8.20 所示。

2. 绘制图例

Basemap 使用 colorbar() 函数在地图的一个边缘绘制颜色图例，其使用方法几乎与 Matplotlib 的同名函数相同。第一个颜色条显示了颜色条的默认使用：

```
1   >>> mymap=Basemap(**para)
2   >>> ds=gdal.Open("/gdata/sample_files/dem.tiff")
3   >>> data=ds.ReadAsArray()
4   >>> x=linspace(0, mymap.urcrnrx, data.shape[1])
```

```
5  >>> y=linspace(0, mymap.urcrnry, data.shape[0])
6  >>> xx, yy=meshgrid(x, y)
```

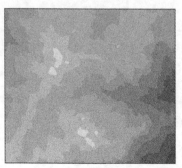 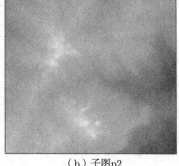

（a）子图p1　　　　　　　　　　　（b）子图p2

图 8.20　填充高程地图（见彩图）

接下来使用 pcolormesh() 与 contour() 函数进行绘图，以便能够使用一些高级颜色条属性：

```
1  >>> cmap=plt.get_cmap('PiYG')
2  >>> colormesh=mymap.pcolormesh(xx, yy, data, vmin=500,
3  ...       vmax=1300, cmap=cmap)
4  >>> ctr=mymap.contour(xx, yy, data, range(500, 1350, 50),
5  ...       colors='k', linestyles='solid')
6  >>> mymap.colorbar(colormesh)
```

第二个颜色条使用更多的参数，位置更改为底部，设置标签。方法 add_lines() 与轮廓字段一起使用，因此颜色条一次性显示色标和高程值图例。刻度设置在随机位置。

```
1  >>> cb=mymap.colorbar(mappable=colormesh, location='bottom',
2  ...       label="等高线")
3  >>> cb.add_lines(ctr)
4  >>> cb.set_ticks([600, 760, 1030, 1210])
5  >>> plt.show()
```

colorbar() 方法的第一个参数（也可以用键 mappable 声明）是最重要的。因为地图上的颜色要用色标解释。location 绘制颜色标度相对于地图的位置，可以是顶部、右侧、左侧或底部。

结果如图 8.21 所示。

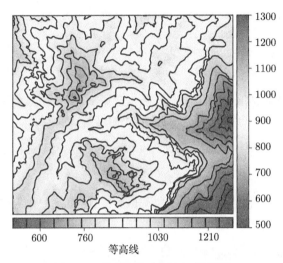

等高线

图 8.21   使用颜色条图例（见彩图）

8.4   USGS 地震数据可视化实例

本节以 Basemap 文档中的地震数据可视化为案例，说明一个较完整的数据制图应用。

8.4.1   全球地震数据集读取

USGS 网站维护着一系列全球地震事件数据库，并开放了访问接口。通过接口可以选择获取过去一小时到过去三十天的数据，也可以选择不同震级的地震数据。本书使用包含过去七天内的所有地震事件的数据集，其具有震级 1.0 或更大的量值。

这个数据接口有多种形式，如 CSV 格式（逗号分隔值）、JSON 格式等。在这个示例中将以 CSV 格式进行说明。

要在自己的系统上跟踪此项目，可以访问 USGS 网站的地震数据的 CSV 文件接口，并下载"过去 7 天"标题下的文件"M1.0+earthquake"。此数据每 5 分钟更新一次，任何时候获取的数据都是最新的。所以获取的数据格式应该是一致的，但数据本身肯定是不同的。

作为本书的示例数据，有这样一个 CSV 文件保存在 '/gdata/all_week.csv'。查看数据集的文本文件的前几行（每行的后半部分都省略了），则可以识别出最相关的信息：

```
1   time,latitude,longitude,depth,mag,magType,nst,gap, ...
2   2015-04-25T14:25:06.520Z,40.6044998,-121.8546677,  ...
```

```
3  2015-04-25T14:21:16.420Z,37.6588326,-122.5056686,  ...
4  2015-04-25T14:14:40.000Z,62.6036,-147.6845,43.1,    ...
5  2015-04-25T14:10:02.830Z,27.5843,85.6622,10,4.6,mb,...
6  2015-04-25T13:55:47.040Z,33.0888333,-116.0531667,   ...
```

代码第一行是数据的字段说明，数据包含日期、经纬度、深度、震级等信息。示例中，需要用到经度、纬度、震级三个方面的信息。

8.4.2　绘制地震数据集

1. 读取数据

首先要读取数据，使用变量 lats、lons、magnitudes 分别存储地震的纬度、经度与震级。

```
1  >>> lats, lons, magnitudes = [], [], []
```

使用 Python 的 csv 模块处理数据，这简化了使用 CSV 文件的过程。

```
1  >>> import csv
2  >>> filename='/gdata/all_week.csv'
```

打开数据文件，使用 with 语句来确保，即使在处理文件时有错误，文件一旦读取完成也会关闭。初始化 csv 模块的 reader 对象，并使用 next() 函数跳过标题行。然后遍历数据文件中的每一行，分别保存在三个变量中。

```
1  >>> with open(filename) as f:
2  ...      reader=csv.reader(f)
3  ...      next(reader)
4  ...      for row in reader:
5  ...          lats.append(float(row[1]))
6  ...          lons.append(float(row[2]))
7  ...          magnitudes.append(float(row[4]))
```

2. 绘制地震的空间位置

有了地震的空间位置数据，先简单绘制到地图上：

```
1  >>> from mpl_toolkits.basemap import Basemap
2  >>> import matplotlib.pyplot as plt
3  >>> import numpy as np
4  >>> eq_map=Basemap(projection='robin', resolution='l',
5  ...      area_thresh=1000.0, lat_0=0, lon_0=-130)
6  >>> eq_map.drawcoastlines(); eq_map.drawmapboundary()
```

```
7   >>> eq_map.fillcontinents(color='gray')
8   >>> x,y=eq_map(lons, lats)
9   >>> eq_map.plot(x, y, 'ro', markersize=6)
10  >>> plt.show()
```

上面的代码把一个文本文件中的数据变成了一个信息图，现在很容易判断地震发生在什么地方（图 8.22）。

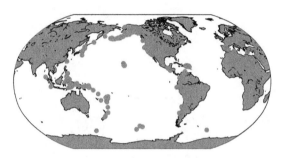

图 8.22　地震的空间位置图

3. 绘制地震的震级

按下来有一个要改进的地方，应该让地图上的点表达出每个地震的震级。

现在不是一次绘制所有的点，而是循环遍历点。当绘制每个点时，将根据震级调整点的大小。由于震级从 1.0 开始，所以可以简单地使用震级作为比例因子。为了得到标注的大小，只要乘以地图上最小点的震级：

```
1   >>> eq_map.drawcoastlines(); eq_map.drawmapboundary()
2   >>> eq_map.fillcontinents(color='gray')
3   >>> min_marker_size=1.2
4   >>> for lon, lat, mag in    zip(lons,lats,magnitudes):
5   >>>     x,y=eq_map(lon, lat)
6   >>>     msize=mag * min_marker_size
7   >>>     eq_map.plot(x, y, 'ro', markersize=msize)
8   >>> plt.show()
```

结果如图 8.23 所示。

Python 的 zip() 函数需要若干列表，遍历时从每个列表中各取一个值。这样在每次循环迭代时都有一个对应的经度、纬度和震级。

4. 通过颜色对震级分组

还可以做一个更改，使用不同的颜色来表示震级，以生成更有意义的可视化结果。小地震为绿色，中等地震为黄色，大地震为红色。下面首先定义函数 get_marker _color()，用于标识每个地震的适当颜色：

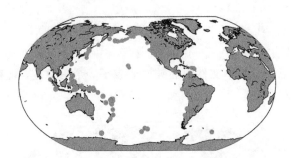

图 8.23　地震震级空间位置图

```
1  >>> def get_marker_color(magnitude):
2  >>>     if magnitude < 3.0:
3  >>>         return ('go')
4  >>>     eli fmagnitude < 5.0:
5  >>>         return ('yo')
6  >>>     else:
7  >>>         return ('ro')
```

然后进行绘图，结果如图 8.24。现在可以很容易地看到较大的地震发生在哪里了。

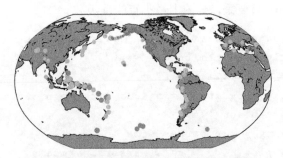

图 8.24　地震震级分类空间位置图（见彩图）

```
1  >>> eq_map.drawcoastlines(); eq_map.drawmapboundary()
2  >>> eq_map.fillcontinents(color='gray')
3  >>> for lon, lat, mag in    zip(lons, lats, magnitudes):
4  >>>     x,y=eq_map(lon, lat)
5  >>>     msize=mag * min_marker_size
6  >>>     marker_string=get_marker_color(mag)
7  >>>     eq_map.plot(x, y, marker_string, markersize=msize)
```

```
8    >>> plt.show()
```

到目前为止已经很好地对地震数据进行了可视化表达，但是这幅地图并不完整，还可以进一步完善。例如，在地图上添加一个标题，标题可以包括这些地震的日期范围，这需要在解析原始文本时提取更多的数据；底图也可以更换成更有表达力的地图；添加地图的图例说明；还可以将经纬网添加到上面；在数据方面也可以使用 Requests 类库来从 URL 中读取数据，来保证地图是最新的。

第 9 章   Python 下面其他开源 GIS 库使用

在开源 GIS 方面还有许多其他的 Python 工具，本章会选择比较重要的几个进行介绍，包括 PyShp、GeoJSON、Descartes、GeoPandas、Folium 。这些工具也已经比较成熟，并且也非常有用。

PyShp 专门用于 Shapefile 读写，GeoJSON 库则用于 GeoJSON 格式的数据读写，Descartes 用于数据制图，GeoPandas 用于数据分析与可视化，Folium 则结合了 Web 技术进行数据可视化。

9.1   使用 PyShp 读写 Shapefile

本节介绍 PyShp（Python Shapefile Library），它是一个针对 Shapefile 进行读取的 Python 库。OGR 提供了针对大部分矢量格式数据进行读写的功能，但是 PyShp 只针对 Shapefile，设计与实现有其独特之处。

9.1.1   PyShp 的介绍与安装

PyShp 是一个纯 Python 库，与 Python 2.4-3.x 兼容。可以对 Shapefile（.shp、.shx、.dbf 等格式）进行读写操作。这个库意图简化读取和写入数据的过程，并允许开发人员专注于地理空间项目中具有挑战性和有趣的部分。

PyShp 的代码开始托管于 Google Code，目前已迁移到 GitHub （https://github.com/GeospatialPython/pyshp）。在开始的设计中，PyShp 主要有 Reader、Writer 与 Editor 类，分别用于 Shapefile 的读、写与修改。但是在 PyShp 2.0 之后进一步简化，移除了 Editor 类，只保留了 Reader 类与 Writer 类用于单纯的读与写。在 Debian 10 中，通过下面的命令安装 PyShp 类库：

```
# aptitude install python3-pyshp
```

Debian 9 与 Ubuntu 18.04 软件库中的 PyShp 版本较旧，与新版本的使用有较大不同。为了使用新版本的 PyShp ，可以使用 pip 命令进行安装：

```
$ pip3 install pyshp
```

使用时只需在 Python 程序中导入该模块文件即可，名称为 shapefile：

```
>>> import shapefile
```

9.1.2 读取 Shapefile

PyShp 通过创建 Reader 类的对象完成 Shapefile 文件的读操作。读取的内容包括 Shapefile 文件的几何数据和属性数据。

"几何数据"一般由多个几何对象组成，如一个点文件，每个点就是一个对象；对于一个多边形文件，每个对象可能包含多个多边形，每个多边形又称为"块"（parts），每个"块"由多个点组成。

每个几何对象包含 4 个属性。

（1）形状类型（shapeType），代表该"几何数据"对象的数据类型（点，shapeType=1；线，shapeType=3；多边形，shapeType=5）。

（2）数据范围（bbox），只针对复合点数据，代表该数据对象的边界范围。

（3）数据块（parts），只针对线或者多边形，代表该"几何数据"对象各个块的第一个点的索引。

（4）点集（points），代表该"几何数据"对象的所有点坐标。

"属性数据"是每个"几何数据"对象在属性表中的对应项；"属性数据"与关系型数据库中的字段的概念一致。

1. 从文件类对象读取 Shapefile

若要读取 Shapefile，则需要实例化一个 Reader 对象，参数为现有的 Shapefile，通过文件的名称（可能需要带有路径）给出。Shapefile 可以使用下面三种文件名称格式（不带后缀，或者带有 .shp 或 .dbf 后缀）：

```
1  >>> import shapefile
2  >>> sf=shapefile.Reader("/gdata/GSHHS_c")
3  >>> sf2=shapefile.Reader("/gdata/GSHHS_c.shp")
4  >>> sf3=shapefile.Reader("/gdata/GSHHS_c.dbf")
```

该库对文件扩展名并无严格限定，上面任何一种方式均可使用，这点与 OGR 是不同的。考虑到 OGR 需要处理大量不同格式的矢量数据，这样的差别还是比较好理解的。

在任意 Python 文件对象中，还可以用关键字参数加载 Shapefile，同样可以用三种文件名称中的任意一种。这个函数非常强大，可以从 URL、ZIP 压缩文件、序列化对象或者在某些情况下从数据库中加载 Shapefile。

```
1  >>> myshp=open("/gdata/GSHHS_c.shp", "rb")
2  >>> mydbf=open("/gdata/GSHHS_c.dbf", "rb")
3  >>> r=shapefile.Reader(shp=myshp, dbf=mydbf)
```

注意在上述示例中，不使用.shx 后缀的文件。.shx 文件是 Shapefile 文件中的可变长度记录的非常简单的固定记录索引，该文件对于 Shapefile 是可选的。如果.shx 文件可用，则 PyShp 访问形状记录会更快一点。

2. 几何数据的读取方法

Shapefile 的几何形状是表示空间位置的点、线或多边形的集合，所有类型的 Shapefile 只存储点坐标。Shapefile 的几何数据可以通过 Reader 类的 shapes() 和 shape() 方法读取。shapes() 方法不需要指定参数，其返回值是一个列表，包含该文件中所有的几何图形对象。而 shape() 方法需要指定索引值参数，返回的是指定的几何图形对象。

下面看一下如何调用 shapes() 方法获得 Shapefile 的几何列表。

```
>>> shapes=sf.shapes()
>>> len(shapes)
3784
```

可以使用 iterShapes() 方法遍历 Shapefile 的几何数据。

```
>>> len(list(sf.iterShapes()))
3784
```

通过 shapeType、bbox、points、parts 方法返回每个几何对象对应的属性信息。每个形状记录均包含以下属性：

```
>>> for name in dir(shapes[3]):
...     if not name.startswith('__'):
...         name
'bbox'
'parts'
'points'
'shapeType'
```

查看几何形状类型可以通过下面的代码：

```
>>> shapes[3].shapeType
5
```

结果返回 shapeType 属性。shapeType 表示由 Shapefile 规范定义的形状类型整数。

如果形状类型包含多个点，bbox 属性会返回元组描述左下角坐标和右上角坐标。如果 shapeType 为空（shapeType ==0），则会出现 AttributeError。下面代码

的第 1 行表示获取第 4 个形状（索引值为 3）的 BBOX（也就是 MBR），第 2 行则
表示将其打印出来。

```
>>> bbox=shapes[3].bbox
>>> ['%.3f' % coord for coord in bbox]
['-8.667', '18.976', '11.986', '37.091']
```

以上结果返回第 4 个对象的空间范围（左下角的 (x, y) 坐标和右上角的 (x, y)
坐标）。

如果形状具有多个部分，则 parts 属性显示的是每个部分的第一个点的索引。
如果只有一个部分，则返回包含 0 的列表。

```
>>> shapes[3].parts
[0]
```

points 属性包含一个元组列表，其中包含形状中每个点的坐标。

```
>>> len(shapes[3].points)
1241
```

此结果返回第 4 个对象的所有点坐标。进一步地，获取第 4 个形状的第 8 个
点的坐标。

```
>>> shape=shapes[3].points[7]
>>> ['%.3f' % coord for coord in shape]
['3.069', '36.780']
```

下面看一下 shape() 函数的用法。这个函数使用的时候需要传递形状的索引
值。如果通过调用其索引来读取单个形状，则使用 shape() 方法。索引形状的计数
从 0 开始，所以读取第 8 个形状记录时，使用的索引值是 7。

```
>>> s=sf.shape(7)
>>> ['%.3f' % coord for coord in s.bbox]
['45.195', '40.969', '45.245', '41.005']
```

上面的代码进一步获取其 bbox 属性。

3. 属性数据的读取方法

属性数据通过 Reader 类的 records() 和 record() 方法来读取，其区别及使
用方法与 shapes() 和 shape() 方法类似。属性数据的字段可通过 Reader 类的
fields 方法获取，其返回值为列表属性表中每个字段的名称、数据类型或数据长
度等。

Shapefile 记录包含几何对象每个形状的属性并存储在.dbf 文件中，隐含着几何形状和 DBF 属性对应记录顺序。在读取 Shapefile 时，可以使用 Shapefile 的字段名称，将 Shapefile 的"字段"属性视为一个 Python 列表。每个字段的 Python 列表均包含以下信息。

（1）字段名：描述此列索引处的数据名称。

（2）字段类型：此列索引处的数据类型。类型可以是字符、数字、日期或 Memo 类型。Memo 类型在 GIS 中没有意义，是 XBase 规范的一部分。

（3）字段长度：此列索引处的数据长度。较旧的 GIS 软件可能会将此长度截短为"字符"字段的 8 个或 11 个字符。

（4）小数长度："数字"字段类型中的小数位数。

若要查看 Reader 对象 sf 的字段，需要调用 fields 属性。

```
>>> fields=sf.fields
>>> fields
[('DeletionFlag','C',1,0), ['CAT','N',16,0], ...
```

可以通过调用 records() 方法来获取 Shapefile 的记录列表。

```
>>> records=sf.records()
>>> len(records)
3784
```

与读取几何属性的方法类似，可以使用 iterRecords() 方法对 DBF 记录进行遍历。每个记录是与字段列表中的每个字段相对应的属性的列表。

```
>>> len(list(sf.iterRecords()))
3784
```

要读取单个记录，则将记录的索引值作为参数传递给 record() 方法即可。

```
>>> rec=sf.record(3)
>>> rec[1:3]
['AG', 'Algeria']
```

访问方式与下面代码是一样的：

```
>>> records[3][1:3]
['AG', 'Algeria']
```

4. 几何数据和属性数据同时读取的方法

前面介绍了使用 PyShp 类库分别读取几何形状与属性数据的方法，这里进一步介绍另一个方法。通过 Reader 类的 shapeRecords() 和 shapeRecord() 方法可以同时读取 Shapefile 的"几何数据"和"属性数据"。

调用 shapeRecords() 方法将返回所有形状的几何值和属性值，作为 shapeRecord 对象的列表。

```
1  >>> shapeRecs=sf.shapeRecords()
```

每个 shapeRecord 实例都有一个 shape 和 record 属性。shape 属性是一个 shapeRecord 对象，记录属性的是一个字段值列表，返回第 1 个对象的"几何数据"的数据类型属性。

```
1  >>> shapeRecs[0].shape.shapeType
2  5
```

读取数据中的属性值，下面代码返回第 1 个对象的"属性数据"的第 2 个和第 3 个属性值。

```
1  >>> shapeRecs[0].record[1:3]
2  ['AA', 'Aruba']
```

也可以读取数据中的几何数据，下面代码读取第 4 个对象的形状中的两个点：

```
1  >>> points=shapeRecs[3].shape.points[0:2]
2  >>> len(points)
3  2
```

shapeRecord() 方法读取的是指定索引处的单个形状或记录。要从 Shapfile 获取第 4 个形状记录，则使用第 3 个索引值。

```
1  >>> shapeRec=sf.shapeRecord(3)
2  >>> shapeRec.record[1:3]
3  ['AG', 'Algeria']
4  >>> points=shapeRec.shape.points[0:2]
5  >>> len(points)
6  2
```

最后，用 iterShapeRecords() 方法遍历所有文件。

```
1  >>> shapeRecs=sf.iterShapeRecords()
2  >>> for shapeRec in shapeRecs:
3  ...       # do something here
4  ...       pass
```

5. 结合 Matplotlib 绘制 Shapefile

下面给出一个简单的例子，读取 Shapefile 的几何属性并绘制出来。绘制的过程只用到图形信息。

Matplotlib 在绘图中不能保持横轴与纵轴的比例，为了保持地图中的数据不变形，需要设置出图的长宽比例。plt.figure() 函数定义画布大小，可以使图像保持一定的比例，但是画布的比例与数据的比例不同，所以不能保持准确的比例。plt.axes().set_aspect() 函数可以设置横轴与纵轴保持等距的比例缩放，如果要绘制地理空间数据，必须进行这样的设置以保证地图不变形。

```
>>> import matplotlib.pyplot as plt
>>> plt.axes().set_aspect('equal', 'box')
```

通过循环对 Shapefile 中的图形进行遍历，逐段画出。结果如图 9.1 所示。

```
>>> sf=shapefile.Reader('/gdata/GSHHS_l_L1.shp')
>>> for shape in sf.shapeRecords():
>>>     x=[i[0] for i in shape.shape.points[:]]
>>>     y=[i[1] for i in shape.shape.points[:]]
>>>     plt.plot(x, y, linewidth = .6, color='darkslategray')
>>> plt.show()
```

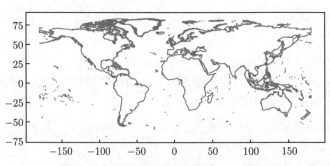

图 9.1 使用 Matplotlib 绘制 Shapefile

6. __geo_interface__ 接口

__geo_interface__ 提供了地理空间数据与 Python 库之间的数据交换接口，在 5.6.3 节已经进行了较多说明。接口以 GeoJSON 格式返回数据，这使得其他库与工具之间（包括 Shapely、Fiona 和 PostGIS）具有良好的兼容性。

下面代码展示了在 Shapely 模块中调用接口的结果。

```
>>> s=sf.shape(0)
```

```
2  >>> s.__geo_interface__["type"]
3  'Point'
```

9.1.3　创建 Shapefile

　　PyShp 提供了 Writer 类实现对 Shapefile 的写操作。要创建 Shapefile，可以使用 Writer 类方法添加常规属性与几何属性，最后保存文件。Writer 类在 PyShp 2.0 后有较大改变，使用的时候需要注意。除了常规的 Shapefile，PyShp 还可以创建 3D 与其他几何类型，以及具有测量值及高程值的 Shapefile。

　　使用 PyShp 创建 Shapefile 主要分为 3 步：

　　（1）创建 Shapfile 对象，声明 Shapfile 几何类型，如点、线、多边形等；

　　（2）创建"属性数据"，首先使用 field() 方法创建属性表字段，然后使用 record() 方法添加相应的属性值；

　　（3）创建"几何数据"，通过不同的方法创建点状数据、线状数据或多边形数据等。

　　1. 创建 Shapefile

　　PyShp 写 Shapefile 时非常灵活，同时还有自动补齐功能，以确保不会写入无效文件。在 Python 中，使用下面的代码创建 Writer 类的实例，创建时需要 Shapefile 的文件名作为参数。

```
1  >>> import shapefile
2  >>> w = shapefile.Writer('xx_pyshp_1')
```

　　打开的文件需要调用 close() 函数关闭，同时会将内存中的数据写入文件中。

```
1  >>> w.close()
```

　　为了保证数据写入无误，可以针对 Writer 对象使用上下文管理器：

```
1  >>> import shapefile
2  >>> with shapefile.Writer('xx_pyshp_2') as w:
3  ...     pass
```

　　Python 可以从文件对象读取 Shapefile，也可以写入文件对象，代码如下：

```
1  >>> from io import BytesIO
2  >>> shp = BytesIO(); shx = BytesIO(); dbf = BytesIO()
3  >>> w = shapefile.Writer(shp=shp, shx=shx, dbf=dbf)
```

　　在 Writer 对象关闭后，通过调用函数 BytesIO.getvalue() 来访问这些对象。

1）设置形状类型

形状类型是 Shapefile 中包含的几何类型，所有形状必须与形状类型设置相匹配。创建 Writer 对象可以不声明类型，这种情况下会根据创建的第 1 个几何类型作为数据的类型。

创建 Writer 对象时可以使用关键词参数 shapeType 声明 Writer 对象的形状类型，形状类型由 Shapefile 规范定义的 0~31 之间的数字表示。代码如下：

```
1  >>> w = shapefile.Writer('xx_pyshp_3', shapeType=1)
2  >>> w.shapeType
3  1
```

在已经有了 Writer 对象实例后，通过对 shapeType 属性赋值设置或更改对象的形状类型：

```
1  >>> w.shapeType = 3
2  >>> w.shapeType
3  3
```

2）几何数据与属性数据的自动补齐

Shapefile 要求"几何数据"与"属性数据"一一对应，如果有"几何数据"而没有相应的属性值存在时，那么在使用时可能会出错。PyShp 中可以通过设置 Writer 对象的"自动补齐"功能，以确保每创建一个"几何数据"或"属性数据"，该库会自动创建一个属性值（空的属性值）或空的几何对象来对应。这样即使忘记更新字段，Shapefile 也仍然有效，并且会被大多数软件视为正常，能够正确处理。因此，自动补齐选项保障构建 Shapefile 的灵活性。使用下面代码启用"自动补齐"功能：

```
1  >>> w.autoBalance = 1
```

autoBalance 的默认值为 0，也就是说默认情况下不启用"自动补齐"功能。如果不开启自动补齐，则可以随时添加几何数据或属性数据。可以先创建所有形状，然后再创建所有记录，反之亦然。补齐功能可以手工调用：

```
1  >>> w.balance()
```

2. 使用 PyShp 创建属性与记录

Shapefile 中除了几何图形，至少得有 1 列属性。因此，先看一下如何使用 PyShp 创建属性。Shapefile 中的属性字段有不同的类型，在 PyShp 模块中，按下面约定进行设置。

（1）'C' 表示字符型，可设定长度。

（2）'N' 表示双精度整型，长度不超过 18 个字符。

（3）'D' 表示日期型，格式为 YYYYMMDD，字符中没有空格或其他分隔符。

（4）'F' 表示浮点型，与 'N' 的长度限制是一样的。

（5）'L' 表示逻辑类型，在 Shapefile 属性表中存储为 1（表示真）或 0（表示假）。在赋值时可以使用 1, 0, 'y', 'n', 'Y', 'N', 'T', 'F'，或者是 Python 的内建类型 True, False。

首先实例化 Writer 对象，然后创建两个字符型字段，在第 3 行代码中设置字段的长度为 40。

```
1  >>> w = shapefile.Writer('xx_pyshp_4')
2  >>> w.field('FIRST_FLD')
3  >>> w.field('SECOND_FLD','C','40')
```

下面使用 record() 函数对上面创建的字段添加属性，这个函数的参数个数与上面创建的字段数目是一样的，顺序是对应的：

```
1  >>> w.record('First','Point')
2  >>> w.record('Second','Point')
```

到目前为止尚未添加几何形状，为了能够正常关闭，调用 balance() 函数以补齐，然后关闭文件对象。

```
1  >>> w.balance()
2  >>> w.close()
```

3. 添加几何形状

在 PyShp 中，添加几何形状的方法包括 5 种：null() 生成空形状，point() 生成点状图形，multipoint 生成多点图形，line() 生成线状图形，poly() 生成多边形图形。

1）添加点状形状

先使用 point() 方法添加最简单的点形状，给出对象的二维平面坐标即可。注意属性数据至少得有 1 列。

```
1  >>> w = shapefile.Writer('xx_pyshp_5')
2  >>> w.field('NAME')
3  >>> w.point( 91  , 29.6)
4  >>> w.point(125.35 , 43.88333)
5  >>> w.record('LaSa')
6  >>> w.record('ChangChun')
7  >>> w.close()
```

这个地方注意，创建属性的顺序与创建形状的顺序是一致的，PyShp 会自动对应，这样分别对 2 个点创建属性值。point() 的参数包括 x, y 和可选的 z（高程）和 m（测量）值。上面代码只给出了前面两个坐标，高程和测量值默认为 0。

2）添加线状形状

创建线状形状的使用 line() 方法，过程也基本类似，线状形状至少有两个点。使用 shapefile.POLYLINE 声明 Shapefile 的几何类型，并添加一条线：

```
1  >>> w = shapefile.Writer('xx_pyshp_6', shapefile.POLYLINE)
2  >>> w.line([[[1,3],[5,3]]])
```

继续添加另一条线，并添加属性：

```
1  >>> w.line([[[1,5],[5,5],[5,1],[3,3],[1,1]]])
2  >>> w.field('FIRST_FLD','C','40')
3  >>> w.record('First')
4  >>> w.record('Second')
5  >>> w.close()
```

3）添加多边形形状

根据 Shapfile 格式的规范要求，Shapefile 多边形至少得有 4 个点，最后一个点必须与第一个点相同。而 PyShp 会自动闭合多边形，所以使用 poly() 方法时至少得有 3 个点作为参数，最后一个点一般都可以省略。

PyShp 会针对坐标的方向来区分多边形的外部边界与内部的洞。定义多边形时必须以顺时针方向给出坐标；如果多边形有洞，这个洞（也是多边形）的坐标需要以逆时针方向给出。下面代码中第 4 行是多边形，第 5 行则是这个多边形中的洞，第 6 行继续定义第 2 个多边形：

```
1  >>> w = shapefile.Writer('xx_pyshp_7')
2  >>> w.field('name', 'C')
3  >>> w.poly([
4  ...       [[4,4], [4,8], [8,8], [8,4]],
5  ...       [[6,7], [7,5], [5,5]],
6  ...       [[9,4], [9,6], [10,4]]
7  ...       ])
8  >>> w.record('polygon1')
9  >>> w.close()
```

4）添加 NULL 形状

NULL 形状类型（形状类型的值为 0）并无实际的几何形状，可以调用 null() 方法来创建。这种类型的 Shapefile 很少使用，但它是有效的。

```
1  >>> w = shapefile.Writer('xx_pyshp_8', shapeType=1)
2  >>> w.field('NAME')
3  >>> w.null()
```

虽然是空的对象，但也是有记录的，同样需要补充对应的属性才能正常关闭：

```
1  >>> w.record('null')
2  >>> w.close()
```

9.2　使用 geojson 库处理 GeoJSON 数据

GeoJSON 数据格式完全与 JSON 格式兼容。在 Python 中，很多工具都有与 GeoJSON 格式转换的接口，并且也有专门处理 GeoJSON 格式数据的类库。GeoJSON 作为一种通用格式在数据交换中得到了广泛的应用。

9.2.1　geojson 模块的安装

Python 用来处理 GeoJSON 格式的模块为"geojson"，此模块与 Python 2.6、2.7、3.3、3.4、3.5 和 3.6 兼容。请注意大小写：在本书中对于模块使用小写的"geojson"，对于数据标准格式则使用"GeoJSON"。

推荐通过 pip 来安装：

```
1  pip install geojson
```

在 Debain/Ubuntu 中，可使用下面命令安装：

```
1  # apt install python3-geojson
```

9.2.2　geojson 中的几何对象、要素与要素集合

geojson 库中，每一个 GeoJSON 格式规范的描述均表示一个完整的 GeoJSON 对象。与相对简单的 Shapefile 规范不同，GeoJSON 定义了非常完备的几何类型。

GeoJSON 是一种对各种地理数据结构进行编码的格式。GeoJSON 对象可以表示几何、要素或者要素集合。GeoJSON 支持点、线、多边形、复合点、复合线、复合多边形和几何集合等几何类型。GeoJSON 里的要素（feature）包含一个几何对象和其他属性，要素集合表示一系列的要素。

下面就介绍一下在 Python 环境中调用 geojson 库来定义这些几何类型的方式，以及更多针对属性的处理方法。

1. 几何类型

要定义点类型 Point，参数必须是一个单独的坐标位置。

```
>>> from geojson import Point
>>> Point((-115.81, 37.24))
{"coordinates": [-115.81, 37.24], "type": "Point"}
```

定义复合点类型 MultiPoint 时，参数必须是坐标数组。

```
>>> from geojson import MultiPoint
>>> MultiPoint([(-155.52, 19.61), (-156.22, 20.74),
...       (-157.97, 21.46)])
{"coordinates": [[-155.52, 19.61], [-156.22, 20.74],
    [-157.97, 21.46]],
"type": "MultiPoint"}
```

对线类型 LineString 来说，参数必须是两个或者多个坐标的数组。

线环是具有 4 个或者更多坐标的封闭线。第一个和最后一个坐标是相等的（它们表示相同的点）。虽然在 GeoJSON 标准中没有线环这种几何类型，但是在定义多边形时会用到。

```
>>> from geojson import LineString
>>> LineString([(8.919, 44.4074), (8.923, 44.4075)])
{"coordinates": [[8.919, 44.4074], [8.923, 44.4075]], ....
```

定义复合线类型 MultiLineString 的参数是一个序列，序列中的对象是线状要素的序列（二维序列）。

```
>>> from geojson import MultiLineString
>>> MultiLineString([
...       [(3.75, 9.25), (-130.95, 1.52)],
...       [(23.15, -34.25), (-1.35, -4.65), (3.45, 77.95)]
... ])
{"coordinates": [[[3.75, 9.25], [-130.95, 1.52]], [[23.15, ....
```

要定义多边形类型使用 Polygon() 方法，参数必须是一个线环坐标数组。对于无洞的多边形，定义如下：

```
>>> from geojson import Polygon
>>> Polygon([[(2.38, 57.322), (23.194, -20.28),
...       (-120.43, 19.15), (2.38, 57.322)]])
{"coordinates": [[[2.38, 57.322], [23.194, -20.28], ...
```

对拥有多个环的面来说，第一个环必须是外部环，其他的则是内部环或者孔。

```
1  >>> Polygon([
2  ...       [(2.38, 57.322), (23.194, -20.28),
3  ...             (-120.43, 19.15), (2.38, 57.322)],
4  ...       [(-5.21, 23.51), (15.21, -10.81),
5  ...             (-20.51, 1.51), (-5.21, 23.51)]
6  ... ])
7  {"coordinates": [[[2.38, 57.322], [23.194, -20.28], ...
```

对复合多边形类型 MultiPolygon 来说，参数是序列，其成员则是多边形坐标序列（二维序列）。

```
1  >>> from geojson import MultiPolygon
2  >>> MultiPolygon([
3  ...       ([(3.78, 9.28), (-130.91, 1.52),
4  ...           (35.12, 72.234), (3.78, 9.28)],),
5  ...       ([(23.18, -34.29), (-1.31, -4.61),
6  ...           (3.41, 77.91), (23.18, -34.29)],)
7  ... ])
8  {"coordinates": [[[[3.78, 9.28], [-130.91, 1.52], ...
```

几何集合类型 GeometryCollection 表示几何对象的集合。几何集合必须有一个名字为 geometries 的成员，与之相对应的值是一个序列。这个序列中的每个元素都是一个 GeoJSON 几何对象。

```
1  >>> from geojson import GeometryCollection, Point, LineString
2  >>> from pprint import pprint
3  >>> my_point=Point((23.532, -63.12))
4  >>> my_line=LineString([(-152.62, 51.21), (5.21, 10.69)])
5  >>> pprint(GeometryCollection([my_point, my_line]))
6  {'geometries':
7  [{"coordinates": [23.532, -63.12], "type": "Point"},
8   {'coordinates': [(-152.62, 51.21), (5.21, 10.69)],
9    'type': 'LineString'}],
10   'type': 'GeometryCollection'}
```

2. 要素与要素集合

在几何对象之上，还有要素与要素集合。

要素对象必须有一个名字为 geometry 的成员，这个几何成员的值是上面定义的几何对象或者 JSON 的空值。除了几何成员，要素对象必须有一个名字为 properties 的成员，这个属性成员的值是一个对象（任何 JSON 对象或者 JSON 中的空值）。

```
1  >>> from geojson import Feature, Point
2  >>> my_point=Point((-3.68, 40.41))
3  >>> Feature(geometry=my_point)
4  {"geometry": {"coordinates":[-3.68, 40.41],"type": "Point"}...
```

上面在实例化 Feature 对象时没有声明 properties，查看结果则显示其值为{}。下面的代码明确给出了参数 properties 的值。

```
1  >>> Feature(geometry=my_point,properties={"country":"Spain"})
2  {"geometry": {"coordinates":[-3.68, 40.41],"type": "Point"} ...
```

在 Feature 对象中，还可以给出其他可选的属性值，如下面代码给出 id 的值。这样的特性给予了要素非常强大的扩展性，应用上也非常灵活。

```
1  >>> Feature(geometry=my_point, id=27)
2  {"geometry":{"coordinates":[-3.68, 40.41],"type": "Point"} ...
```

类型为 FeatureCollection 的 GeoJSON 对象是要素集合，这个对象必须有一个名字为 features 的成员。与 features 相对应的值是一个序列，这个序列中的每个元素都是上面定义的要素。

```
1   >>> from geojson import FeatureCollection
2   >>> my_feature=Feature(geometry=Point((1.6432, -19.123)))
3   >>> my_other_feature = Feature(
4   ...       geometry=Point((-80.234, -22.532)))
5   >>> pprint(FeatureCollection([my_feature, my_other_feature]))
6   {'features':
7   [{'geometry': {"coordinates": [1.6432, -19.123], "type": "Point"
       },
8    'properties': {},
9    'type': 'Feature'},
10  {'geometry': {"coordinates": [-80.234, -22.532], "type": "Point"
       },
11   'properties': {},
12   'type': 'Feature'}],
13   'type': 'FeatureCollection'}
```

9.2.3　geojson 中的方法

1. GeoJSON 的编码与解码

geojson 库中所有的 GeoJSON 对象都可以使用 geojson.dump 和 geojson.dumps 进行编码，并可以使用 geojson.load 和 geojson.loads 函数解码为原始的 GeoJSON 对象。

下面通过代码具体看一下，先定义一个点对象：

```
1  >>> import geojson
2  >>> my_point=geojson.Point((43.24, -1.532))
3  >>> my_point
4  {"coordinates": [43.24, -1.532], "type": "Point"}
```

然后进行编码，变成字符串格式：

```
1  >>> dump=geojson.dumps(my_point, sort_keys=True)
2  >>> dump
3  '{"coordinates": [43.24, -1.532], "type": "Point"}'
```

通过 loads() 函数对其解码：

```
1  >>> geojson.loads(dump)
2  {"coordinates": [43.24, -1.532], "type": "Point"}
```

在与其他工具进行数据交换时，dumps 与 loads 函数非常有用，它们提供了 GeoJSON 与字符串之间的转换工具。dump 与 load 则会与文件对象进行交互，dump 会将编码结果写入文件对象，load 则会从文件对象中进行解码。

2. 自定义类

上面提到的编码/解码功能可以使用 __geo_interface__ 规范描述的接口扩展到自定义类。

```
1  >>> import geojson
2  >>> class MyPoint():
3  ...      def _init_(self, x, y):
4  ...          self.x = x
5  ...          self.y = y
6  ...      @property
7  ...      def __geo_interface__(self):
8  ...          return {'type': 'Point',
9  ...                  'coordinates': (self.x, self.y)}
```

```
10   ...
11   >>> point_instance=MyPoint(52.235, -19.234)
12   >>> geojson.dumps(point_instance, sort_keys=True)
13   '{"coordinates": [52.235, -19.234], "type": "Point"}'
```

3. 实用程序

可使用 coords（geojson.utils.coords）方法生成几何或要素对象的所有坐标元组。

```
1   >>> import geojson
2   >>> my_line=geojson.LineString([(-152.62,51.21),
3   ...        (5.21,10.69)])
4   >>> my_feature=geojson.Feature(geometry=my_line)
5   >>> list(geojson.utils.coords(my_feature))
6   [(-152.62, 51.21), (5.21, 10.69)]
```

geojson.utils.map_coords 将函数映射到所有坐标元组上，并返回相同类型的几何形状，用于解译空间几何或坐标顺序。

```
1   >>> import geojson
2   >>> new_point=geojson.utils.map_coords(lambda x: x/2,
3   ...        geojson.Point((-115.81, 37.24)))
4   >>> geojson.dumps(new_point, sort_keys=True)
5   '{"coordinates": [-57.905, 18.62], "type": "Point"}'
```

geojson.utils.generate_random() 生成具有随机数据的几何类型。这个功能可以用来快速生成 GIS 数据进行一些实验操作，是非常实用的。

```
1   >>> import geojson
2   >>> geojson.utils.generate_random("LineString")
3   {"coordinates": [[-77.81474608457954, -64.69815672081847], ...
```

9.3　使用 Descartes 进行绘图

Python 中的 Descartes 库可以认为是 Matplotlib 的 GIS 功能插件或补丁，它提供了将 Shapely 或类似 GeoJSON 的几何对象转换为 Matplotlib 的路径和图斑的功能，这样可以直接在 Matplotlib 中使用 GIS 数据格式来绘图。这个功能对 GIS 工作者非常实用。很多数据操作、分析都是在数据层面开展的，在这一层面直接展示数据，而不是将数据读取坐标后再展示，的确是方便了许多。

9.3.1　Descartes 的安装与使用

Descartes 依赖于 Matplotlib、NumPy 和 Shapely（可选），它可以将 Shapely 或 GeoJSON 类几何对象作为 Matplotlib 的路径和图斑。

1. 安装

在 Debian/Ubuntu 中，通过下面的命令安装 Descartes 模块：

```
# apt install python3-descartes
```

2. 绘图示例

这里给出用 Descartes 绘图的实例。首先导入库，并进行初始设置，其中最后两行代码分别给 BLUE、GRAY 变量赋颜色值。

```
>>> from matplotlib import pyplot as plt
>>> from shapely.geometry import LineString
>>> from descartes import PolygonPatch
>>> BLUE='#6699cc'
>>> GRAY='#999999'
```

然后定义函数 plot_line(par1, par2)，用来绘制线状要素：

```
>>> def plot_line(ax, ob):
...     x, y=ob.xy
...     ax.plot(x, y, color=GRAY, linewidth=3,
...         solid_capstyle='round', zorder=1)
```

定义函数 set_limits 来限制绘图的坐标范围：

```
>>> def set_limits(ax, x0, xN, y0, yN):
...     ax.set_xlim(x0, xN)
...     ax.set_xticks(range(x0, xN+1))
...     ax.set_ylim(y0, yN)
...     ax.set_yticks(range(y0, yN+1))
...     ax.set_aspect("equal")
```

定义要绘制的线：

```
>>> line=LineString([(0,0),(1,1),(0,2),(2,2),
... (3,1),(1,0)])
```

创建绘图对象。将图像分割成 1 行 2 列，将图像画在左边：

```
1  >>> fig=plt.figure(1, figsize=(10, 4), dpi=180)
2  >>> ax=fig.add_subplot(121)
3  >>> set_limits(ax, -1, 4, -1, 3)
4  >>> plot_line(ax, line)
```

对线状要求进行缓冲，并根据 Shapely 对象（dilated）创建多边形斑块对象，并添加到绘图对象中：

```
1  >>> dilated=line.buffer(0.5)
2  >>> patch1=PolygonPatch(dilated, fc=GRAY, ec=GRAY,
3  ...         alpha=0.5, zorder=2)
4  >>> ax.add_patch(patch1)
```

下面绘制右边第 2 个图，设置好制图的基本环境，并将上面的 dilated 作为底图先绘制出来：

```
1  >>> ax=fig.add_subplot(122)
2  >>> patch2a=PolygonPatch(dilated, fc=GRAY, ec=GRAY,
3  ... alpha=0.5, zorder=1)
4  >>> ax.add_patch(patch2a)
5  >>> set_limits(ax, -1, 4, -1, 3)
```

再对刚才的缓冲结果进行"缓冲"，这次的值为 -0.3，这种操作也可称为腐蚀操作。然后使用 __geo_interface__ 接口进行转换，生成 polygon 变量：

```
1  >>> eroded=dilated.buffer(-0.3)
2  >>> polygon=eroded.__geo_interface__
```

同样把 polygon（类似 GeoJSON 格式）转换成多边形斑块对象，并进行绘图：

```
1  >>> patch2b=PolygonPatch(polygon, fc=BLUE, ec=BLUE,
2  ...         alpha=0.5, zorder=2)
3  >>> ax.add_patch(patch2b)
4  >>> plt.show()
```

结果如图 9.2 所示。

9.3.2　使用 Descartes 绘制 Shapefile 的实例

下面对 9.1.2 节最后提到的图 9.1 重新使用 Descartes 的功能进行升级，以得到更好的效果。

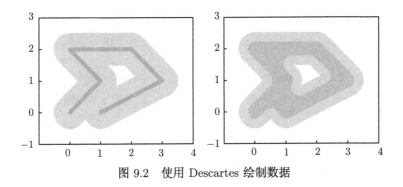

图 9.2 使用 Descartes 绘制数据

```
1   >>> import shapefile as shp
2   >>> import matplotlib.pyplot as plt
3   >>> from descartes import PolygonPatch
4   >>> polys=shp.Reader('/gdata/GSHHS_c.shp')
5   >>> fig=plt.figure()
6   >>> ax=fig.gca()
7   >>> for xx in range(polys.numRecords):
8   >>>     s=polys.shape(xx)
9   >>>     poly=s.__geo_interface__
10  >>>     BLUE='#6699cc'
11  >>>     ax.add_patch(PolygonPatch(poly, fc=BLUE, ec=BLUE,
12  ...     alpha=0.5, zorder=2))
13  >>>
14  >>> ax.axis('scaled')
15  >>> plt.show()
```

结果如图 9.3 所示。可以对照看一下与 Matplotlib 默认绘制的图（图 9.1）的差别。

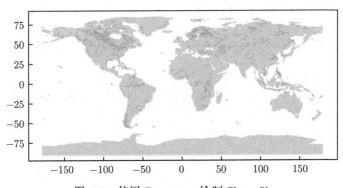

图 9.3 使用 Descartes 绘制 Shapefile

9.4　数据分析与可视化库 GeoPandas 的基本用法

Pandas（Python data analysis library）是基于 NumPy 的一种工具，该工具主要面向数据分析任务。GeoPandas 对 Pandas 进行了地理空间功能扩展，可用于空间数据分析。

要安装发布的版本，在 Debian/Ubuntu 中可以使用命令：

```
# apt install python3-geopandas
```

GeoPandas 实现了两个主要的数据结构：GeoSeries 和 GeoDataFrame，分别是 Pandas Series 和 DataFrame 的子类。

要注意的是，GeoPandas 目前开发进度非常快，不同版本之间可能会有较大差异。在 Debian 9 与 Ubuntu 18.04 发行版中提供的 GeoPandas，绘图的结果就有很大不同。

9.4.1　数据结构：GeoSeries

GeoSeries 本质上是一种向量，向量中的每个条目都对应视图的一组形状。条目可以由一个形状（如单个多边形）或多个形状组成，这些形状被认为是一个视图。

GeoPandas 有三个基本类的几何对象（实际上是形状对象）：点/复合点、线/复合线、多边形/复合多边形。请注意，GeoSeries 中的对象并不必须为相同的几何类型；更要注意的是，如果类型不同，则可能会导致某些操作失败。

1. GeoSeries 属性和方法概述

GeoSeries 类几乎实现了 Shapely 对象的所有属性和方法。当应用于 GeoSeries 时，它们将以集合论方法应用于 GeoSeries 中的所有几何属性列。在两个 GeoSeries 之间可以应用二元操作，在这种情况下，操作是按集合论方法进行的，这两个系列将通过匹配索引完成对齐；二元操作也可以应用于单个几何要素，在这种情况下，对该 GeoSeries 的每个元素执行操作。在任一情况下，都将根据情况返回一个 Series 或 GeoSeries。

此处介绍的只是 GeoSeries 的几个属性和方法的简短摘要，后面会对部分属性和方法进行说明。还有用于扩展现有形状或应用集合理论的一系列操作（如几何操作中描述的"联合操作"）来创建新形状。

2. 属性

（1）area：形状面积（投影单位）。

（2）bounds：每个轴的每个形状的最大与最小坐标元组。

（3）total_bounds：整个 GeoSeries 的每个轴上的最大与最小坐标元组。

（4）geom_type：几何类型。

（5）is_valid：测试坐标是否形成合理的几何形状。

3. 基本方法

（1）distance(other)：返回每个条目到其他条目最小距离的序列。

（2）centroid：返回质心的 GeoSeries。

（3）representative_point()：返回位于每个几何中点的 GeoSeries。它不返回质心。

（4）to_crs()：更改坐标参考系。

（5）plot()：绘制 GeoSeries。

4. 关系测试

（1）geom_almost_equals(other)：形状几乎和"其他"（other）的一样（由于浮点精度问题形状略有不同，效果还是不错的）。

（2）contains(other)："其他"包含的形状。

（3）intersects(other)："其他"相交的形状。

9.4.2 数据结构：GeoDataFrame

GeoDataFrame 是一个包含 GeoSeries 的表格数据结构。

GeoDataFrame 最重要的属性是它总是具有一个保存特殊状态的 GeoSeries 列。此 GeoSeries 列是 GeoDataFrame 的几何属性列。当空间方法应用于 GeoDataFrame（或调用类似区域的空间属性）时，该方法将始终作用于几何属性列。

几何属性列可通过 geometry 属性（gdf.geometry）访问，并且可以通过输入 gdf.geometry.name 的方法找到几何属性列名称。

使用世界海岸线地图的 GeoDataFrame 示例：

```
1  >>> from matplotlib import pyplot as plt
2  >>> import geopandas as gpd
3  >>> world=gpd.read_file('/gdata/GSHHS_c.shp')
4  >>> world.head()
```

上面使用了 head() 函数，可以查看数据前面记录的情况，这里就不显示了。看一下绘图结果（图 9.4）。

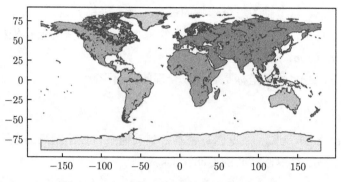

图 9.4　GeoPandas 绘制的世界海岸线地图

```
1  >>> world.plot()
2  >>> plt.show()
```

目前，带有海岸线的名为 geometry 的列是活动几何列：

```
1  >>> world.geometry.name
2  'geometry'
```

也可以将此列重命名为 borders。注意：GeoDataFrame 可根据名称跟踪几何属性列，因此若重命名，则必须重新设置几何属性列：

```
1  >>> world=world.rename(columns={'geometry': 'borders'})
2  ... .set_geometry('borders')
3  >>> world.geometry.name
4  'borders'
```

GeoDataFrame 还可以包含具有几何（形状）对象的其他列，但在进行数据操作时，每次只能有一个列作为活动几何属性列（作为唯一的空间属性）。若更改活动几何属性列，可使用 set_geometry 方法。现在进行一下尝试，创建几何形状的质心并使其成为活动几何属性列：

```
1  >>> world['centroid_column']=world.centroid
2  >>> world=world.set_geometry('centroid_column')
3  >>> world.plot()
4  >>> plt.show()
```

绘图结果如图 9.5 所示，看起来比较奇怪。

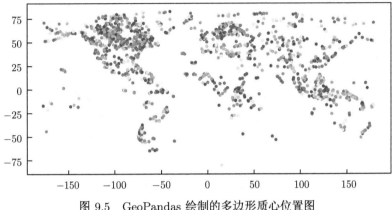

图 9.5　GeoPandas 绘制的多边形质心位置图

默认情况下，当使用 `read_file` 命令时，文件中的几何属性列被命名为 geom-etry，并将其设置为活动几何属性列。但是，尽管对列的名称和跟踪活动列的特殊属性名称使用的是相同术语，但其实它们是不同的。可以使用 `set_geometry` 命令将活动几何属性列转移到不同的 GeoSeries。此外，`gdf.geometry` 始终返回活动几何属性列，而不是返回 geometry 列。如果想调用 geometry 列，并且并非活动几何属性列的情况，请使用 `gdf['geometry']`，而不是 `gdf.geometry`。

GeoSeries 所描述的任何属性调用或方法都可以在 GeoDataFrame 上工作，实际上，它们只是应用于几何属性列 GeoSeries。

另外还要提到一点，GeoDataFrame 实现了 `__geo_interface__`。返回一个 Python 数据结构，将 GeoDataFrame 表示为 GeoJSON 类 FeatureCollection。

9.4.3　地图工具

GeoPandas 提供了用于 Matplotlib 库的高级接口来制作地图。在 GeoSeries 或 GeoDataFrame 中对形状制图与使用 `plot()` 方法一样便于操作。

1. 多度分色地图

GeoPandas 创建多度分色地图[①]比较简单，只需使用 `plot` 函数，将参数 column 设置为要用于分配颜色值的列即可。

```
1  >>> import geopandas as gpd
2  >>> import matplotlib.pyplot as plt
3  >>> world=gpd.read_file('/gdata/GSHHS_c.shp')
4  >>> world['gdp_per_cap']=world.area
5  >>> world.plot(column='gdp_per_cap')
```

① Chlropleth Map，每个形状颜色对应于相关联变量值的地图。

```
6  >>> plt.show()
```

结果如图 9.6 所示。

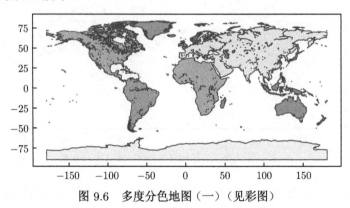

图 9.6   多度分色地图（一）（见彩图）

2. 选择颜色

还可以使用 cmap 选项修改 plot 颜色（有关色彩图的完整列表，请参阅 Matplotlib 网站），结果如图 9.7 所示。

```
1  >>> world.plot(column='gdp_per_cap', cmap='OrRd');
2  >>> plt.show()
```

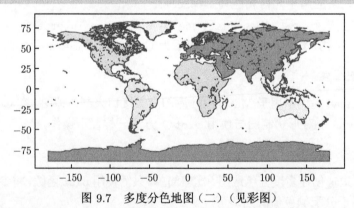

图 9.7   多度分色地图（二）（见彩图）

如果安装了 PySAL，颜色映射的缩放方式也可以使用 scheme 参数。默认情况下，scheme 的值为 equal_intervals，但也可以调整为任何其他 PySAL 选项，如 quantiles（分位数）、percentiles（百分位数）等。

```
1  >>> world.plot(column='gdp_per_cap', cmap='OrRd',
2  ... scheme='quantiles');
3  >>> plt.show()
```

结果如图 9.8 所示。

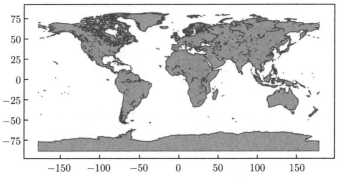

图 9.8　多度分位数分色地图（见彩图）

3. 使用地图图层

在地图制图中使用图层，可以展示更丰富的数据。使用之前，请一定要确保它们的空间参考一致。先读取城市的数据。

```
>>> cities=gpd.read_file(gpd.datasets.get_path(
... 'naturalearth_cities'))
>>> cities.plot(marker='*', color='green', markersize=5);
```

下面的代码进行了空间投影变换，以保证城市数据的投影与世界数据一致。

```
>>> cities=cities.to_crs(world.crs)
```

下面可以将城市叠加显示在世界地图上。

```
>>> base=world.plot(color='white')
>>> cities.plot(ax=base, marker='o', color='red', markersize=5);
>>> plt.show()
```

结果如图 9.9 所示。

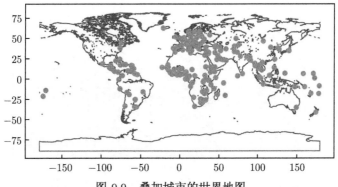

图 9.9　叠加城市的世界地图

9.4.4　几何图形的叠加

本节要介绍的是 GIS 中叠加操作这个典型的空间分析概念。叠加操作是针对两个图层进行的，而叠加则有不同的形式。

当使用多个空间数据集（尤其是多个多边形或线数据集）时，用户通常想用这些重叠（或不重叠）位置的数据集创建新的形状。这些操作通常使用的是交集集合，通过联合和差异的方法来引用。可通过 overlay() 函数在 GeoPandas 库中操作。

叠加的 DataFrame 级别并不是在单个几何体上操作，而是两者的属性都保留。实际上，对于第一个 GeoDataFrame 中的形状来说，此操作针对其他 GeoDataFrame 中的每个形状都执行。

1. 准备叠加的数据

首先创建一些示例数据：

```
1  >>> import geopandas as gpd
2  >>> from shapely.geometry import Polygon
3  >>> polys1=gpd.GeoSeries(
4  ... [Polygon([(0,0),(4,0),(4,2),(0,2)]),
5  ... Polygon([(5,0),(9,0),(9,2),(5,2)])])
6  >>> polys2=gpd.GeoSeries(
7  ... [Polygon([(3.5),(7,.5),(7,2.5),(3,2.5)])])
8  >>> df1=gpd.GeoDataFrame({'geometry': polys1, 'df1':[1,2]})
9  >>> df2=gpd.GeoDataFrame({'geometry': polys2, 'df2':[1]})
```

这两个 GeoDataFrames 有一些重叠区域：

```
1  >>> ax=df1.plot(color='red')
2  >>> df2.plot(ax=ax, color='green')
3  >>> import matplotlib.pyplot as plt
4  >>> plt.show()
```

结果如图 9.10 所示。polys1 是两个红色的多边形，polys2 则是一个绿色的多边形。

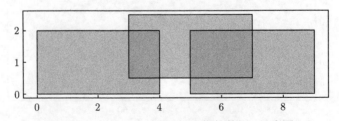

图 9.10　GeoPandas 中叠加操作的数据（见彩图）

2. 叠加的组合模式

当使用 how ='union' 时，将返回所有可能几何体合集：

```
1  >>> res_union=gpd.overlay(df1, df2, how='union')
```

上面进行了 overlay() 操作，然后进行显示：

```
1  >>> ax=res_union.plot()
2  >>> df1.plot(ax=ax, facecolor='none')
3  >>> df2.plot(ax=ax, facecolor='none')
4  >>> plt.show()
```

结果如图 9.11 所示。

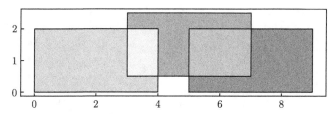

图 9.11　GeoPandas 中 union 操作的结果（见彩图）

3. 交叉模式

其他操作将返回那些几何的不同子集。使用 how ='intersection' 方法，返回的是两个 GeoDataFrames 包含的几何体：

```
1  >>> res_intersection=gpd.overlay(df1, df2, how='intersection')
2  >>> ax=res_intersection.plot()
3  >>> df1.plot(ax=ax, facecolor='none')
4  >>> df2.plot(ax=ax, facecolor='none')
5  >>> plt.show()
```

结果如图 9.12 所示。

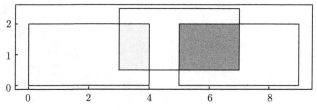

图 9.12　GeoPandas 中 intersection 操作的结果

4. 对称差操作

how ='symmetric_difference' 与 'intersection' 相反，返回的几何只是 GeoDataFrames 其中之一的部分，并不包含两者的共有部分。

```
1  >>> res_symdiff=gpd.overlay(df1,df2,
2  ...      how='symmetric_difference')
3  >>> ax=res_symdiff.plot()
4  >>> df1.plot(ax=ax, facecolor='none')
5  >>> df2.plot(ax=ax, facecolor='none')
6  >>> plt.show()
```

结果如图 9.13 所示。

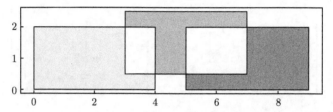

图 9.13　GeoPandas 中 symmetric_difference 操作的结果

5. 对象差操作

要获取 df1 的部分，并将与 df2 共有的部分去掉，类似于对两个对象做减法。要获取这样的几何体，可以使用 how='difference':

```
1  >>> res_difference=gpd.overlay(df1, df2, how='difference')
2  >>> ax=res_difference.plot()
3  >>> df1.plot(ax=ax, facecolor='none')
4  >>> df2.plot(ax=ax, facecolor='none')
5  >>> plt.show()
```

结果如图 9.14 所示。

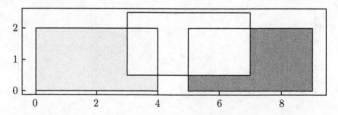

图 9.14　GeoPandas 中 difference 操作的结果

6. identity 操作

使用 how ='identity'，可以在叠加过程中，将 df1 的各个部分使用 df2 各个部分进行标识（相当于使用 df2 对 df1 进行打散）。

```
1  >>> res_identity=gpd.overlay(df1, df2, how='identity')
2  >>> ax=res_identity.plot()
3  >>> df1.plot(ax=ax, facecolor='none')
4  >>> df2.plot(ax=ax, facecolor='none')
5  >>> plt.show()
```

上面运行的结果生成了 4 个部分，结果如图 9.15 所示。

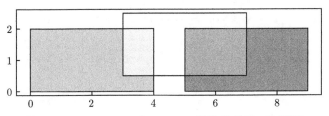

图 9.15　GeoPandas 中 identity 操作的结果（见彩图）

9.4.5　几何操作

GeoPandas 使用了 Shapely 库中提供的所有几何操作工具。所有用于创建不同空间数据集形状（如创建交叉点或差异）的函数在 5.4 节已经介绍过了，这部分就不详细讲解了，只给出一些实例。

1. 几何操作的示例

先创建 3 个多边形 p1、p2、p3，并构建 GeoSeries 对象：

```
1  >>> import matplotlib.pyplot as plt
2  >>> import geopandas as gpd
3  >>> from geopandas import GeoDataFrame
4  >>> from shapely.geometry import Polygon
5  >>> from geopandas import GeoSeries
6  >>> p1=Polygon([(0, 0), (1, 0), (1, 1)])
7  >>> p2=Polygon([(0, 0), (1, 0), (1, 1), (0, 1)])
8  >>> p3=Polygon([(2, 0), (3, 0), (3, 1), (2, 1)])
9  >>> g=GeoSeries([p1, p2, p3])
```

GeoPandas 使用的是 Descartes 方法（9.3 节）生成图片。若要使用 GeoSeries 生成的图（图 9.16），请使用以下代码。

```
1  >>> g.plot()
2  >>> plt.show()
```

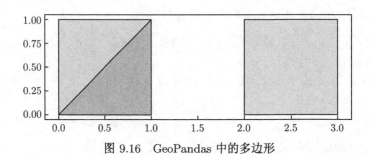

图 9.16　GeoPandas 中的多边形

GeoSeries 的 `area` 属性将返回包含 GeoSeries 中各项目的面积序列：

```
1  >>> print (g.area)
2  0    0.5
3  1    1.0
4  2    1.0
5  dtype: float64
```

也可以针对序列对象使用缓冲 buffer() 方法：

```
1  >>> buf=g.buffer(0.5)
2  0    POLYGON ((-0.3535533905932737 0.35355339059327...
3  1    POLYGON ((-0.5 0, -0.5 1, -0.4975923633360985 ...
4  2    POLYGON ((1.5 0, 1.5 1, 1.502407636663901 1.04...
5  dtype: object
```

缓冲后的结果通过下面代码查看，结果如图 9.17 所示。

```
1  >>> buf.plot()
2  >>> plt.show()
```

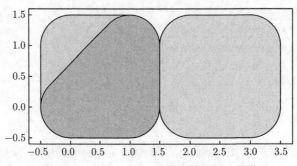

图 9.17　GeoPandas 中的多边形缓冲操作

GeoPandas 还实现了使用 Fiona（在 3.5 节有介绍）识别的数据作为参数来替代构造函数的功能。读取全球的 Shapefile：

```
>>> boros=GeoDataFrame.from_file('/gdata/GSHHS_c.shp')
```

看一下 convex_hell() 函数的使用，其可以生成要素的外包多边形，结果如图 9.18 所示。

```
>>> cull=boros['geometry'].convex_hull
>>> cull.plot()
>>> plt.show()
```

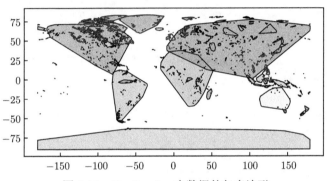

图 9.18　GeoPandas 中数据外包多边形

2. 复杂一点的操作

为了演示更复杂的操作，生成一个包含 2000 个随机点的 GeoSeries：

```
>>> from shapely.geometry import Point
>>> import numpy as np
>>> xmin, xmax, ymin, ymax=-180,180,-90,90
>>> xc=(xmax-xmin)*np.random.random(2000)+xmin
>>> yc=(ymax-ymin)*np.random.random(2000)+ymin
>>> pts=GeoSeries([Point(x, y) for x, y in zip(xc, yc)])
```

现在在每个点周围画一个固定半径的圆：

```
>>> circles=pts.buffer(2)
```

可以将这些圆形折叠成一个单一的多边形：

```
>>> mp=circles.unary_union
```

提取包含在每个区域中的几何图形部分，结果如图 9.19 所示。

```
1  >>> holes=boros['geometry'].intersection(mp)
2  >>> holes.plot()
3  >>> plt.show()
```

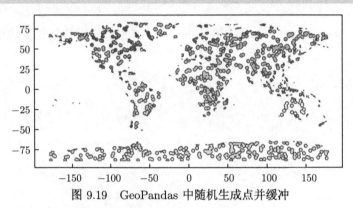

图 9.19　GeoPandas 中随机生成点并缓冲

计算孔外的范围，结果如图 9.20 所示。

```
1  >>> boros_with_holes=boros['geometry'].difference(mp)
2  >>> boros_with_holes.plot()
3  >>> plt.show()
```

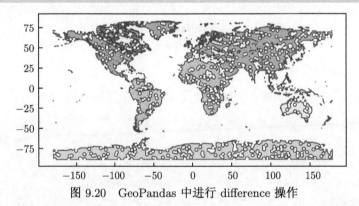

图 9.20　GeoPandas 中进行 difference 操作

注意，此处可以简化操作，因为 geometry 可用作 GeoDataFrame 上的属性，并且 intersection 和 difference 方法可分别通过 "&" 和 "-" 运算符实现。例如，后者可以简单地表示为 boros.geometry-mp。

9.4.6　管理投影

1. 坐标参考系统

CRS 非常重要，其意义在于 GeoSeries 或 GeoDataFrame 对象中的几何形状是任意空间中的坐标集合。CRS 可以使 Python 的坐标与地球上的具体实物点相关联。

例如，最常用的 CRS 之一是 WGS84 纬度-经度投影。这个投影的 PROJ.4 表达通常可以用多种不同的方式引用相同的 CRS：

```
1  "+proj=longlat +ellps=WGS84 +datum=WGS84 +no_defs"
```

通用的投影可以通过 EPSG 代码来引用，因此这个通用的投影也可以使用 PROJ.4 字符串调用：

```
1  "+init=epsg:4326".
```

GeoPandas 包含 CRS 的表示方法，包括 PROJ.4 字符串本身：

```
1  ("+proj=longlat +ellps=WGS84 +datum=WGS84 +no_defs")
```

或在字典中分解的参数：

```
1  {'proj': 'latlong', 'ellps': 'WGS84', 'datum': 'WGS84',
2      'no_defs': True}
```

此外，也可直接采用 EPSG 代码完成这些功能。

投影有两个操作方法：设置投影和重新投影。

2. 设置投影

当地理坐标有坐标数据（x-y 值），但没有关于这些坐标如何指向实际位置的信息时，需要设置投影。如果没有设置 CRS，那么地理信息的几何操作虽然可以工作，但是不会变换坐标，导出的文件也可能无法被其他软件正常理解。

大多数情况下不需要设置投影，使用 `from_file()` 命令加载的数据会始终包括投影信息。可以通过 `crs` 属性来查看当前空间参考信息。但是有时获得的数据可能没有投影信息，在这种情况下，必须设置空间参考，以便地理数据库做出解释坐标的合理操作。

下面看一下具体的实例，先打开数据，查看空间参考的信息：

```
1  import geopandas as gpd
2  >>> import matplotlib.pyplot as plt
3  >>> world=gpd.read_file('/gdata/GSHHS_c.shp')
4  >>> world.crs
5  {'init': 'epsg:4326'}
```

下面对空间参考进行赋值：

```
1  >>> world.crs={'init': 'epsg:3857'}
2  >>> world.crs
3  {'init': 'epsg:3857'}
```

注意，这里使用了错误（与数据不匹配）的 EPSG 编码进行赋值，GeoPandas 不会对设置的空间参考进行检查，即使使用了无效的 EPSG 编码。为了继续下面的步骤，还是先设置成正确的空间参考：

```
>>> world.crs={'init': 'epsg:4326'}
```

3. 重新投影

重新投影是从一个坐标系变到另一个坐标系并重新表示位置的过程。将地球上的任意一点放置到二维平面上时，所有投影都是失真的。在项目应用中最合适的投影可能不同于原始数据相关联的投影，在这种情况下，可以使用 to_crs 命令重新进行投影。

原始数据的绘图结果见图 9.4，可以对比查看投影前后的差别。下面重新投影到全球墨卡托：

```
>>> world1=world.to_crs({'init': 'epsg:3395'})
```

上面进行重新投影的参数也可以使用下面的形式：

```
>>> world=world.to_crs(epsg=3395)
>>> world.plot()
>>> plt.show()
```

9.5　使用 Folium 进行 WebGIS 应用

Folium 是建立在 JavaScript 开源 WebGIS 库 Leaflet 之上的开源工具。在数据科学应用中，可以用 Python 强大的技术链来处理数据，Folium 则将数据与 Leaflet 库连接起来展示 Web 地图。Folium 大大简化了将 GIS 数据发布到 WebGIS 的过程，但是仍然需要读者有足够多的 Web 方面的知识。

Folium 支持 OpenStreetMap、Mapbox Bright、Mapbox Control Room、Stamen、Cloudmade、Mapbox、CartoDB 七个大类的地图服务，加载后可以作为底图使用，其中 Cloudmade、Mapbox 需要申请密钥才可使用。Folium 可以直接读取 GeoJSON 和 TopoJSON 两种文件格式的数据，并且可以调用 Pandas 数据源。

使用 Folium 的时候有两个问题要注意。

（1）由于 Folium 生成的 HTML 文件调用了一些国外服务器上的前端类库，打开的时候会比较慢一些。要解决这个问题，可以修改生成的 HTML 文件，但是需要每次生成后都进行修改，比较麻烦；或者直接修改 Foium 的源代码，将这些类库的地址修改为国内服务器。这里也体现了采用开源软件技术的特点，可以通过修改源代码来解决问题。

（2）Folium 目前支持的底图服务皆由国外地图服务商发布，在中国国界、地名标注等方面都存在有"问题地图"的情况。因此要发布 Folium 结果，最好对其底图进行替换。

本节使用了 Folium 官方文档的案例，主要对一些问题进行说明。案例生成的都是 HTML 格式的文件，在 OSGeo 网站中发布了修改后的版本，学习的时候可以打开来对照参考。

9.5.1　Folium 的基本用法

本节介绍 Folium 库的安装方法与基本用法。

1. 安装 Folium 库

目前 Folium 还没有进入 Debian/Ubuntu 的代码库中。不过作为较新的 Python 库，其安装还是非常容易的。在管理员模式下，输入下面的代码进行安装即可，根据依赖关系会同时安装 Branca 库。

```
# pip3 install folium
```

下面会对 Folium 的使用进行说明。Folium 在处理过程中会生成 HTML 文件，这个文件可以直接在 Web 浏览器中打开查看。

2. 开始创建地图

创建地图对象（map1），并传入坐标（location 参数）到 Folium 地图中。location 参数表示地图的中心位置。

```
>>> import folium
>>> map1=folium.Map(location=[43.88, 125.35])
>>> map1.save('folium_1.html')
```

save() 函数将地图对象保存为 HTML 文件，这个文件不需要使用服务器，在浏览器中直接打开即可。地图参见 https://www.osgeo.cn/pygis/folium_1.html。

上面使用的地图默认的是 OpenStreetMap 地图切片。通过指定 tiles 参数，可以修改为其他数据源，如 Stamen Toner。地图参见 https://www.osgeo.cn/pygis/folium_2.html。

```
>>> map2=folium.Map(location=[43.88, 125.35],
...       tiles='Stamen Toner', zoom_start=13)
>>> map2.save('folium_2.html')
```

Folium 也支持 Mapbox 个性化定制的地图服务，需要传入由 MapBox 提供的 API 密钥，这里就不进行说明了。另外，Folium 支持传入任何与 Leaflet.js 兼容的地图服务，并且支持自定义的地图服务。这里使用了 OSGeo 发布的遥感影像底图 WMS 作为示例。地图参见 https://www.osgeo.cn/pygis/folium_3.html。

```
1  >>> map3=folium.raster_layers.WmsTileLayer(
2  ...      url="http://39.107.109.21:3389/service?",
3  ...      layers="landsat2000", transparent=True,
4  ...      fmt="image/png", name="Topo4", minZoom="10")
5  >>> map_wms=folium.Map(location=[43.88, 125.35],
6  ...      zoom_start=12, attr='My Data Attribution')
7  >>> map3.add_to(map_wms)
8  >>> map_wms.save('folium_3.html')
```

3. 地图标注

Folium 支持多种标注类型的绘制，下面从一个简单的 Leaflet 类型位置标注弹出文本开始，地图参见 https://www.osgeo.cn/pygis/folium_4.html。

```
1  >>> map4=folium.Map(location=[43.92, 125.34],
2  ...      zoom_start=12, tiles='Stamen Terrain')
3  >>> folium.Marker([43.8520, 125.3070],
4  ...    popup='长春南湖').add_to(map4)
5  >>> folium.Marker([43.9980, 125.3960],
6  ...    popup='中科院东北地理所').add_to(map4)
7  >>> map4.save('folium_4.html')
```

上面调用的 Marker() 函数，会用默认的方式标注点位，单击后会弹出由 popup 参数定义的文本。传入更多的参数可以修改样式与颜色，地图参见 https://www.osgeo.cn/pygis/folium_5.html。

```
1  >>> map5=folium.Map(location=[43.92, 125.34], zoom_start=12,
2  ...        tiles='Stamen Terrain')
3  >>> folium.Marker([43.8520, 125.3070], popup='长春南湖',
4  ..          icon=folium.Icon(icon='cloud')).add_to(map5)
5  >>> folium.Marker([43.9980, 125.3960], popup='中科院东北地理所',
6  ...          icon=folium.Icon(color='green')).add_to(map5)
7  >>> folium.Marker([43.9830, 125.3561], popup='长春北湖湿地公园',
8  ...          icon=folium.Icon(color='red')).add_to(map5)
9  >>> map5.save('folium_5.html')
```

除了点位标注，也可以使用圆形标注，可以自行定义尺寸和颜色，地图参见 https://www.osgeo.cn/pygis/folium_6.html。

```
1  >>> map6=folium.Map(location=[43.92, 125.34],
2  ...      tiles='Stamen Toner', zoom_start=12)
3  >>> folium.Marker([43.8520, 125.3070],
4  ...      popup='长春南湖').add_to(map6)
5  >>> folium.CircleMarker(location=[43.9980, 125.3960],
6  ...      radius=5, popup='中科院东北地理所', color='#3186cc',
7  ...      fill_color='#3186cc').add_to(map6)
8  >>> map6.save('folium_6.html')
```

坐标查询是经常用到的地图功能，在 Folium 中实现起来非常简单，只需要调用 LatLngPopup() 函数即可。在生成的地图中任意位置单击，经纬度文本框就会弹出。地图参见 https://www.osgeo.cn/pygis/folium_7.html。

```
1  >>> map7 = folium.Map(location=[43.92, 125.34],
2  ...      tiles='Stamen Terrain', zoom_start=13)
3  >>> folium.LatLngPopup().add_to(map7)
4  >>> map7.save('folium_7.html')
```

调用 Folium 的 ClickForMarker 函数能够生成允许交互放置标注的地图，只需要在地图上单击即可添加。地图参见 https://www.osgeo.cn/pygis/folium_8.html。

```
1  >>> map8 = folium.Map(location=[43.92, 125.34],
2  ...      tiles='Stamen Terrain', zoom_start=12)
3  >>> folium.Marker([43.8520, 125.3070],
4  ...      popup='长春南湖').add_to(map8)
5  >>> folium.ClickForMarker(popup='Waypoint').add_to(map8)
6  >>> map8.save('folium_8.html')
```

除了 Leaflet 基本的功能，Folium 也支持来自 Leaflet DVF（data visualization framework，数据可视化框架）[①]的多边形标注集，这项功能大大丰富了数据的表达方式。地图参见 https://www.osgeo.cn/pygis/folium_9.html。

```
1  >>> map9=folium.Map(location=[43.92, 125.34], zoom_start=12,
2  ...      tiles='Stamen Terrain')
3  >>> folium.RegularPolygonMarker([43.8520, 125.3070],
4  ...      popup='长春南湖', fill_color='#ff00ff',
5  ...      number_of_sides=4).add_to(map9)
```

---

① Leaflet DVF 是 Leaflet JavaScript 映射库的扩展。该框架的主要目标是简化使用 Leaflet 的数据可视化和专题地图，从而更轻松地将原始数据转换为具有表现力的地图。

```
6  >>> folium.RegularPolygonMarker([43.9830, 125.3561],
7  ...        popup='长春北湖湿地公园', fill_color='#769d96',
8  ...        number_of_sides=6, radius=20).add_to(map9)
9  >>> map9.save('folium_9.html')
```

9.5.2　在 Folium 中添加用户数据

本节看一下在 Folium 中如何添加用户数据，用到的数据皆来自于 Folium 作为示例提供的数据源。Folium 能够将 Python 处理后的数据轻松地在交互式的 Leaflet 地图上进行可视化展示。

1. 使用 Vincent/Vega 标注

Folium 可以使用 Vincent/Vega 数据在地图上进行标注。Vincent 是一个从 Python 到 Vega 的转换器。Vega 让 D3[①]建立可视化变得容易，而 Vincent 让 Python 建立 Vega 变得容易。Vincent 接收 Python 数据结构并把它们翻译成 Vega 的可视化语法。通过对语法元素的获取和设置，它允许可视化设计的快速迭代，并把最终可视化结果输出成 JSON 格式。最有用的一点是 Vincent 以一种直观的方式直接读取 Pandas DataFrames 和 Series 数据结构。

Folium 可通过 Vincent 进行任何类型的标注，并将标注悬浮在地图上，单击会出现框图。

```
1   >>> import folium; import json
2   >>> map_a=folium.Map(location=[46.3014, -123.7390],
3   ...     zoom_start=7,tiles='Stamen Terrain')
4   >>> popup1=folium.Popup(max_width=800,).add_child(
5   ...       folium.Vega(
6   ...           json.load(open('/gdata/folium/data/vis1.json')),
7   ...           width=500, height=250))
8   >>> folium.RegularPolygonMarker([47.3489, -124.708],
9   ...     fill_color='#ff0000', radius=12, popup=popup1
10  ...       ).add_to(map_a)
```

再继续添加其他的标注，这是一个柱状图：

```
1   >>> popup2=folium.Popup(max_width=800,).add_child(
2   ...       folium.Vega(
3   ...           json.load(open('/gdata/folium/data/vis2.json')),
4   ...           width=500, height=250))
```

---

① D3 是用来做 Web 页面可视化的 JavaScript 函数库。

```
5  >>> folium.RegularPolygonMarker([44.639, -124.5339],
6  ...       fill_color='#00ff00', radius=12, popup=popup2
7  ...       ).add_to(map_a)
```

再添加一个频度图，地图参见 https://www.osgeo.cn/pygis/folium_a.html。

```
1  >>> popup3=folium.Popup(max_width=800,).add_child(
2  ...       folium.Vega(
3  ...           json.load(open('/gdata/folium/data/vis3.json')),
4  ...           width=500, height=250))
5  >>> folium.RegularPolygonMarker([46.216, -124.1280],
6  ...       fill_color='#0000ff', radius=12, popup=popup3
7  ...       ).add_to(map_a)
8  >>> map_a.save('folium_a.html')
```

2. 添加 GeoJSON 与 TopoJSON 数据源

GeoJSON 和 TopoJSON[①]数据源都可以导入地图，不同的数据源可以在同一张地图上作为地图图层展示出来。通过这种方法可以对用户数据快速制图，通过 Web 方式展示出来。

通过 GeoJson() 函数可以添加 GeoJSON 格式的数据：

```
1  >>> ice_edge='/gdata/folium/data/antarctic_ice_edge.json'
2  >>> map_b=folium.Map(
3  ...       location=[-59.1759, -11.6016],
4  ...       tiles='Mapbox Bright',
5  ...       zoom_start=2
6  ... )
7  >>> folium.GeoJson( ice_edge, name='geojson').add_to(map_b)
```

再通过 TopoJson() 函数添加 TopoJSON 数据：

```
1  >>> icej='/gdata/folium/data/antarctic_ice_shelf_topo.json'
2  >>> folium.TopoJson(open(icej),
3  ...       'objects.antarctic_ice_shelf',
4  ...       name='topojson'
5  ... ).add_to(map_b)
```

---

① TopoJSON 通过拓扑编码对 GeoJSON 进行了扩展，由 D3 的作者 Mike Bostock 制订，目的是减小数据量以加快网络传输。TopoJSON 对于相邻多边形的共用边界只记录一次，与 GeoJSON 相比可以减少到原数据量的 1/5。

由于添加了两个图层，为了方便查看，调用 LayerControl() 函数给地图增加图层控制控件，可以使用鼠标来打开或关闭某个图层的显示。地图参见 https://www.osgeo.cn/pygis/folium_b.html。

```
>>> folium.LayerControl().add_to(map_b)
>>> map_b.save('folium_b.html')
```

3. 多度分色地图的 Web 可视化

Folium 可以制作多度分色地图。除了加载 GeoJSON/TopoJSON 类型的数据，Folium 还可以绑定 Pandas DataFrames/Series 作为数据源。Folium 集成了 Color Brewer[①]的颜色方案，可以用来对不同的数据进行快速可视化。

要制作多度分色地图，在较新版本的 Folium 中需要使用 folium.Choropleth 类，在旧版本中可能需要使用 Map 对象的 choropleth() 方法。幸运地是 folium.Choropleth 类的初始化参数与 choropleth() 方法的参数是一致的，这样在升级时不需要进行太多的修改。

下面的例子中，Pandas 读取的是包含 6 个属性的经济数据，选择了 State 与 Unemployment 两个属性进行可视化。地图参见 https://www.osgeo.cn/pygis/folium_c.html。

```
>>> import pandas as pd
>>> state_geo = '/gdata/folium/data/us-states.json'
>>> csvf = '/gdata/folium/data/US_Unemployment_Oct2012.csv'
>>> state_data = pd.read_csv(csvf)
>>> map_c = folium.Map(location=[48, -102], zoom_start=3)
>>> folium.Choropleth(geo_data=state_geo,
...      name='choropleth', data=state_data,
... columns=['State', 'Unemployment'], key_on='feature.id',
... fill_color='YlGn', fill_opacity=0.7, line_opacity=0.2,
...      legend_name='失业率 (%)').add_to(map_c)
>>> folium.LayerControl().add_to(map_c)
>>> map_c.save('folium_c.html')
```

上面的颜色分级依据数据值的范围均分为 6 类。这是常用方式，但在很多时候不一定合适，是否适用取决于数值的分布情况。颜色分级可以手工设置，将数目或列表传递给参数 bins 即可。地图参见 https://www.osgeo.cn/pygis/folium_d.html。

---

① Color Brewer 是一个网站，对于地图制图的颜色给出不同的建议方案，并提供了多种格式的文件下载。

```
1  >>> bins = list(state_data['Unemployment'].quantile
       ([0,0.25,0.5,0.75,1]))
2  >>> map_d = folium.Map(location=[48, -102], zoom_start=3)
3  >>> folium.Choropleth(geo_data=state_geo, data=state_data,
4  ...        columns=['State', 'Unemployment'], key_on='feature.id',
5  ...        fill_color='BuPu', fill_opacity=0.7,
6  ...        line_opacity=0.5, legend_name='失业率 (%)',
7  ...        bins=bins, reset=True).add_to(map_d)
8  >>> map_d.save('folium_d.html')
```

　　另外还有一个可以与 Folium 配合使用的库值得注意，这个库是 Branca。Branca 是从 Folium 中独立出来的，用于处理与地图无直接关系的一些功能。Branca 库只依赖于 Jinja2[①]，在以后或许会成为生成 HTML+JS 的类库。

　　通过 Branca 库的功能，可以在 Folium 生成地图过程中对样式与颜色进行更细致的定制与修改。限于篇幅，就不对其展开说明了。

---

　　① Jinja2 是基于 Python 的 Web 模板引擎，在 Web 开发中得到广泛应用。